高等职业教育课程改革项目研究成果系列教材

“互联网 +” 新形态教材

电子技术实训指导教程

主　编　张小梅　付　裕

副主编　熊京京　王　江

参　编　蒋继云

北京理工大学出版社

BEIJING INSTITUTE OF TECHNOLOGY PRESS

图书在版编目(CIP)数据

电子技术实训指导教程 / 张小梅，付裕主编. --北京：北京理工大学出版社，2024.1

ISBN 978-7-5763-3503-3

Ⅰ.①电…　Ⅱ.①张…　②付…　Ⅲ.①电子技术-高等职业教育-教材　Ⅳ.①TN

中国国家版本馆 CIP 数据核字(2024)第 023327 号

责任编辑：陈莉华　　　　**文案编辑**：陈莉华
责任校对：周瑞红　　　　**责任印制**：施胜娟

出版发行 / 北京理工大学出版社有限责任公司
社　　址 / 北京市丰台区四合庄路 6 号
邮　　编 / 100070
电　　话 / (010) 68914026（教材售后服务热线）
(010) 68944437（课件资源服务热线）
网　　址 / http://www.bitpress.com.cn

版 印 次 / 2024 年 1 月第 1 版第 1 次印刷
印　　刷 / 河北盛世彩捷印刷有限公司
开　　本 / 787 mm×1092 mm　1/16
印　　张 / 20
字　　数 / 470 千字
定　　价 / 54.00 元

前言

本书是高职高专理工类相关专业学生学习电子技术的实践性教材。为了固化职业教育课程改革成果，针对职业院校学生普遍存在的基础薄弱、学习兴趣不高的特点，编者结合多年“电子技术应用”课程的教学经验，编写了本实训指导教程。书中力求在内容、结构、理论教学与实践教学的衔接方面充分体现职业教育的特点，突出实用性动手能力，针对职业院校学生所需知识和能力的要求，注重提高学生的常用电子元器件检测、选用能力、一般电子电路的装接调试能力、常用电子仪器的使用能力以及电子线路的基本设计、安装和调试能力。本书特点如下。

(1) 落实“立德树人”的根本任务，贯彻党的教育方针和二十大精神，结合每个模块任务的特点，深挖思政元素，注重育人和育才相结合。

(2) 突出重点，实践性强。始终围绕培养、提高学生的实践技能实施教学。

(3) 版面安排上，呈现了大量的图片、图表，采用图文并茂的形式，提高内容的直观性和形象性，同时也为学生的自主学习创造了条件。

(4) 内容安排上，注意实训项目设置的实用性、可行性和科学性，从实际、实用出发，增加实训中的步骤演示、技能操作和 Multisim 仿真等内容。让抽象、微观的电子基础理论与形象、直观、有趣的实践相接合，让学生在做中学和学中做，能够充分调动学生学习的主动性，使职业院校学生在学到一定的电子技术理论知识的同时又具备了较强的动手能力，能够充分体现职业技术教育的特色。

(5) 注重动手，培养兴趣，循序渐进地引导学生学会自行设计、制作、测试、维修电子产品。

(6) 本书凡涉及的内容尽可能讲透，老师在安排教学时可根据需要及可行性有所选择，有的内容必修，有的内容则安排学生自学。

总之，全书注重学生综合能力的培养，为社会培养、输送高素质技能型人才的同时，也能为学生后续学习及创新创业打下坚实基础。

参加本书编写的有张小梅（模块三、附录）、付裕（模块四任务二~任务八、模块五）、熊京京（模块二）、王江（模块一）、蒋继云（模块四任务一）。全书由江西机电职业技术学院张小梅进行统稿和审定。江西清华泰豪三波电机有限公司高级工程师蒋继云参与了编写工作并对模块四实训任务的选题提供了宝贵意见，在此表示由衷的感谢。同时参考了大量的书刊及相关资料，并引用了其中一些资料，难以一一列举，在此谨向有关的书刊及相关资料的作者一并表示衷心感谢。

由于作者水平所限，书中疏漏与不妥之处在所难免，恳请广大师生、同行和读者不吝指正。

编　者

目录

模块一

电子技术实训基础

模块导读

随着科学技术的发展，电子技术在各个学科领域中都得到了广泛应用，“电子技术应用”是一门实践性很强的技术基础课，在学习中不仅要掌握电路基本原理和基本分析方法，更重要的是学会灵活应用。因此，需要安排一定数量的实训，才能掌握这门课程的基本内容。在实训过程中，应熟悉各单元电路的工作原理、各元器件的基本特性和识别方法、各集成器件的逻辑功能和应用以及仪器仪表的使用方法，从而有效地培养学生理论联系实际和解决实际问题的能力，树立科学的工作作风。

学习单元一　实训的基本过程

一、基本技能实训的基本过程

基本技能实训即通常所说的实验，其基本过程应包括确定实训内容、选定最佳的实训方法和实训线路、拟出较好的实训步骤、合理选择仪器设备和元器件、进行连接安装和调试，最后写出完整的实训报告。

在进行电子电路的基本技能实训时应充分掌握和正确利用分立元器件、集成器件及其构成的电子电路独有的特点和规律，可以收到事半功倍的效果。为了完成电子技术每一个基本技能的实训，应做好实训预习、实训记录和实训报告等环节。

1. 实训预习

认真预习是做好实训的关键。预习好坏不仅关系到实训能否顺利进行，而且直接影响实训效果。预习时应按本教材的实训预习要求进行，在每次实训前首先要认真复习有关实训的基本原理，掌握有关器件使用方法，对如何着手实训做到心中有数，通过预习还应做好实训前的准备，写出一份预习报告，其内容包括以下几点。

（1）绘出设计好的实训电路原理图，该电路图应既便于连接线路又反映电路原理，并在图上标出器件型号、使用的引脚号及元件参数，必要时还须用文字说明。

（2）拟定实训方法和步骤。

（3）拟好记录实训数据的表格和波形坐标。

（4）列出元器件清单。

2. 实训记录

实训记录是实训过程中获得的第一手资料。实训过程中所测试的数据和波形必须和理论基本一致，所以记录必须清楚、合理、正确；若不正确，则要现场及时重复测试，找出原因。实训记录应包括以下内容。

（1）实训任务、名称及内容。

（2）实训数据和波形以及实训中出现的现象，从记录中应能初步判断实训的正确性。

（3）记录波形时，应注意输入输出波形的时间相位关系，在坐标中上下对齐。

（4）实训中记录实际使用的仪器型号和编号以及元器件使用情况。

3. 实训报告

实训报告是培养学生科学实训的总结能力和分析思维能力的有效手段，也是一项重要的基本功训练，它能很好地巩固实训成果，加深对基本理论的认识和理解，从而进一步扩大知识面。

实训报告是一份技术总结，要求文字简洁、内容清楚、图表工整。报告内容应包括实训目的、实训内容和结果、实训使用仪器和元器件以及分析讨论等，其中实训内容和结果是报告的主要部分，它应包括实际完成的全部实训，并且要按实训任务逐个书写，每个实训任务应包含以下内容。

（1）实训过程中测试电路图或逻辑图以及文字说明等，数字电路还应包括状态图、真值表等。

（2）实训记录和经过整理的数据、表格、曲线和波形图。其中表格、曲线和波形图应充分利用专用实训报告简易坐标格，并用三角板、曲线板等工具描绘，力求画得准确，不得随手示意画出。

（3）实训结果分析、讨论及结论。对讨论的范围没有严格要求，一般应对重要的实训现象、结论加以讨论，以便进一步加深理解。此外，对实训中的异常现象，可做简要说明；实训中有何收获，可谈一些心得体会。

二、设计性实训的基本过程

电子技术的设计性实训是在完成与教学内容相关的基本技能实训的基础上进行的，是学好电子技术必不可少的实践环节。设计性实训侧重电子产品的设计、仿真、常用电子仪器的使用、元器件的识别与检测以及电路调试等方面的实训内容，从而循序渐进地提高学生的实践能力。

实训任务由指导老师精心安排并布置给学生，让学生通过动脑、动手解决一两个实际问题，巩固和运用在“电子技术应用”课程中所学的理论知识和实践技能，基本掌握电子电路设计的一般方法。设计性实训一般包括以下几个环节。

1. 实训准备

学生接到实训任务后，要查阅相关资料、提出操作步骤、拟定预设计报告，由指导老师初步审查并提出修改意见。在学校的实训室中，有时往往受到客观条件的限制，一般由指导老师给出基本电路或某些功能性模块及部分元器件供学生选择，学生则根据基本条件完成实训任务。

2. 方案设计与确定

1）总体方案的选择

设计电路的第一步是选择总体方案，其过程为提出方案、分析各方案的可行性和优缺点、方案论证及选择总体方案。选择总体方案时，要注意以下几点。

（1）应当针对关系到电路全局的主要问题，开动脑筋，多提些不同方案，进行深入分析和比较，以便做出合理的选择。

（2）既要考虑方案是否可行，还要考虑怎样保证性能可靠、降低成本、减少功耗和体积等问题。

（3）在确定总体设计方案后，应画出详细的电路框图，为下一步设计单元电路创造条件。

2）单元电路的设计

（1）根据设计要求和已选定的总体方案原理框图，明确对各单元电路的要求，必要时应详细拟定出主要单元电路的性能指标。

（2）拟定出对各单元电路的要求后，应全面检查一遍，确定无误后便可按照一定的顺序（信号流程的方向或先易后难的顺序等）分别设计各单元电路的结构形式，选择元器件和计算参数等。

3）总体电路图的画法

设计好各单元电路后，应画出总体电路图。怎样才能画好总体电路图呢？一般来说，主要应注意以下几点。

（1）画图时应注意信号的流向。通常从输入端或信号源画起，由左至右或由上至下按信号的流向依次画出各单元电路。

（2）尽量把总体电路图画在同一张图纸上。

（3）电路图中所有的连线都要表示清楚，各元器件之间的绝大多数连线应在图上直接画出，还应当注意尽量使连线短些并少拐弯。

（4）电路图中的中、大规模集成电路器件，通常用方框表示，并在方框中标出它的型号，在方框的边线两侧标出每根连线的功能名称和引脚号，各元器件在总体电路图上的布局要合理。

（5）对于比较复杂的电路，可先画出总体电路草图，经指导老师审阅后，再画出正式的总体电路图。

4）元器件的选择

一般优先选用集成电路，不仅可减少电子设备的体积和成本，而且提高了可靠性，方便了安装调试和维修，且大大简化了电子电路的设计。

3. 电路仿真

电子电路设计完成后，其功能能否实现，可首先通过仿真软件对电路进行仿真来验证。目前电子技术教学中常用的仿真软件是 Multisim，它是近几年国内外较新的仿真软件，其界面简单、功能丰富、易学易用，在教学和工程设计中均可大量应用。在电子技术教学中引入 Multisim 仿真软件，可将枯燥的电子电路工作过程通过动画、波形，形象、直观地展现在学生面前，辅助教学效果很好。

4. 装接、调试电路

电路仿真成功后，还应对各单元电路进行安装与调试（可在电子技术实训台完成）。在安装及调试过程中应注意：安装或更换元器件时要关断电源，发现打火、冒烟、有异味等异常时要及时关断电源并查找原因。调试时一定要遵守安全操作规程。使用电子仪器要注意安全操作，电源、信号源一定不要短路。使用仪器要选择合适的挡位与量程，以免损坏仪器。

5. 撰写实训报告

在这一阶段，学生应根据实训任务，完成实训总结报告，具体内容包括以下几点。

（1）课题名称、实训任务与要求。

（2）设计方案选择与认证，考虑过哪些方案，分别画出电路构成框图，说明原理和优缺点，经比较后选择了哪个方案。

（3）单元电路的设计和过程，画出单元电路原理图，说明电路的主要工作原理。

（4）元器件的选择和清单。

（5）总体电路原理图（必要时提供布线图）及简要说明。

（6）在实训过程中遇到过哪些疑难问题，又是如何解决的。

（7）本次实训的收获、体会和建议。

6. 成绩评定

实训成绩主要根据以下几个方面评定。

（1）工作态度：出勤情况、实训认真程度。

（2）设计能力：设计质量、先后和是否独立完成，是否有独创性和新颖见解。

（3）调试能力：仪器、仪表正确使用情况，调试安装的速度、故障独立排除的情况。

（4）布线工艺：应检查是否按工艺要求布线、布线是否美观。

（5）设计报告：设计报告内容是否完整、电路设计是否有创意、原理图是否规范、语言文字是否流畅、实训有何收获。

延伸阅读

理论与实践相结合的重要性

理论是指导实践的基础，实践是测试理论的过程。理论与实践相结合可以提高学习效果，提升专业技能。理论联系实际是马克思主义最基本的原则之一，是中国共产党三大优良作风之一，是我们党领导人民不断取得革命、建设和改革胜利的重要保证。坚持理论联系实际，对于不断提高全党马克思主义理论水平，自觉运用理论指导实践，把党的科学理论转化为推动实现“两个一百年”奋斗目标、实现中华民族伟大复兴中国梦的强大力量具有重要意义。

学习单元二　实训操作规范

一、基本操作规范

和其他许多课程的实践环节一样，电子技术实训也有它的基本操作规程。实训过程中操作的正确与否对实训结果影响甚大。因此，操作者要注意按以下规程进行。

（1）搭接电子电路前，应对仪器设备进行必要的检查校准，对所用元器件进行检测，并对集成芯片进行功能测试。

（2）在实训台上搭接电路时，应遵循正确的布线原则和操作步骤（即要先接线、后通电；做完后，先断电、再拆线的步骤）。

（3）在实训台上接插或连接导线时要非常细心。接插时，应小心地插入，以保证插脚与插座间接触良好。实训结束时，应转动并轻轻拔下连接导线，切不可用力太猛。

（4）掌握科学的调试方法，有效地分析并检查故障，以确保电路工作稳定、可靠。

（5）仔细观察实训现象，完整、准确地记录实训数据并与理论值进行比较分析。

（6）实训完毕，经指导老师同意后，可关断电源拆除连线，整理好放在电子技术实训台内，并将实训台清理干净、摆放整洁。

二、布线原则

布线是实训操作的重要环节。布线的原则是：便于检查、排除故障，便于更换器件。

在实训台上安装和连接电子电路时，正确和整齐地布线极为重要。这不仅是为了检查、测量的方便，更重要的是可以确保线路稳定、可靠地工作，因而是顺利进行实训的基础。实践证明，草率和杂乱无章的接线往往会使线路中出现难以排除的故障，以致最后不得不重新接插和安装全部实训电路，浪费了很多时间。为此，在电子技术实训台上安装时应该做到以下几点。

（1）布线应有秩序地进行，随意乱接容易造成漏接错接。较好的方法是接好固定电平点，如电源线、地线等，其次按信号源的顺序从输入到输出依次布线。

（2）导线应粗细适当，最好采用不同色线以识别各自用途，如电源线通常用红色、地线通常用黑色。

（3）连线应避免过长，避免过多的重叠交错，以利于布线、更换元器件以及故障检查和排除。

（4）当实训电路的规模较大时，应注意元器件的合理布局，以便得到最佳布线。

应当指出，布线和调试工作是不能截然分开的，往往需要交替进行。对于较大型的实训，如果元器件很多，可将总电路按其功能划分为若干相对独立的部分，逐个布线、调试（分调），然后将各部分连接起来（联调）。

三、测试前的准备

电路按要求装接完毕后，在通电测试前应做好以下准备工作。

（1）先检查各种仪器面板上的旋钮，使之处于所需的待用位置。对直流稳压电源，应置于所需的挡级，并将其输出电压调整到所要求的数值。切勿在调整电压前与实训电路接通。

（2）对照实训电路图，对实训电路中的元件和接线进行仔细的循迹检查，检查引线有无接错，特别是电源与电解电容的极性有无接反，并注意防止碰线短路等问题。经过认真仔细检查，确认安全无差错后，方可将实训电路与电源和测试仪器接通。

四、数据的读取与波形的观察

为获得正确的数据和波形，应做到以下几点。

（1）必须根据不同的测试对象正确选用合适的仪器仪表和量程。例如，在不同场合下，测量不同频率范围和不同电压量级的信号电压，应注意选用相应灵敏度和内阻、相应频响的电压表。观察不同的信号波形，同样要选用频率范围适合的示波器。另外，所选择的量程要合适；否则将造成较大的测量误差。

（2）所记录的数据必须是原始读数，而不是经换算后的数值，并应标明名称、单位。需绘制曲线时，注意在曲线变化显著的部位要多读取一些数据。对测得的原始数据还需预先作出估算，做到心中有数，以便及时发现并解决问题。另外，还应记录所使用仪器的型号、精度等级，必要时还应记下环境条件（如温度等），以供实训后分析、核对。

五、注意人身和仪器设备的安全

1. 遵守安全操作规程并确保人身安全

（1）为了确保人身安全、防止器件损坏，在实训过程中不论是调换仪器仪表还是改接线路，都必须切断电路中的电源。

（2）仪器设备的外壳要能良好接地，以防止机壳带电，保证人身安全。调试时，要逐步养成用右手进行单手操作的习惯，并注意人身与大地之间要有良好的绝缘。

2. 爱护仪器设备并确保仪器和实训设备的使用安全

（1）仪器使用过程中，不必经常开关电源。因为多次开关电源往往会引起冲击，结果反而使仪器的使用寿命缩短。

（2）切记无目的地随意扳弄仪器面板上的开关和旋钮。实训结束后，通常要先关断仪器电源和实训台的电源，而不是先将仪器的电源线拔掉。

（3）为了确保仪器设备的安全，在实训室配电屏、实训台及各仪器中通常都安装有电源保险丝。仪器使用的保险丝，常用的有0.5 A、1 A、2 A、3 A和5 A等几种规格，应注意按规定的容量调换保险丝，切勿随意代用。

（4）要注意仪表允许的安全电压（或电流），切勿超过。

（5）当被测量的信号电压大小无法估计时，应从仪表的最大量程开始测试，然后逐渐减小量程。

延伸阅读

世界技能大赛电子技术项目的比赛能力要求

（1）参赛选手必须了解与电子产品设计、组装、维修及调试有关的国家职业标准、公认的行业和企业标准。

（2）参赛选手需要掌握与电子技术调试等相关的理论知识。

（3）参赛选手需要了解相关环境保护的要求、安全和健康条例。

（4）主要考核技能，本项目全面考察参赛选手的综合能力，其技能要求包括以下几项：

①硬件设计；

②嵌入式系统编程（本次比赛将采用与国赛和世赛接轨的 ARM 单片机，单片机型号为 STM32L053R8）；

③电子电路焊接、调试；

④安全规范。

（5）对参赛选手考核的主要要求如下：

①按技术文件及测试文件规定进行规范操作；

②参赛作品要达到技术文件及测试文件规定的相关指标要求；

③参赛作品要达到技术文件及测试文件规定的相关功能要求。

学习单元三　模拟电子电路的测试方法

电路的测试包括测量与调整，因此整个测试过程即是测量—判断—调整—再测量这一反复进行的过程。具体可按以下步骤进行。

1. 通电观察

装接电路后，初步检查有没有明显故障，再通电观察，看是否有异常现象，如元件发烫、冒烟、有异味等。如有，应立即断电检查，排除故障后方可通电。在初步认定无故障后，才可进行正常测试。

2. 静态测试

在电子电路中，往往交、直流并存。一般情况下要先进行静态测试，看静态工作点是否合适，静态测试时应注意以下几点。

（1）输入端接地，即 $u_i = 0$。

（2）测量时选用直流电压、电流表进行测量。测量电压时最好采用测量电位、计算电位差的方法进行，因为如果采用低端接机壳的仪器进行测量，而仪器的接地端又没有和放大器的接地端连在一起，仪器机壳将会带来很大的干扰，使测量出现误差，有时还会使放大器的工作状态发生改变。测量电流时最好采用测量电压、计算电流的方法进行，因为测量电流首先需要断开原电路，再接入电流表，比较麻烦。

(3) 需要调零的电路（如集成运放）要在静态时进行调零，即输入 $u_i=0$ 时调节输出 $u_o=0$，调零时要注意精准。

(4) 在必要时还要接上示波器进行观察。例如，运放调零电位器不能调零时，除了可能是内部电路对称性不好外，还可能是运放处于振荡状态所致。

3. 动态测试

动态测试是在电路输入端加上幅值、频率都合适的信号，用示波器逐级观察有关端点的波形和性能指标以便发现问题、解决问题。发现有故障时，应采用相应的方法逐步缩小故障范围，查出故障并排除。如果没有故障则应认真记录数据和波形，计算电路的性能指标，看看是否与理论值相符合；若不符合，则要分析原因。动态测试时应注意以下几点。

(1) 加在输入端的信号幅值、频率要合适。

(2) 因为动态电路中的信号往往是交、直流的叠加，因此测量时要注意示波器的耦合方式设置（只观察交流信号时选“AC”挡，交、直流信号都观察时选“DC”挡）。

(3) 观察波形时最好两个波形同时显示，将基准线调节一致，这样便于比较。

(4) 在信号比较弱的输入端，尽可能用屏蔽线连接，屏蔽线的外屏蔽层要接到公共接地端。在信号频率比较高时，要设法隔离连接线分布电容的影响。例如，用示波器测量时应使用有探头的测量线，以减小分布电容的影响。

(5) 测量时要选择正确的测试点。

延伸阅读

模拟电路的主要特点

(1) 信号是随时间连续变化的，可以取无限个值。

(2) 研究的主要问题是输入信号和输出信号的大小、相位、失真的关系。

(3) 模拟电路常用的分析方法有直流分析、交流分析、传输函数分析、极点和零点分析、时域分析。

(4) 模拟电路主要用来做信号处理、放大器、滤波器、整流和调制、电源管理、传感器接口。

学习单元四　数字逻辑电路的测试方法

数字逻辑电路的测试分为芯片的功能测试和电路测试。

一、芯片功能测试

1. 芯片功能测试方法

在电路安装之前，一般需要对各数字电路器件（芯片）的逻辑功能进行测试，避免

因器件功能不正常而增加系统调试的困难。数字电路器件逻辑功能的测试常用以下方法。

（1）仪器测试法：用集成电路逻辑功能测试仪等专用仪器进行测试。

（2）实训检查法：用已有的实训装置进行逻辑功能测试，此方法最为常用。

（3）代换法：用待测器件替代正常工作的数字电路中的相同元器件，以判断其功能是否正常。

2. 几种常用芯片的测试

1）集成逻辑门

给集成逻辑门电路输入固定的逻辑电平，测量其输出电平是否符合逻辑关系。具体的做法是，将待测集成逻辑门电路正确连接电源，然后在各输入端接入不同的电平值，逻辑“1”接高电平，逻辑“0”接低电平；其输出端可接电子技术实训台上的电平显示灯（LED灯），LED灯“亮”表示输出高电平；LED灯“灭”表示输出低电平；分析输出电平是否符合逻辑关系，据此判断该集成逻辑门电路的好坏。

2）集成触发器

根据集成触发器的触发条件，测试其复位、置位、保持和翻转功能，看是否符合该集成触发器功能表的要求。

3）计数器

首先按计数器的引脚功能接好线路，根据其功能表测试其复位、置数功能；之后在时钟脉冲的作用下，测试计数器各输出端的状态是否符合功能表的要求。

4）译码显示电路

（1）数码管测试。测试LED数码管各段是否能正常工作，可以直接用数字万用表的二极管挡位进行测试，也可以通过限流电阻接入+5 V电源测试。以共阴极接法的LED数码管为例，其阴极（即公共端）接地，再将各显示笔段依次通过限流电阻接入+5 V电源，好的LED数码管各笔段应该全亮。

（2）译码器测试。以8421BCD译码器为例，将译码器和数码管按芯片引脚功能接好，在译码器的数据输入端依次输入0000～1001，数码管应对应显示0～9这10个数字，否则就不正常。

二、电路测试

1. 组合逻辑电路的测试

组合逻辑电路测试的目的是验证其逻辑功能是否符合设计要求，也就是验证其输出与输入的关系是否与真值表相符。

1）静态测试

静态测试是在电路静止状态下测试输出与输入的关系。将输入端分别接到逻辑电平开关上，用电平显示灯分别显示各输入端和输出端的状态。按真值表将输入信号一组一组地依次送入被测电路，测出其相应的输出状态，并与真值表相比较，借以判断此组合逻辑电路静态工作是否正常。

2）动态测试

动态测试是测量组合逻辑电路的频率响应。在输入端加上周期信号，用示波器观察输入输出波形，测出与真值表相符的最高输入脉冲频率。

2. 时序逻辑电路的测试

时序逻辑电路测试的目的是验证其状态的转换是否与状态图或时序图相符。可用电平显示灯（LED 灯）、数码管或示波器等观察输出状态的变化。常用的测试方法有两种：一种是单拍工作方式，以单脉冲源作为时钟脉冲，逐拍进行观测，来判断输出状态的转换是否与状态图相符；另一种是连续工作方式，以连续脉冲源作为时钟脉冲，用电平显示灯（LED 灯）、数码管或示波器，来判断输出信号是否与状态图或时序图相符。

延伸阅读

数字电路的主要特点

（1）信号是随时间不连续变化的两个离散量。

（2）研究的主要问题是输入输出之间的逻辑运算关系。

（3）使用的主要方法是逻辑分析和逻辑设计。

（4）主要工具是逻辑代数。

学习单元五　电子电路的故障分析与排除

在电子电路的实训过程中，如果装接的电路不能完成预定功能，说明电路有故障。通过分析和处理故障，可以提高分析、解决问题的能力。分析和处理故障的过程就是从电路的故障现象出发，通过测试、分析和判断，逐步找出问题并解决问题的过程。

一、故障产生原因

产生故障的原因大致可以归纳为以下 4 个方面。

（1）实际电路与电路原理图不符，如布线错误等。

（2）设计电路本身有缺陷，无法满足功能要求。

（3）元器件使用不当或损坏，如引脚连接错误、损坏或型号选择不当等。

（4）操作错误，如在实训过程中仪器连接错误、测试点位置选错等。

二、故障分析、查找与排除方法

在故障出现后，准确判断故障位置是尽快排除故障的关键。下面介绍几种常见的故障检查方法。

1. 直观检查法

直观检查法是在电路不通电的情况下，通过目测，对照电路原理图和装配图，检查每个器件和集成电路的型号是否正确、极性有无接反、引脚有无损坏、连线有无接错（包括漏/

错线、短路和接触不良等）。

2. 信号循迹法

对于自己设计安装并非常熟悉的电路，由于对电路各部分的工作原理、工作波形、性能指标等都比较了解，因此可以按照信号的流向逐级寻找故障。一般在电路的输入级输入适当信号，然后用示波器或电压表逐级检查信号在电路内部的传输情况，从而观察并判断其功能是否正常，如有问题应及时处理。

信号循迹法也可以从电路输出级向输入级倒退进行，即先从最后一级的输入端加入合适信号，观察输出端是否正常。若正常，再将信号加到前一级的输入端，继续进行检查，直至各电路都正常为止。

3. 分割测试法

对于一些有反馈回路的故障判断是比较困难的，如振荡器、带有各种类型反馈的放大器，因为它们各级的工作情况互相有牵连，查找故障时需把反馈环路断开，接入一个合适的信号，使电路成为开环系统，然后再逐级查找发生故障的部分。

4. 对半分割法

当电路由若干串联模块组成时，可将其分割成两个相等的部分（对半分割），通过测试先判断这两部分中究竟哪一部分有故障，然后把有故障的这部分电路再分成两半进行检查，直到找出故障的位置。显然，采用对半分割法可以减少测试的工作量。

5. 替代法

用经过测试且工作正常的单元电路，代替相同的、但存在故障或有疑问的相应电路，以便很快判断故障的部位。有些元器件的故障往往不明显，如电容器漏电、电阻变质、晶体管和集成电路的性能下降等，可以用相同规格的优质元器件逐一替代，从而可以很快确定有故障的元器件。

应当指出，为了迅速找到电路的故障，可以根据具体情况灵活运用上述一种或几种方法，切不可盲目检测；否则不但不能找出故障，反而可能引出新的故障。

延伸阅读

我国集成电路发展史

我国集成电路产业诞生于20世纪60年代，共经历了以下3个发展阶段。

1965—1978年：以计算机和军工配套为目标，以开发逻辑电路为主要产品，初步建立集成电路工业基础及相关设备、仪器、材料的配套条件。

1978—1990年：主要引进美国二手设备，改善集成电路装备水平，以消费类整机作为配套重点，较好地解决了彩电集成电路的国产化问题。

1990—2000年：以908工程、909工程为重点，以CAD为突破口，抓好科技攻关和北方科研开发基地的建设，为信息产业服务，集成电路行业取得了新的发展。

2001年至今：全国的集成电路产业在京津环渤海、长江三角洲、珠江三角洲、中西部地区四大区域形成产业集群，AI芯片设计和封测方面与国外一流IC企业一较高下。

学习单元六　万用表的使用

万用表是一种多用途的仪表，一般万用表可以测量直流电流、直流电压、交流电压、直流电阻和音频电平等电量，有的万用表还可以测量交流电流、电容、电感以及晶体管的放大系数等。由于万用表的结构紧凑、用途广泛、携带和测量方便，因此已成为应用最广泛的电工电子测量仪表之一。对于广大电工、家电维修、办公设备、通信设备、汽车维修等从业人员，尤其是电工、电子初学者和无线电爱好者来说，掌握万用表的使用方法，是快速判断元器件好坏、检测电气设备线路是否正常的基础。

万用表一般可以分为指针式万用表和数字式万用表两种。

一、指针式万用表

1. 指针式万用表的基本组成

指针式万用表由表头、测量电路及转换开关等3个主要部分组成。外形做成便携式或袖珍式，面板上装有刻度尺、转换开关、表笔插孔、电阻测量挡（“Ω”挡）调零旋钮、晶体管插孔等。

（1）表头。指针式万用表的表头是一只高灵敏度的磁电式直流电流表，万用表的主要性能指标基本上取决于表头的性能。表头的灵敏度是指表头指针满刻度偏转时流过表头的直流电流值，这个值越小，表头的灵敏度越高。测电压时的内阻越大，其性能就越好。

（2）测量电路。它是用来把各种被测量转换到适合表头测量的微小直流电流的电路，它由电阻、半导体元件及电池组成，能将各种不同的被测量（如电流、电压、电阻等）、不同的量程，经过一系列处理（如整流、分流、分压等）统一变成一定量限的微小直流电流送入表头进行测量。

（3）转换开关。其作用是用来选择各种不同的测量电路，以满足各个测量项目及其量程的测量要求。一般的测量项目包括“mA”（直流电流）、“V”（直流电压）、“V ~”（交流电压）、“Ω”（电阻），每个测量项目又有几个不同的量程（或倍率）以供选择。

2. 指针式万用表的使用

指针式万用表是电气测量中应用较广泛的一种测量仪表，下面以图1.1所示的MF47型万用表为例介绍指针式万用表的使用方法。

MF47型万用表的表盘如图1.2所示，表盘上共有6条刻度线，从上到下各条刻度线的说明见表1.1。

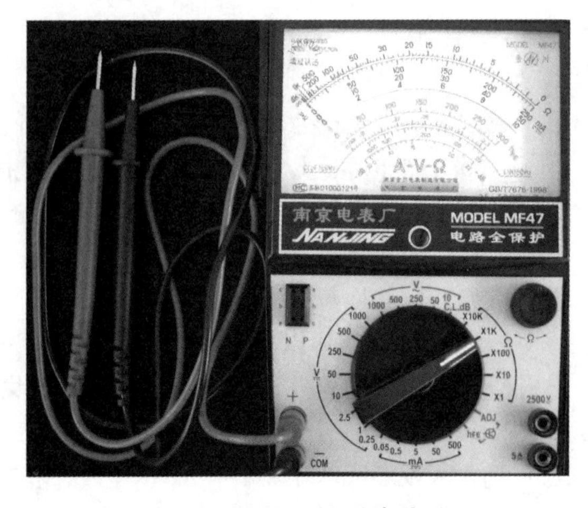

图1.1　MF47型万用表外形

图 1.2　MF47 型万用表的表盘

表 1.1　表盘刻度线说明

对应刻度线（由上至下）	名称	说明
1	电阻刻度线	专供测量电阻使用
2	交直流电压、直流电流共用刻度线	在刻度线左、右两侧的符号“ $\underset{\sim}{\text{V}}$ ”和“$\underline{\text{mA}}$”分别表示可供测量交直流电压和直流电流
3	晶体管共发射极直流电流放大系数刻度线	供测量晶体管放大倍数使用，用“h_{FE}”表示
4	电容容量刻度线	供测量电容使用，用“C(μF) 50 Hz”表示
5	电感量刻度线	供测量电感使用，用“L(H) 50 Hz”表示
6	音频电平刻度线	供测量音频电平使用，用“dB”表示

图 1.3 所示为 MF47 型万用表的转换开关（挡位盘）。测量交流电压时，将转换开关置于交流电压挡（“$\underset{\sim}{\text{V}}$”）的位置；测量直流电压时，将转换开关置于直流电压挡（“$\underline{\text{V}}$”）的位置；测量直流电流时，将转换开关置于直流电流挡（“$\underline{\text{mA}}$”挡）的位置；测量电阻时，

图 1.3　MF47 型万用表的转换开关（挡位盘）

则应将转换开关置于电阻测量挡（“Ω”挡）的位置。另外，转换开关（挡位盘）上还有测量电容、电感、音频电平（C. L. dB）等的测量挡位以及晶体管共发射极直流电流放大系数（“ADJ”或“h_{FE}”）的测量挡位。

指针式万用表使用要点如下。

1）调零

为了减小测量误差，在使用指针式万用表之前要进行机械调零（图 1.4）。在测量电阻之前，还要进行欧姆调零（图 1.5）。

图 1.4　机械调零

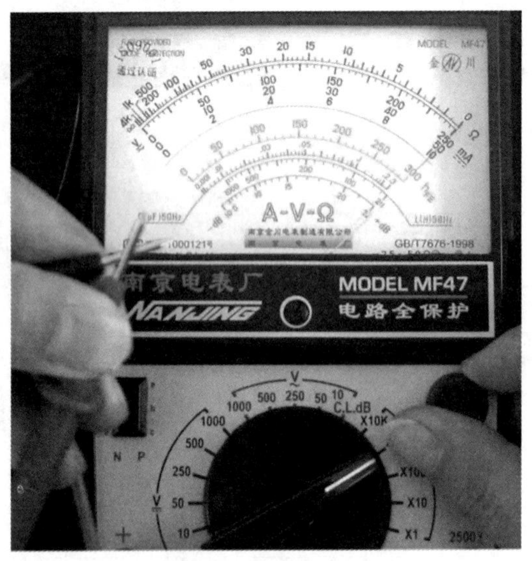

图 1.5　欧姆调零

2）接线

进行测量前，将红、黑表笔正确插入标有正、负号的插孔中。注意：红表笔插入标有“+”号的插孔，黑表笔插入标有“-”号的插孔，不要接反。另外，MF47 型万用表还提供 2 500 V 交直流电压扩大插孔以及 5 A 的直流电流扩大插孔，使用时分别将红表笔插入对应插孔中即可。

3）测量挡位的选择

在表笔连接被测电路之前，一定要查看所选挡位与测量对象是否相符；否则，误用挡位和量程，不仅得不到测量结果，还会损坏万用表。选择电压或电流量程时，最好使万用表的指针处在刻度线的 2/3 以上位置；选择电阻量程时，最好使指针处在刻度线的中点位置。这样做的目的是减小测量误差。测量时如不能确定被测电流、电压及电阻的数值范围，应先将转换开关转至对应的最大量程，然后根据指针的偏转情况逐步减小至合适量程。

4）读数

万用表的表盘上有许多条刻度线，测量时要在对应的刻度线上读数，同时注意刻度线读数与量程的配合，避免出错。

5）操作安全注意事项

在进行高压测量或测量点附近有高电压时，一定要注意人身和仪表安全。在测量高电压及大电流时，严禁带电切换量程开关；否则有可能损坏转换开关。

另外，万用表使用完毕后，最好将转换开关置于空挡或交流电压最高挡，以防下次测量时由于疏忽而损坏万用表。

3. 指针式万用表使用注意事项

（1）不允许带电测量电阻；否则会烧坏万用表。

（2）万用表内干电池的正极与面板上“－”号插孔相连，干电池的负极与面板上“＋”号插孔相连。在测量电解电容和晶体管等器件的电阻时要注意极性。

（3）每换一次倍率挡，要重新进行欧姆调零。

（4）不允许用万用表电阻挡直接测量高灵敏度表头内阻，以免烧坏表头。

（5）不准用两只手捏住表笔的金属部分测量电阻；否则会将人体电阻并接于被测电阻而引起测量误差。

（6）测量完毕，将转换开关置于交流电压最高挡或空挡。不要放在欧姆挡上，以防两支表笔万一短路而将内部干电池全部耗尽。

二、数字式万用表

1. 数字式万用表的基本组成

数字式万用表是在直流数字电压表的基础上扩展而来的。为了能测量交流电压、电流、电阻、电容、二极管正向压降、晶体管放大系数等物理量，必须增加相应的转换器，将被测电量转换成直流电压信号，再由 A/D 转换器转换成数字量，并以数字形式显示出来。它由功能转换器、A/D 转换器、LCD 显示器、电源和功能/量程转换开关等构成。

常用的数字式万用表显示数字位数有三位半、四位半和五位半之分。对应的数字显示最大值分别为 1 999、19 999 和 199 999，并由此构成不同型号的数字式万用表。数字式万用表外形如图 1.6 所示。

图 1.6　数字式万用表外形

2. 数字式万用表的使用

现在，数字式万用表已成为主流，有取代指针式万用表的趋势。与指针式万用表相比，数字式万用表具有灵敏度高、准确度高、显示清晰、过载能力强、便于携带以及使用更简单等特点。

1）交、直流电流的测量

将转换开关调到“$\tilde{\mathrm{A}}$”（交流）或“$\bar{\mathrm{A}}$”（直流）挡位，并根据测量电流的大小选择适当的电流测量量程。将黑表笔插入“COM”插孔，当被测电路不超过 200 mA 时，红表笔插入“mA”插孔；当被测电路在 200 mA 和 10 A 时，红表笔插入 10 A 插孔。测量直流时，红表笔接触电压高的一端，黑表笔接触电压低的一端，正向电流从红表笔流入万用表，再从黑表笔流出。当要测量的电流大小不清楚时，应先选用最大量程来测量，然后再逐渐减小量程来精确测量。

2）交、直流电压的测量

将红表笔插入“V/Ω”插孔中，黑表笔插入“COM”插孔。将转换开关调到“$\tilde{\mathrm{V}}$”（交流）或“$\bar{\mathrm{V}}$”（直流）挡位，并根据电压的大小选择适当的电压测量量程。黑表笔接触被测电路负极或“地”端，红表笔接触电路正极或待测点。特别要注意，数字式万用表测量交流电压的频率很低（45～500 Hz），中高频率信号的电压幅度应采用交流毫伏表来测量。

3）电阻的测量

将红表笔插入“V/Ω”插孔，黑表笔插入“COM”插孔。将转换开关调到“Ω”挡，并根据电阻的大小选择适当的电阻测量量程。红、黑两表笔分别接触电阻两端，观察读数即可。读数时，要保持表笔和电阻有良好的接触。注意单位：在“200”挡时单位是“Ω”，在“2k”到“200k”挡时单位为“kΩ”，“2M”挡以上的单位是“MΩ”。

需特别注意的是，测量在路电阻时（在电路板上的电阻），应先把电路的电源关断，以免引起读数抖动。禁止用电阻挡测量电流或电压（特别是交流 220 V 电压）；否则容易损坏万用表。

4）二极管导通电压检测

二极管测试时应将转换开关调到“—▶|—”挡位。将黑表笔插入“COM”插孔，红表笔插入“V/Ω”插孔，在这一挡位，红表笔接万用表内部电源的正极，而黑表笔接万用表内部电源的负极。万用表的两表笔分别接触二极管的两个引脚，二极管正偏时红表笔接被测二极管正极，黑表笔接负极，万用表显示二极管的正向导通电压，单位是 mV。通常好的硅二极管正向导通电压应为 500～800 mV，好的锗二极管正向导通电压应为 200～300 mV。若显示“000”，则说明二极管击穿短路；若显示“1”，则说明二极管内部已经断路。此挡也可以用来判断三极管的好坏以及引脚的识别。测量时先将一支表笔接在某一认定的引脚上，另一支表笔则先后接到其余两个引脚上，如果这样测得两次均导通或均不导通，然后对换两支表笔再测，两次均不导通或均导通，则可以确定该三极管是好的，而且可以确定该认定的引脚就是三极管的基极。若用红表笔接基极，黑表笔分别接在另外两极且均导通，则说明该三极管是 NPN 型；反之则为 PNP 型。最后比较两个 PN 结正向导通电压的大小，读数较大的是 be 结，读数较小的是 bc 结，至此三极管的集电极和发射极都识别出来了。

5）三极管 β 值测试

首先要确定待测三极管是 NPN 型还是 PNP 型，然后将其引脚正确地插入对应类型的测

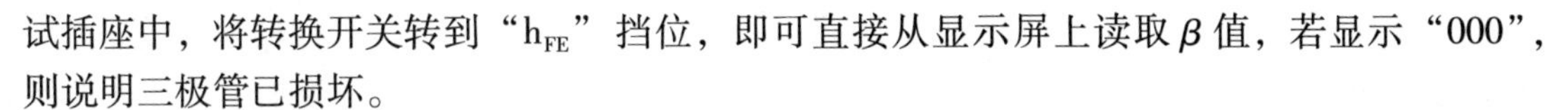

试插座中，将转换开关转到“h_{FE}”挡位，即可直接从显示屏上读取β值，若显示“000”，则说明三极管已损坏。

6）短路检测

将红表笔插入“V/Ω”插孔，黑表笔插入“COM”插孔，转换开关转到“·)))”挡位，两表笔分别接测试点，若有短路，则蜂鸣器会响。

7）电容的测试

电容挡量程分为5挡，即20 nF、200 nF、2 μF、20 μF、200 μF，测量时将量程转换开关置于CAP处，选择合适量程；将被测电容插入电容插座中。注意：不能利用表笔测量。由显示器上读取电容量的近似值。测量容量较大的电容时，稳定读数需要一定的时间。注意测量电容前应先放电，然后进行测试，以防损坏仪器或引起测量误差。

3. 数字式万用表使用注意事项

（1）注意正确选择量程及红、黑表笔插孔。对未知量进行测量时，应首先把量程调到最大，然后从大向小调节，直到合适为止。若显示“1”，则表示过载，应加大量程。

（2）改变量程时，表笔应与被测点断开，不能带电转换量程。

（3）测量电流时，切忌过载。

（4）不允许用电阻挡和电流挡测量电压。

（5）不测量时，应随手关断电源，使转换开关打在交流电压最大挡位或空挡上。

延伸阅读

万用表的维护方法

（1）定期清洁。首先关闭电源，拔掉测量引线；然后用干净软布蘸取少量清洁剂，擦拭万用表表面；最后用干布擦拭干净。

（2）防止碰撞。万用表内部具有精密元器件，很容易受到外界冲击而损坏，导致测量结果不准确，所以在携带和使用过程中，应尽量避免碰撞和摔落。

（3）避免高温和潮湿环境。过高的温度会导致仪表内部元器件老化或损坏，潮湿环境则容易引起仪表短路或绝缘性能下降，所以应尽量避免在高温或潮湿环境下使用。

（4）定期校准。万用表在长期使用后，可能因工作环境、使用习惯等原因发生测量结果偏差，应定期到专业的仪器校准机构进行校准，以确保准确性和可靠性。

学习单元七 半导体分立器件

导电性能介于良导体与绝缘体之间的物质，称为半导体，如锗、硅、硒及大多数金属氧化物都是半导体材料。半导体材料的导电性能因温度、掺杂和光照会产生显著变化。利用半导体材料特殊的导电特性可制成二极管、三极管等多种半导体器件，由于它们都是晶体结构，故又称为晶体管；为了与集成电路相区别，有时也称其为分立器件。

一、二极管

半导体二极管也称为晶体二极管，简称二极管。二极管具有单向导电性，可用于整流、检波、稳压及混频电路中。

1. 二极管的分类

二极管的种类很多，按材料不同可分为锗二极管、硅二极管；按制作工艺不同可分为面接触二极管和点接触二极管；按用途不同又可分为整流二极管、检波二极管、稳压二极管、变容二极管、光电二极管、发光二极管、开关二极管、快速恢复二极管等。常用二极管的外形如图 1.7 所示。常用二极管的电路符号如图 1.8 所示。

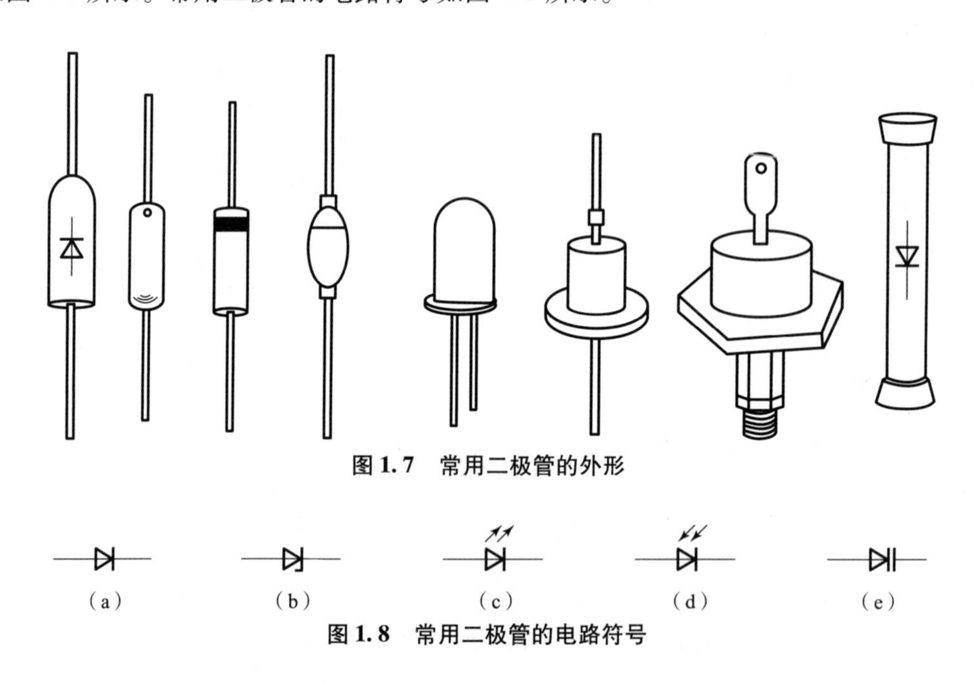

图 1.7　常用二极管的外形

图 1.8　常用二极管的电路符号

各种用途二极管的性能特点见表 1.2。

表 1.2　常用二极管的性能特点

名称	原理特性	用途
整流二极管	多用硅半导体制成，利用 PN 结单向导电性	把交流变成脉动直流，即整流
检波二极管	常用点接触型，高频特性好	把调制在高频电磁波上的低频信号检出来
稳压二极管	利用二极管反向击穿时，两端电压不变原理	稳压限幅、过载保护，广泛用于稳压电源装置中
开关二极管	利用正向偏压时二极管电阻很小，反向偏压时电阻很大的单向导电性	在电路中对电流进行控制，起到接通或关断的开关作用
变容二极管	利用 PN 结电容随加到管子上的反向电压大小而变化的特性	在调谐等电路中取代可变电容

续表

名称	原理特性	用途
发光二极管	正向电压为1.5～3 V时，只要正向电流通过，就可以发光	用于指示，可组成数字或符号的LED数码管
光电二极管	将光信号转换成电信号，有光照时其反向电流随光照强度的增加而成正比例上升	用于光的测量或作为能源即光电池

2. 二极管的主要参数

反映二极管性能的参数较多，且不同类型二极管的主要参数和种类也不一样，下面以普通二极管为例介绍几个主要参数。

1）最大整流电流 I_F

在正常工作情况下，二极管允许通过的最大正向平均电流称为最大整流电流 I_F，使用时二极管的平均电流不能超过这个数值。

2）最高反向电压 U_{RM}

反向加在二极管两端，而不致引起PN结击穿的最大电压称为最高反向电压 U_{RM}，工作电压仅为击穿电压的1/2～1/3，工作电压的峰值不能超过 U_{RM}。

3）最大反向电流 I_{RM}

因载流子的漂移作用，二极管截止时仍有反向电流通过PN结，该电流受温度及反向电压的影响。I_{RM}越小，二极管质量越好。

4）最高工作频率

最高工作频率指保证二极管单向导电作用的最高工作频率，若信号频率超过此值，管子的单向导电性将变差。

3. 二极管的引脚识别

在实际应用中，二极管的两个引脚不能接反。那么如何判断二极管的正、负极呢？判断二极管正、负极最简单和最直接的方法是目视法。

二极管有多种封装形式，其外形特征各不相同，常用二极管的外壳上均印有型号和标记。根据二极管的外形特征，可以很方便地识别二极管的极性。

（1）看外壳上标记的色点或色环。在点接触二极管的外壳上，通常标有色点（白色或红色），一般标记色点的一端为正极。有的二极管上是以色环来作为正、负极性的标志，通常带色环的一端为负极，另一端为正极（见图1.9）。

图1.9 看外壳上标记的色点或色环

（2）看外壳上的符号标记。有的二极管的外壳上标有二极管的符号（见图1.10），三角形箭头所指向的一端为负极，另一端为正极。

（3）看引脚的长短。发光二极管、光电二极管的正、负引脚可根据长、短脚来识别，通常长脚为正极，短脚为负极（见图1.11）。

（4）透过玻璃看触针。对于玻璃外壳二极管，如发光二极管，还可以把二极管放在光线很亮的地方，二极管内部电极较窄的是二极管的正极，电极较宽的是二极管的负极（见图1.11）。

图 1.10　看外壳上的符号标记

图 1.11　看引脚长短

4. 二极管的测试

1）二极管极性的判断

当二极管外壳标志不清楚时，可以通过万用表测量来判断。将指针式万用表置于“$R\times$1k”挡，两表笔分别接触二极管的两个电极，若测出的电阻为几十欧、几百欧或几千欧，则表明二极管正偏，黑表笔所接触的电极为二极管的正极，红表笔所接触的电极是二极管的负极，如图 1.12（a）所示。若测出来的电阻为几百千欧甚至更大，则表明二极管反偏，黑表笔所接触的电极为二极管的负极，红表笔所接触的电极为二极管的正极，如图 1.12（b）所示。

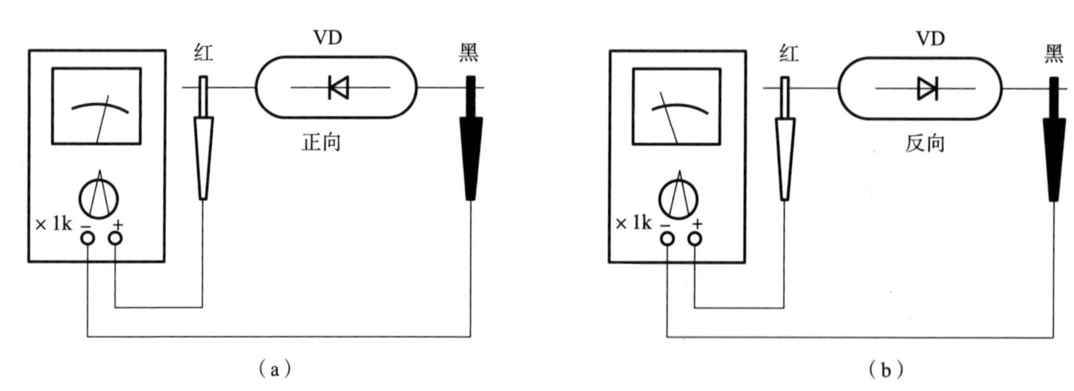

图 1.12　二极管极性的判断

2）二极管好坏的检测

用万用表欧姆挡测量二极管的正、反向电阻，有以下几种情况。

（1）测得的反向电阻（几百千欧）和正向电阻（几千欧）之比在 100 以上，表明二极管性能良好。

（2）反、正向电阻之比在 100 以下，表明二极管单向导电性不佳，不宜使用。

（3）正、反向电阻均为无穷大，表明二极管断路。

（4）正、反向电阻均为零，表明二极管短路。

测试时需注意，检测小功率二极管时应将万用表置于“$R\times100$”挡或“$R\times$1k”挡；检测中、大功率二极管时，方可将量程置于“$R\times1$”挡或“$R\times10$”挡。

5. 二极管的选用

1）类型选择

按照用途选择二极管的类型。例如，用作检波可以选择点接触型普通二极管，用作整流可以选择面接触型普通二极管或整流二极管，用作光电转换可以选用光电二极管，在开关电路中应使用开关二极管等。

2）参数选择

在选好二极管类型的基础上，还要选好二极管的各项主要技术参数，使这些电参数和特性符合电路要求，并且要注意不同用途的二极管对哪些参数要求更严格，这些都是选用二极管的依据。比如，选用整流二极管时，要特别注意最大整流电流，2AP1 型二极管的最大整流电流为 16 mA；2CP1A 型的极管为 500 mA 等。使用时通过二极管的电流不能超过这个数值。并且对整流二极管来说，反向电流越小，说明二极管的单向导电性能越好。

在选用稳压管时，除了要注意稳定电压、最大工作电流等参数外，还要注意选用动态电阻较小的稳压管，因为动态电阻越小，稳压管性能越好。例如，2CW53 型稳压管的动态电阻 $R_z \leqslant 50\ \text{m}\Omega$；2CW55 型稳压管的 $R_z \leqslant 10\ \text{m}\Omega$。在选用开关二极管时，开关时间很重要，这主要由反向恢复时间这个参数决定。选用时，要注意此参数的对比，选用更符合要求的开关二极管。比如，2CK19 型开关二极管的反向恢复时间小于 5 ns；CAK6 型二极管的反向恢复时间为 150 ns。

3）材料选择

选择硅管还是锗管，可以按照以下原则决定：要求正向压降小的选锗管；要求反向电流小的选硅管；要求反向电压高、耐高压的选硅管。

4）根据电路的要求和电子设备的尺寸选好二极管的外形、尺寸和封装形式

二极管的外形、尺寸及封装形式多种多样，外形有圆形的、方形的、片状的、小型的、超小型的、大中型的；封装形式有全塑封装、金属外壳封装等。在选择时，可根据性能要求和使用条件（包括整机的尺寸）选用所需要的二极管。

二、三极管

半导体三极管又称为晶体三极管，通常简称晶体管，或称双极型晶体管，它是一种电流控制电流的半导体器件，可用来对微弱信号进行放大和作无触点开关。它具有结构牢固、寿命长、体积小、耗电省等优点，故在各个领域得到广泛应用。

1. 三极管的分类

三极管种类很多，按材料可分为硅三极管、锗三极管；按导电类型可分为 PNP 型和 NPN 型，锗三极管多为 PNP 型，硅三极管多为 NPN 型；三极管按工作频率可分为高频三极管（$f_T > 3$ MHz）、低频三极管（$f_T < 3$ MHz）和开关三极管；按工作功率又分为大功率三极管（$P_C > 1$ W）、中功率三极管（P_C 在 0.5～1 W）和小功率三极管（$P_C < 0.5$ W）。

常用三极管的外形如图 1.13 所示。常用三极管的电路符号如图 1.14 所示。

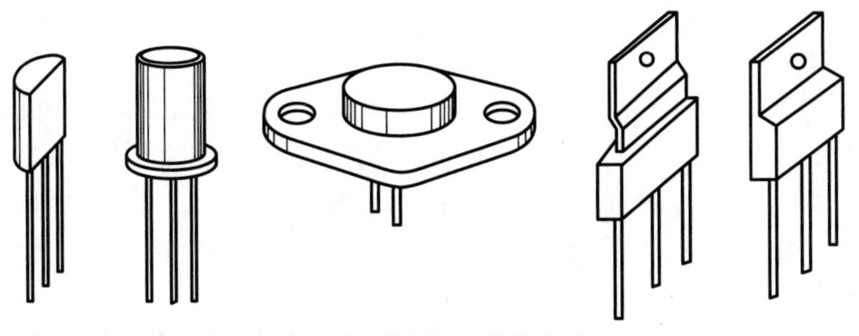

图 1.13　常用三极管的外形

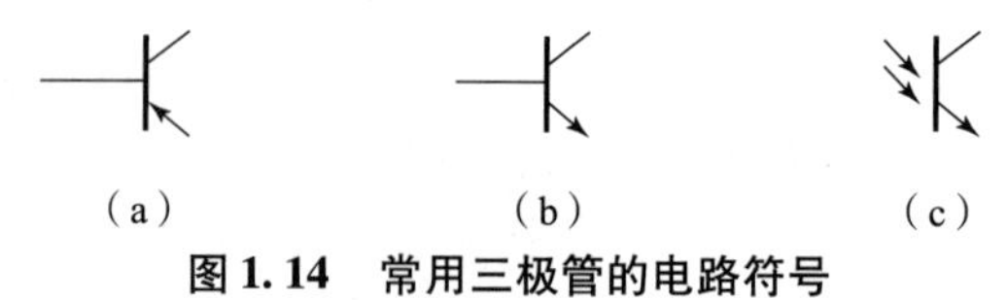

（a）　　（b）　　（c）

图 1.14　常用三极管的电路符号

（a）PNP 型；（b）NPN 型；（c）光电三极管

2. 三极管的主要参数

表征三极管特性的参数很多，大致可分为 3 类，即直流参数、交流参数和极限参数。

1）直流参数

（1）共发射极电流放大倍数 $\bar{\beta}$。它是指集电极电流 I_C 与基极电流 I_B 之比，即

$$\bar{\beta}=\frac{I_C}{I_B}$$

（2）集电极 - 发射极反向饱和电流 I_{CEO}。它是指基极开路时，集电极与发射极之间加上规定的反向电压时的集电极电流，又称为穿透电流。它是衡量三极管热稳定性的一个重要参数，其值越小，则三极管的抗热危害性越好。

（3）集电极 - 基极反向饱和电流 I_{CBO}。它是指发射极开路时，集电极与基极之间加上规定的电压时的集电极电流。良好三极管的 I_{CBO} 应很小。

2）交流参数

（1）共发射极交流电流放大系数 β。它是指在共发射极电路中，集电极电流变化量 Δi_c 与基极电流变化量 Δi_b 之比，即

$$\beta=\frac{\Delta i_c}{\Delta i_b}$$

（2）共发射极截止频率 f_β。它是指电流放大系数因频率增加而下降至低频放大系数的 0.707 时的频率，即 β 值下降了 3 dB 时的频率。

（3）特征频率 f_T。它是指 β 值因频率升高而下降至 1 时的频率。

3）极限参数

（1）集电极最大允许电流 I_{CM}。它是指三极管参数变化不超过规定值时，集电极允许通过的最大电流。当三极管的实际工作电流大于 I_{CM} 时，管子的性能将显著变差。

（2）集电极 - 发射极反向击穿电压 $I_{(BR)CEO}$。它是指基极开路时，集电极与发射极间的反向击穿电流。

（3）集电极最大允许功率损耗 P_{CM}。它是指集电结允许功耗的最大值，其大小决定于集电结的最高结温。

3. 三极管的引脚识别

三极管的引脚必须正确确认；否则接入电路中不但不能正常工作，还可能烧坏管子。

对于小功率三极管来说，有金属外壳和塑料外壳两种封装。金属外壳封装的，如果管壳上带有定位销，那么将管底朝上，从定位销起，按顺时针方向，3 个电极依次为 e、b、c；如果管壳上无定位销，且 3 个电极在半圆内，应将有 3 个电极的半圆置于上方，按顺时针方向，3 个电极依次为 e、b、c，如图 1.15 所示。

塑料半圆形外壳封装的，识别时应面对平面，将 3 个电极置于下方，从左到右，3 个电

极依次为 e、b、c，如图 1.16（a）所示。对于塑料矩形封装的三极管，可将有字（上面标有型号）的一面正对自己，从左到右，3 个电极依次为 b、c、e，如图 1.16（b）所示。

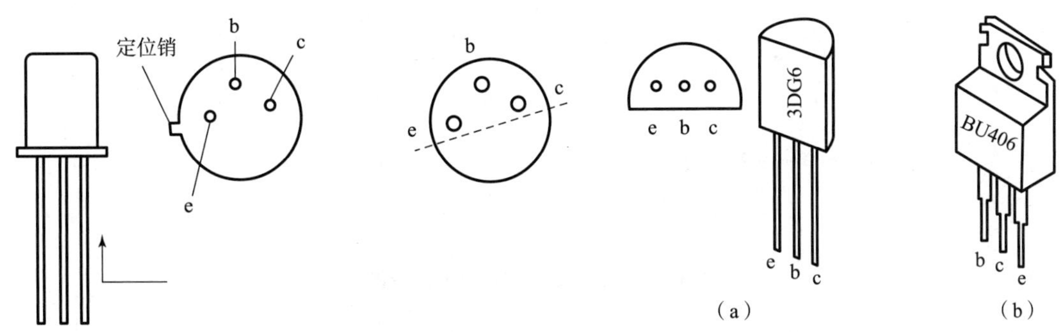

图 1.15　金属封装小功率三极管电极的识别　　**图 1.16　塑料封装小功率三极管电极的识别**

对于大功率三极管，其外形一般分为 F 型和 G 型两种，如图 1.17 所示。F 型管从外形上只能看到两个电极，识别时将管底朝上，两个电极置于左侧，则上为 e、下为 b、底座为 c。G 型管的第三个电极一般在管壳的顶部，识别时将管底朝下，第三个电极置于左方，从最下电极起，按顺时针方向，3 个电极依次为 e、b、c。

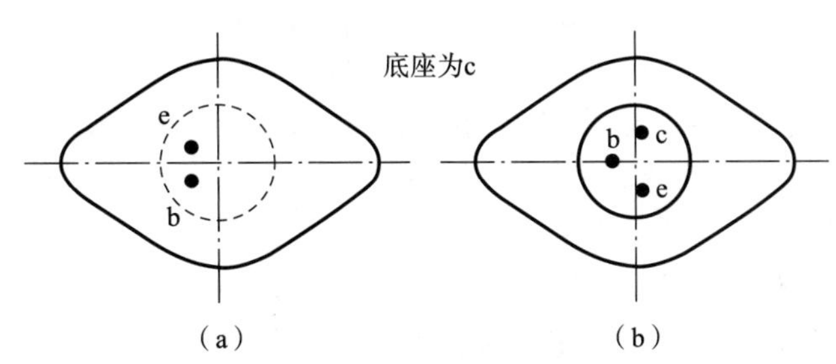

（a）　　（b）

图 1.17　大功率三极管电极的识别

（a）F 型；（b）G 型

此外，还可以从管壳上色点的颜色判断出管子放大系数 β 值的大致范围。常用色点对 β 值分挡，如表 1.3 所示。

表 1.3　常用色点对 β 值分挡

β	15	25	40	55	80	120	180	270	400	>400
色标	棕	红	橙	黄	绿	蓝	紫	灰	白	黑

例如，色标为橙色，表明该管的 β 值为 25～40。但有的厂家并非按此规定，使用时要注意。

4. 三极管的测试

图 1.18 所示为 NPN 和 PNP 型晶体三极管的 PN 结结构。根据图示结构，可以使用万用表区分出三极管的类型和引脚。以下测量方法适用于数字式万用表和指针式万用表。

1）判别三极管的类型及引脚

（1）区分三极管的基极 b。

由图 1.19 可以看出，如果在 c、e 之间加测量电压，无论电源方向如何，总有一个 PN 结处于反向偏置状态，电路不会导通。

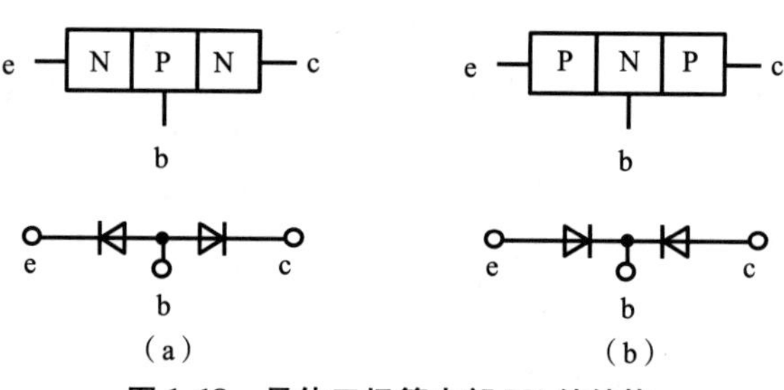

(a)　　　　　　　　(b)

图 1.18　晶体三极管内部 PN 结结构

(a) NPN 型三极管；(b) PNP 型三极管

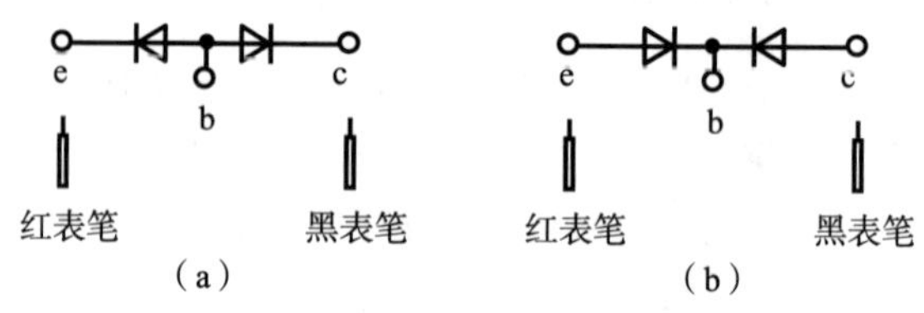

(a)　　　　　　　　(b)

图 1.19　测量三极管 PN 结

(a) NPN 型三极管；(b) PNP 型三极管

测量方法：用万用表的红、黑表笔分别接触三极管的任意两个引脚，测量一次后，如果电阻值无穷大（指针式万用表的表针不动；数字式万用表只显示“1”），则将红、黑表笔交换，再测这两个引脚一次。如果两次测得的电阻值都是无穷大，说明被测的两个引脚是集电极 c 和发射极 e，剩下的一个则是基极 b。如果在两次测量中，有一次的阻值不是无穷大，则换一个引脚再测，直到找出正、反向电阻都很大的两个引脚为止（如果在 3 个引脚中找不出正、反向电阻都很大的两个引脚，说明三极管已经损坏，至少有一个 PN 结已经击穿短路）。

要想区分 e 和 c，需要测出三极管的类型后再进一步测量。

(2) 区分三极管的类型（NPN、PNP）。

测出三极管的基极 b 后，通过再次测量来区分三极管是 NPN 型还是 PNP 型。由图 1.20 可知，当在基极加测量电压的正极时，NPN 管的基极对另外两个极都是正向偏置，而 PNP 管的基极对另外两个极都是反向偏置。所以测量方法如下：

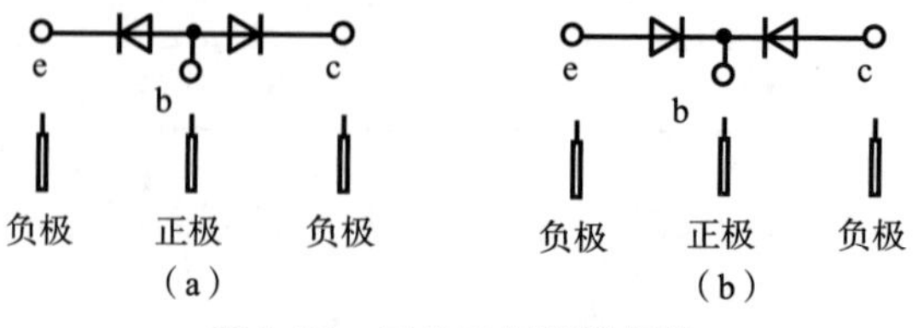

(a)　　　　　　　　(b)

图 1.20　区分三极管的极性

(a) NPN 型三极管；(b) PNP 型三极管

将万用表的正表笔（指针式万用表的黑表笔、数字式万用表的红表笔）接触已知的基极，用另一支表笔分别接触另外两个引脚，如果另外两个引脚都导通，说明被测管是 NPN 型管，否则是 PNP 型管。

（3）区分发射极和集电极。

三极管的发射结、集电结对称于基极，所以仅仅通过测量“PN 结单向导电性”难以区分出哪一个是发射极，哪一个是集电极。但发射结和集电结的结构有所不同。制造三极管时，发射区面积（体积）做得小，掺杂浓度高，便于发射载流子；而集电区面积大，掺杂浓度低，便于收集载流子，所以 c、e 正确连接电源时，三极管具有较大的电流放大能力，用万用表“Ω”挡测量，c、e 之间的电阻相对小；当 c、e 与电源连接反了时，电流放大能力很差，c、e 之间的电阻很大。测试方法如下：

在已经确定“类型”和“基极”的被测三极管上，先假定基极之外的两个脚中的某一个脚是集电极，则另一个脚为假定发射极。用万用表的“$R\times1\text{k}$”挡按图 1.21 测试，图中的 100 kΩ 电阻是基极偏流电阻，需要外接，并与假定的集电极连接。在假定的集电极和发射极引脚上加正确测试电压，即 NPN 管的集电极应连接指针式万用表的黑表笔，发射极连指针式万用表的红表笔，PNP 管相反。记录万用表的读数；然后将假定引脚交换，即将假定的集电极与发射极交换，仍按上述方法连线测量（注意基极偏流电阻总是连接假定的集电极），再次记录读数。两次测量中，读数小（即电阻值小）的一次是正确的假定。这样就区分出了发射极和集电极。测量时两人同时操作较方便，如果单人操作，可使用“鳄鱼夹”夹持引脚，或用两手分别捏住表笔和引脚，利用人体电阻作为基极偏流电阻，也可进行测量。

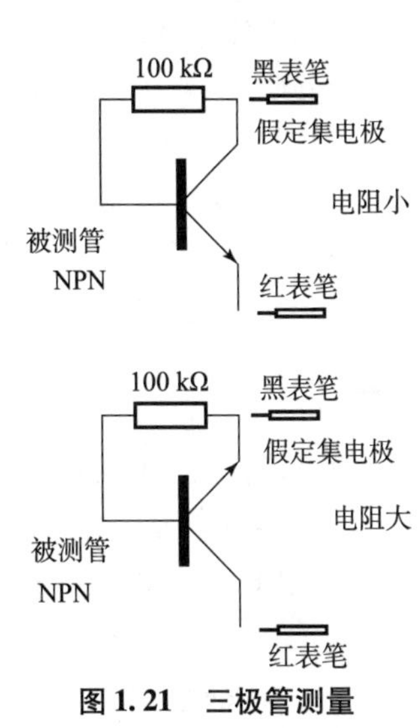

图 1.21　三极管测量

2）测量三极管是否损坏

三极管损坏是因为三极管的 PN 结损坏所致。PN 结的损坏分为两种情况，即短路和断路。短路是指 PN 结失去“单向”导电性，成为通路，正、反向电阻都近似为零；断路是指 PN 结内部开路，电阻无穷大。使用万用表判别三极管是否损坏，就是通过测量三极管的发射结和集电结是否具有单向导电性来判别三极管的好坏。在以上两项测量中，可以发现是否有 PN 结损坏。损坏的 PN 结或者是正、反向电阻都趋于零，或正、反向电阻都无穷大，由此可以判别三极管是否损坏。

5. 三极管的选用

1）类型选择

按用途选择三极管的类型。如按电路的工作频率，可分为低频放大和高频放大，应选用相应的低频管或高频管；若要求管子工作在开关状态，应选用开关管；根据集电极电流和耗散功率的大小，可分别选用小功率管或大功率管，一般集电极电流在 0.5 A 以上、集电极耗散功率在 1 W 以上的选用大功率三极管，而集电极电流在 0.1 A 以下的称为小功率管；按电路要求，选用 NPN 型管或 PNP 型管等。

2）参数选择

对放大管通常必须考虑 4 个参数，即 β、$U_{(\text{BR})\text{CEO}}$、$I_{\text{CM}}$和 P_{CM}，一般希望 β 值大，但并不是越大越好，需根据电路要求选择 β 值。若 β 值太大，易引起自激振荡，管子工作稳定性差，受温度影响也大。通常选 $\beta=40\sim100$。$U_{(\text{BR})\text{CEO}}$、$I_{\text{CM}}$和 P_{CM}是三极管极限参数，电路的

估算值不得超过这些极限参数。

三、晶闸管

晶闸管也叫可控硅，简称 SCR，是一种“以小控大”的功率（电流）型器件，它像闸门一样，能够控制大电流的流通，晶闸管具有体积小、质量轻、功耗低、效率高、寿命长及使用方便等优点，因而在电子技术应用领域使用十分广泛。

1. 晶闸管的分类

晶闸管一般按以下方法进行分类。

1）按控制方式分类

晶闸管按其控制方式可分为普通晶闸管、双向晶闸管、逆导晶闸管、可关断晶闸管（GTO）、BTG 晶闸管、温控晶闸管和光控晶闸管等多种。

2）按封装形式分类

晶闸管按其封装形式可分为金属封装晶闸管、塑料封装晶闸管和陶瓷封装晶闸管 3 种类型。其中，金属封装晶闸管又分为大功率螺栓型、平板型、圆壳型等多种；塑料封装晶闸管又分为带散热片型和不带散热片型两种。

3）按电流容量分类

晶闸管按电流容量可分为大功率晶闸管、中功率晶闸管和小功率晶闸管 3 种。通常大功率晶闸管多采用金属壳封装，而中、小功率晶闸管则多采用塑料封装或陶瓷封装。

4）按关断速度分类

晶闸管按其关断速度可分为普通晶闸管和高频（快速）晶闸管。

这里仅介绍普通晶闸管。图 1. 22 所示为常见的晶闸管外形及电路符号。

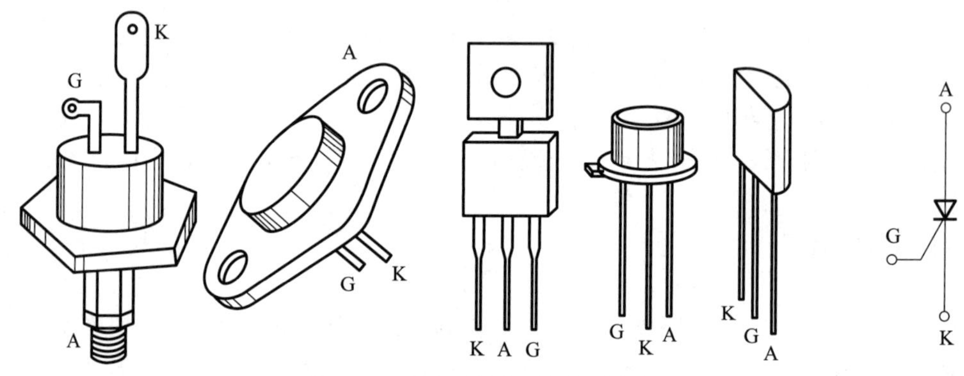

图 1. 22　晶闸管的外形及电路符号

2. 晶闸管的主要参数

1）正向阻断峰值电压

它指在控制极（门极）断路和晶闸管正向阻断的条件下，可以重复加在晶闸管两端的正向峰值电压，此电压规定为正向转折电压的 80%。平常所说的多少伏晶闸管就是针对这个参数而言的。

2）反向阻断峰值电压

它指在控制极断路时，可以重复加在晶闸管上的反向峰值电压，此电压规定为反向击穿电压的 80%。

3）额定正向平均电流

晶闸管在环境温度不大于 40 ℃且标准散热条件下，可以连续通过 50 Hz 正弦半波电流的平均值，称为额定正向平均电流。

4）维持电流

它指在控制极断路时，维持器件继续导通的最小正向电流。

5）控制极触发电流

阳极与阴极之间加直流 6 V 电压时，使晶闸管完全导通所必需的最小控制极电流，称为控制极触发电流。

6）控制极触发电压

晶闸管从阻断转变成导通状态时控制极上所加的最小直流电压，称为控制极触发电压。

3. 晶闸管的引脚识别

普通晶闸管可以根据其封装形式来判断出各电极。

例如，螺栓型普通晶闸管的螺栓一端为阳极 A，较细的引线端为门极 G，较粗的引线端为阴极 K。

平板型普通晶闸管的引出线端为门极 G，平面端为阳极 A，另一端为阴极 K。

金属壳封装（TO－3）的普通晶闸管，其外壳为阳极 A。

塑料封装（TO－220）的普通晶闸管的中间引脚为阳极 A，且多与自带散热片相连。

不同封装的普通晶闸管的引脚排列见图 1.22。

4. 晶闸管的检测

1）晶闸管极性的判断

将指针式万用表拨至“$R\times1$k”挡或“$R\times100$”挡，分别测量各脚间的正、反向电阻，如测得某两脚之间的电阻较大（约 80 kΩ），再将两表笔对调，重测这两脚之间的电阻，如阻值较小（约 2 kΩ），这时黑表笔所接的引脚为门极 G，红表笔所接的引脚为阴极 K，当然剩余的一只引脚就为阳极 A。在测量中如出现正、反向阻值都很大，则应更换引脚位置重新测量，直到出现上述情况为止。

2）晶闸管好坏的判断

用万用表“$R\times1$k”挡测量普通晶闸管阳极 A 与阴极 K 之间的正、反向电阻，正常时均应为无穷大（∞）；若测得 A、K 之间的正、反向电阻值为零或阻值均较小，则说明晶闸管内部击穿短路或漏电。

测量门极 G 与阴极 K 之间的正、反向电阻值，正常时应有类似二极管的正、反向电阻值（实际测量结果要较普通二极管的正、反向电阻值小一些），即正向电阻值较小（小于 2 kΩ），反向电阻值较大（大于 80 kΩ）。若两次测量的电阻值均很大或均很小，则说明该晶闸管 G、K 极之间开路或短路。若正、反向电阻值均相等或接近，则说明该晶闸管已失效，其 G、K 极间 PN 结已失去单向导电作用。

测量阳极 A 与门极 G 之间的正、反向电阻，正常时两个阻值均应为几百千欧姆或无穷大，若出现正、反向电阻值不一样（类似二极管的单向导电），则是 G、A 极之间反向串联的两个 PN 结中的一个已击穿短路。

3）触发能力检测

对于小功率（工作电流为 5 A 以下）的普通晶闸管，可用万用表“$R\times1$”挡测量。测量时黑表笔接阳极 A，红表笔接阴极 K，此时表针不动，显示阻值为无穷大（∞）；用镊子或导线将晶闸管的阳极 A 与门极 G 短路，相当于给 G 极加上正向触发电压，此时若电阻值为几欧姆至几十欧姆（具体阻值根据晶闸管的型号不同会有所差异），则表明晶闸管因正向触发而导通；再断开 A 极与 G 极的连接（A、K 极上的表笔不动，只将 G 极的触发电压断掉），若表针示值仍保持在几欧姆至几十欧姆的位置不动，则说明此晶闸管的触发性能良好。

对于工作电流在 5 A 以上的中、大功率普通晶闸管，因其通态压降、维持电流及门极触发电压均相对较大，万用表“$R\times1$k”挡所提供的电流偏低，晶闸管不能完全导通，故检测时可在黑表笔端串接一只 200 Ω 可调电阻和 1 ~3 节 1.5 V 干电池（视被测晶闸管的容量而定，其工作电流大于 100 A 的，应用 3 节 1.5 V 干电池）。

也可以用图 1.23 中的测试电路测试普通晶闸管的触发能力。电路中，VT 为被测晶闸管，HL 为 6.3 V 指示灯（手电筒中的小电珠），GB 为 6 V 电源（可使用 4 节 1.5 V 干电池或 6 V 稳压电源），S 为开关，R 为限流电阻。

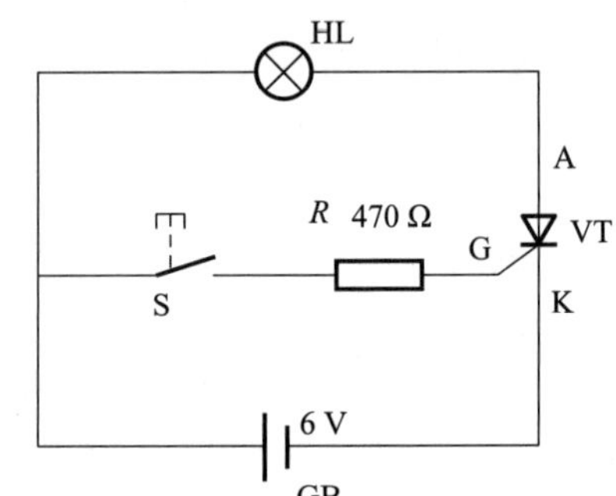

图 1.23　普通晶闸管的测试电路

当开关 S 未接通时，晶闸管 VT 处于阻断状态，指示灯 HL 不亮（若此时 HL 亮，则是 VT 击穿或漏电损坏）。按下开关 S 后（使 S 接通一下，为晶闸管 VT 的门极 G 提供触发电压），若指示灯 HL 一直点亮，则说明晶闸管的触发能力良好。若指示灯亮度偏低，则表明晶闸管性能不良、导通压降大（正常时导通压降应为 1 V 左右）。若开关 S 接通时，指示灯亮，而开关 S 断开时，指示灯熄灭，则说明晶闸管已损坏，触发性能不良。

5. 晶闸管的选用

选用晶闸管时应注意以下事项。

（1）选用晶闸管时，其正、反向额定电压应选为实际电压最大值的 1.5 ~2 倍，而其电流的选择必须考虑多种因素，如导电角的大小、工作频率的高低、散热器的大小、冷却方式和环境温度等，因此必须综合考虑、合理选用。

（2）晶闸管必须使用产品规定的散热器（一般为螺旋型散热器或平板型散热器）并采用规定的冷却方式（如自然冷却、强迫风冷或强迫水冷）。

（3）由于晶闸管过载时极易损坏，因此使用时必须采取过流保护措施。常用的方法有以下两种。

①装设过流继电器及快速开关。由于继电器及开关动作需要一定时间，故短路电流较大时并不很有效，但在大功率设备上为了整个设备的安全仍是必需的。

②可在输入侧或与晶闸管串联设置快速熔断器，快速熔断器的额定电流必须由回路电流的有效值而不是平均值来选用。

（4）使用晶闸管必须采用过压保护措施。常用的方法有以下两种。

①采用硒堆保护。因硒整流元件具有较陡的反向非线性特性，即超过转折电压不多，以

达到吸收过电压的目的。硒片的片数可按每片承受有效值电压 18 ~20 V 来确定。

②采用阻容吸收电路。即电阻和电容串联后与晶闸管并联的电路。阻容器件的选用可参照表 1.4。

表 1.4　阻容器件的选用

晶闸管容量/A	5	10	20	50	100	200	500
电容量/μF	0.05	0.1	0.15	0.2	0.25	0.5	1.0
电阻值/Ω	5 ~50						

延伸阅读

我国半导体科学奠基人之一——王守武

20 世纪 50 年代，世界半导体产业刚刚起步，而中国还是一片空白。毕业于机电专业的王守武，按照国家的需要转向了半导体研究。不久后，他就设计出了国内第一台单晶炉，随后又带领团队研制出了国内第一根锗单晶，接着第一根锗合金结晶体管研制成功。1958 年，他还参与创建了我国最早的一家生产晶体管的工厂——中国科学院 109 工厂。1960 年，他再次受命筹建中国科学院半导体研究所并担任副所长。在他的努力下，我国的半导体科学向前跨出了一大步。他真正实现了自己的抱负：“愿大家努力读书、努力前进，还愿将来努力救国、努力富国、努力强国！”

学习单元八　集成电路

集成电路是 20 世纪 60 年代初发展起来的一种新型器件，它采用半导体集成工艺，把众多二极管、三极管、电阻、电容及导线集中在一块半导体基片上，组成管体一路，再用塑料或陶瓷封装，制成集成电路。与分立元件电路相比，集成电路具有性能好、体积小、外部接线少、功耗低、可靠性高、灵活性高、价格低等优点。图 1.24 所示为常见集成电路的封装形式。

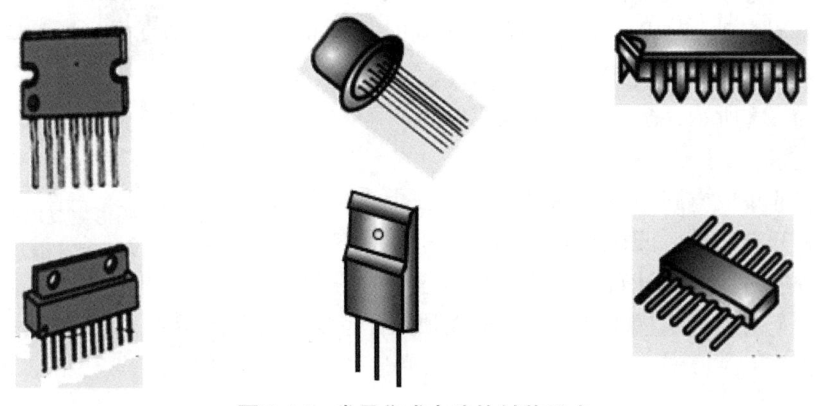

图 1.24　常见集成电路的封装形式

一、集成电路的分类

集成电路按功能不同，可分为模拟集成电路和数字集成电路两大类。模拟集成电路又分为线性和非线性两种，其中线性集成电路包括直流运算放大器、音频放大器等，非线性集成电路包括模拟乘法器、比较器、直流稳压电源、A/D（D/A）转换器等。数字集成电路包括基本门电路、译码器、编码器、触发器、存储器、微处理器和可编程器件。集成电路按集成度可分为小规模集成电路（SSI）、中规模集成电路（MSI）、大规模集成电路（LSI）、超大规模集成电路（VLSI）及系统芯片（SOC）；按外形可分为圆形电路、扁平形电路和双列直插式电路等；按导电类型可分为单极型集成电路和双极型集成电路。单极型集成电路工艺简单、功耗低、工作电源电压范围较宽，但工作速度较慢，如CMOS、PMOS和NMOS集成电路。双极型集成电路工作速度快，但功耗较大，而且制造工艺复杂，如TTL和ECL集成电路。

二、集成电路的引脚识别

1. 封装

集成电路是一个不可拆分的整体，所以人们也常把集成电路称为“器件”。作为一个器件，人们首先关心的是它的外部连接和使用，对其内部结构仅有一些简单了解即可。因此，能识别该器件的引脚排列、各引脚功能及引脚连接方式非常重要。

集成电路的封装可分为圆形金属外壳封装、扁平形陶瓷或塑料外壳封装、双列直插式陶瓷或塑料封装、单列直插式封装等，如图1.24所示。其中单列直插式、双列直插式较为常见。陶瓷封装散热性能差、体积小、成本低。金属封装散热性能好、可靠性高，但安装不方便、成本高。塑料封装的最大特点是工艺简单、成本低，因而被广泛使用。

2. 识别集成电路的引脚

使用集成电路前，必须认真查对集成电路的引脚，确定电源、地端、输入、输出以及控制等端的引脚号，以免因错接而损坏器件。引脚排列规律一般如下。

1）圆形集成电路

圆形结构的集成电路形似晶体管，体积较大，外壳用金属封装，端子有3、5、8、10个多种。识别时，应面向引脚正视，从定位端按逆时针方向依次为1、2、3、4、…，如图1.25所示，多用于模拟集成电路。

图1.25　圆形集成电路引脚排列

2）双列直插式集成电路

这种结构的集成电路一般是从外壳顶部往下看，在端面一侧的中央开有凹槽，凹槽左侧的第一根引线便是1号引脚，然后按逆时针方向计数，环绕一周直至凹槽右侧的引线为最后一个引脚（见图1.26），在外壳顶部标有集成电路的型号，在第一引脚的上方通常还加有色点。

3）单列直插式集成电路

这种结构的集成电路，通常以倒角或凹槽作为引脚参考标记。识别时，将引脚向下置标记于左方，则可从左向右读出各端子。有的集成电路没有任何标记，此时应将印有型号的一面正面朝向自己，按上述方法读出各端子，如图 1. 27 所示。

图 1. 26　双列直插式集成电路引脚排列

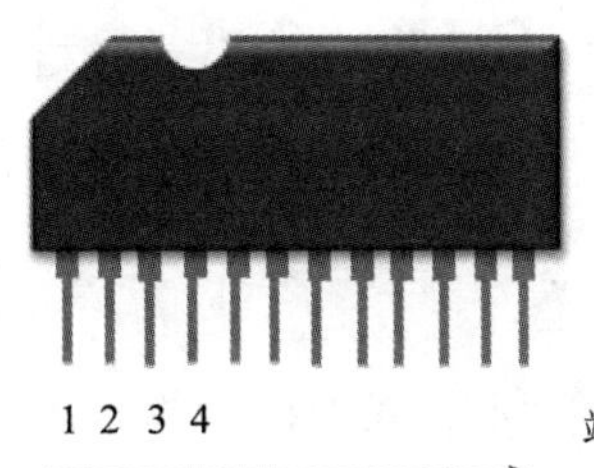

图 1. 27　单列直插式集成电路引脚排列

三、集成电路的使用常识

集成电路是一种结构复杂、功能多、体积小、安装与拆卸麻烦的电子器件，在选购、检测和使用时应十分小心。

（1）集成电路使用时，电源电压要符合要求，如 TTL 门电路电源电压只允许在 5 V 上有 ±10% 的波动。电源电压超过 5. 5 V 易使器件损坏；低于 4. 5 V 又易导致器件的逻辑功能不正常；而 CMOS 门电路的电源电压允许在较大范围内变化（3 ~ 18 V 电压均可），一般取中间值为宜。另外，电源电压要稳定，滤波要好。

（2）集成电路在使用时不允许超过极限参数。

（3）集成电路在使用时，要注意引脚排列，不能接错。

（4）集成电路内部包括几千甚至上万个 PN 结，因此，它对工作温度很敏感，环境温度过高或过低都不利于其正常工作。

（5）在手工焊接集成电路时，不得使用功率大于 45 W 的电烙铁，连续焊接时间不应超过 10 s。

（6）MOS 集成电路要防止静电感应击穿。焊接时要保证电烙铁外壳可靠接地，若无接地线，可将电烙铁拔下，利用余热进行焊接。

（7）数字集成电路型号的互换。数字集成电路绝大部分有国际通用型，只要后面的阿拉伯数字对应相同即可互换。

延伸阅读

华为三年磨一剑——麒麟 9000s

2023 年 9 月 25 日华为公司发布最新手机 HUA WEI Mate60，其处理器就是华为历经 3 年技术封锁，突破重重阻碍自主研制出的麒麟 9000s。2019 年 5 月，美国政府将华为及其附属 70 家公司列入“实体清单”，禁止美国企业与华为合作，导致全球龙头芯片制造企业台积电无法为华为 5G 手机芯片代工，而我国芯片企业当时并没有掌握 5 nm 的制程工艺。面对美国的技术封锁，华为没有屈服和放弃，而是自主创新、艰苦奋斗，最终在3年后突破了集成电路技术瓶颈，推出了性能更好的麒麟9000s。华为这种爱国、敬业、拼搏、创新的精神，值得我们所有人学习。

学习单元九　DZX-2型电子学综合实验装置及常用仪器介绍

一、DZX-2型电子学综合实验装置组成

DZX-2型电子学综合实验装置是根据我国目前“模拟电子技术”“数字电子技术”实验教学大纲的要求设计的开放型实验台，如图1.28所示。

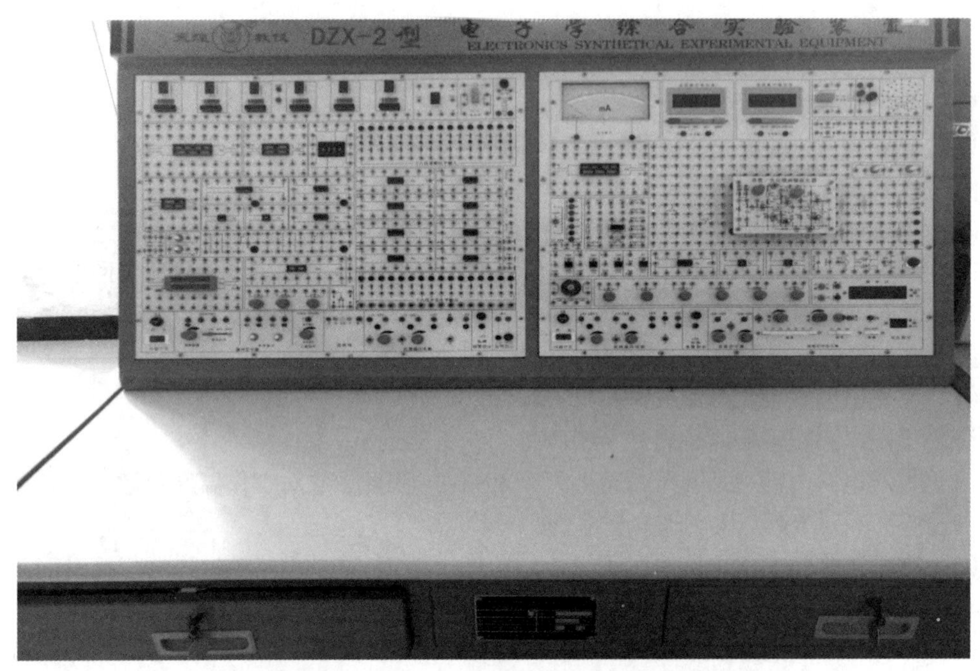

图1.28　DZX-2型电子学综合实验装置

1. 实验屏

实验屏为铁质喷塑结构，铝质面板。屏上固定装置着常用电源，如直流稳压电源、脉冲信号源等；常用仪器有函数信号发生器、频率计、直流数字电压表、直流数字毫安表等；常用电子元件有扬声器、继电器、LED显示器、晶体管、晶闸管、集成芯片座子、电路插孔；常用电子线路有集成稳压电路、集成音乐电路及定时器兼报警记录仪等。

2. 实验桌

实验桌用于安装实验控制屏，并有一个较宽敞的工作台面，实验桌的正前方设有两个抽屉。

3. 实验连接导线

根据不同实验项目的特点，配备两种不同的实验连接线，信号源和交流毫伏表的引线通

常用屏蔽线或专用电缆线，示波器接线使用专用电缆线，直流电源的接线用普通导线。

二、实验屏及配套设备使用方法

实验屏分为左、右两部分，分别是数字电路实验屏和模拟电路实验屏，如图 1.28 所示，下面就实验屏的各个部分组成予以介绍。

1. 数字电路实验屏

1）直流稳压电源

如图 1.29 所示，直流稳压电源为电路正常工作提供合适的直流电压，它可以提供两组 0 ~ 18 V 的可调直流电压和一组 ±5 V 直流电源。

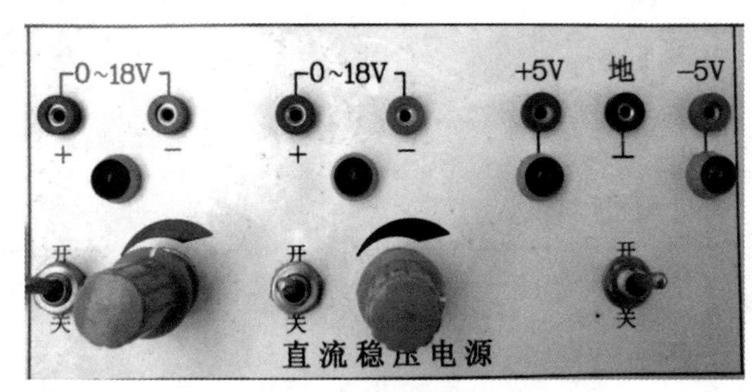

图 1.29　直流稳压电源

2）脉冲信号源

如图 1.30 所示，脉冲信号源为数字电路提供脉冲源。可以提供两种形式的脉冲输出，即单次脉冲输出和连续脉冲输出。使用时，只要开启 +5 V 直流稳压电源开关，各个输出插口即可输出相应的脉冲信号。

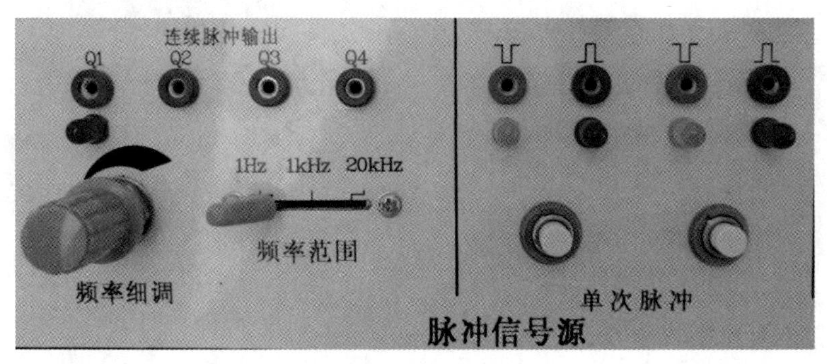

图 1.30　脉冲信号源

（1）两路单次脉冲源。

每按一次单次脉冲按键，在其输出口“⎍”和“⊔”分别送出一个正、负单次脉冲信号。4 个输出口均有 LED 发光二极管予以指示。

（2）频率为 1 Hz、1 kHz、20 kHz 附近连续可调的脉冲信号源。

接通电源后，其输出口将输出连续的幅度为 3.5 V 的方波脉冲信号。其输出频率由“频率范围”波段开关的位置（1 Hz、1 kHz、20 kHz）决定，可通过频率调节多圈电位器对输出频率进行细调，并有 LED 发光二极管指示是否有脉冲信号输出，当频率范围开关置于“1Hz”挡时，LED 发光指示灯应按 1 Hz 左右的频率闪亮，具有 4 个输出端 Q1、Q2、Q3、Q4，分别实现一分频、二分频、三分频、四分频。

3）16 位逻辑电平输出

当开关向上拨（即拨向“高”）时，与之相对应的输出插口输出高电平，且其对应的 LED 发光二极管点亮；当开关向下拨（即拨向“低”）时，相对应的输出口为低电平，则其所对应的 LED 发光二极管熄灭。使用时，只要开启 +5 V 稳压电源处的分开关，便能正常工作，如图 1.31 所示。

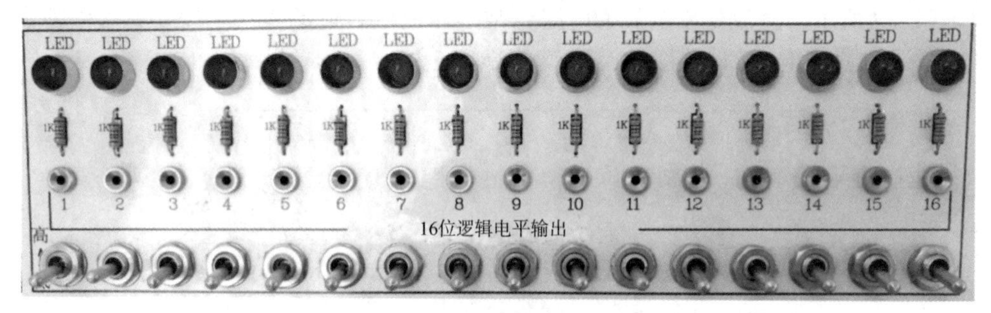

图 1.31　16 位逻辑电平输出

4）16 位逻辑电平输入

当输入口接高电平时，所对应的 LED 发光二极管点亮，输入口接低电平时，则对应的 LED 熄灭，如图 1.32 所示。

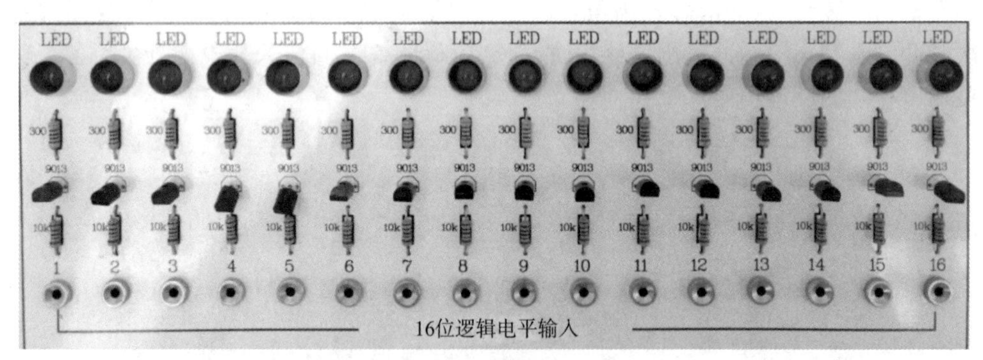

图 1.32　16 位逻辑电平输入

5）七段数码显示器

如图 1.33 所示，这是一共阴极连接的七段数码显示器，相应的笔段亮将显示 0 ~ 9 这 10 位数字，a、b、c、d、e、f、g 端分别为 7 个笔段的输入端，高电平有效，GND 端应接地。

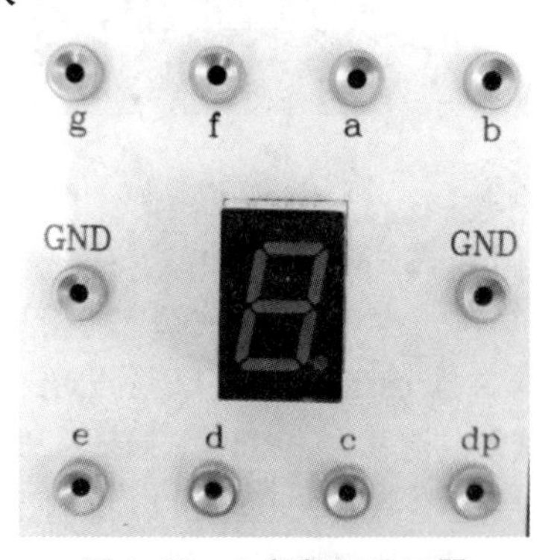

图 1.33　七段数码显示器

6）6 位十六进制七段译码器与 LED 数码显示器

译码器具有十六进制全译码功能。显示器采用 LED 共阳极红色数码管（与译码器在反面已连接好），可显示4位BCD码十六进制的全译码代号，即0、1、2、3、4、5、6、7、8、9、A、B、C、D、E、F。使用时，只要用锁紧线将+5 V电源接入电源插孔“+5V”处即可工作，在没有BCD码输入时6位译码器均显示“F”，如图1.34所示。

图1.34　译码器及LED数码显示器

7）音乐讯响电路

如图1.35所示，它包括音乐集成芯片和扬声器，只要给电路加+5 V电源，音乐讯响电路接通，扬声器就可发出特有的音乐。另外，扬声器和音乐芯片均有插接口与外电路相连，均可单独使用。

8）继电器

继电器是自动控制电路中的一种器件，是用较小电流来控制较大电流的一种自动开关，如图1.36所示，继电器包括两组常开常闭触头和一个吸引线圈。

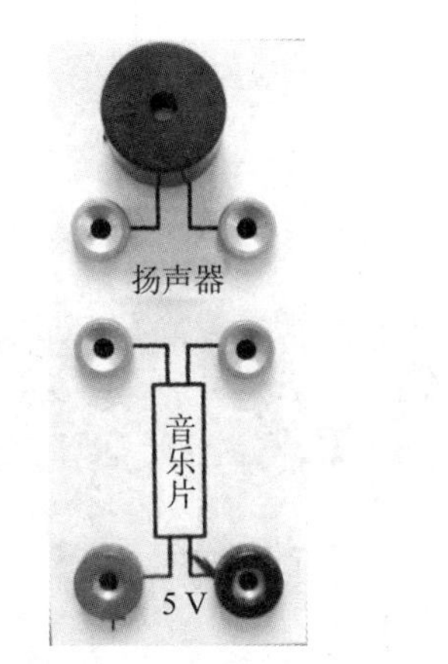

图1.35　音乐讯响电路

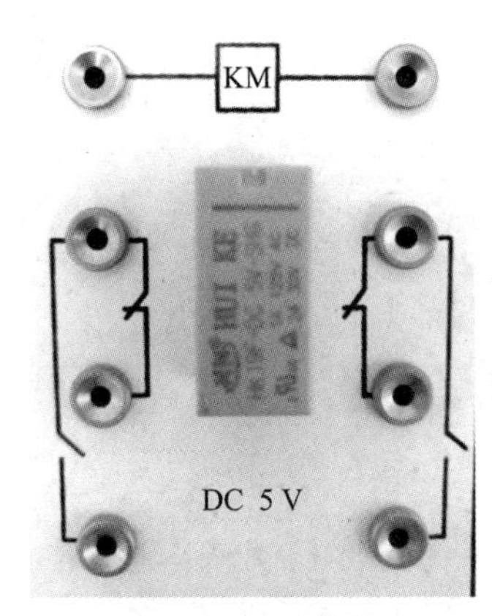

图1.36　继电器

2. 模拟电路实验屏

1）电源开关

如图1.37所示，电源开关是接通整个实验屏与电源相连的开关，按下开关按钮，指示灯亮，说明实验屏电源接通了。开关上方FUSE旋钮中装有1 A的保险丝。

2）直流信号源

模拟实验屏有一个与数字实验屏一样的直流稳压电源，它为电路提供一定的直流电压。

3）函数信号发生器

函数信号发生器是一种宽带频率可调的多波形信号发生器，它可以输出正弦波、方波、三角波，由琴键开关切换选择。输出频率分7个频段，其中$f_1=2$ Hz，$f_2=20$ Hz，$f_3=200$ Hz，$f_4=2$ kHz，$f_5=20$ kHz，$f_6=200$ kHz，$f_7=2$ MHz，在全频段范围内无断点。本信号源还设有3位LED数码管显示其输出幅度（峰峰值）。输出衰减分为0 dB、20 dB、40 dB、60 dB这4挡，由两个“衰减”按键供选择，如图1.38所示。

1 A

FUSE

开　关

图 1.37　电源开关

4）直流数字毫安表和直流数字电压表

直流数字毫安表是数字式的电流表，用以测量直流电流，共有3个量程，分别为2 mA、20 mA、200 mA；直流数字电压表用以测量电压，共有4个量程，分别为200 mV、2 V、20 V、200 V，测量电流、电压时应选择适当的量程进行测量，并且仪表有超量程指示，当输入信号超量程时，显示器的首位将显示“1”，后3位不亮。若显示为负值，表明输入信号极性接反了，改换接线或不改接线均可。按下“关”键，即关闭仪表的电源，停止工作，如图1.39所示。

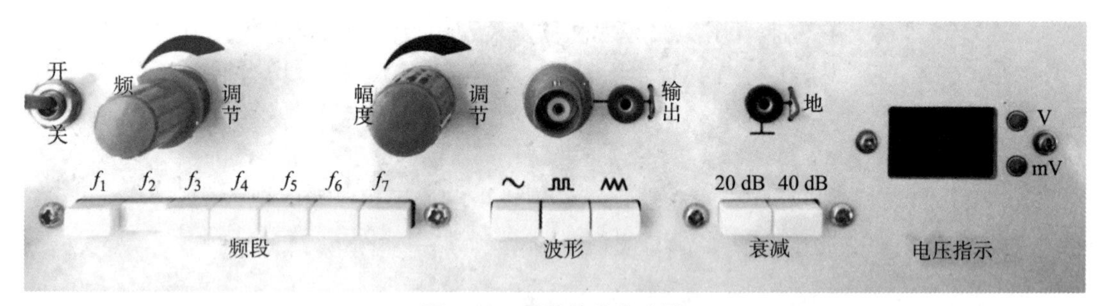

图 1.38　函数信号发生器

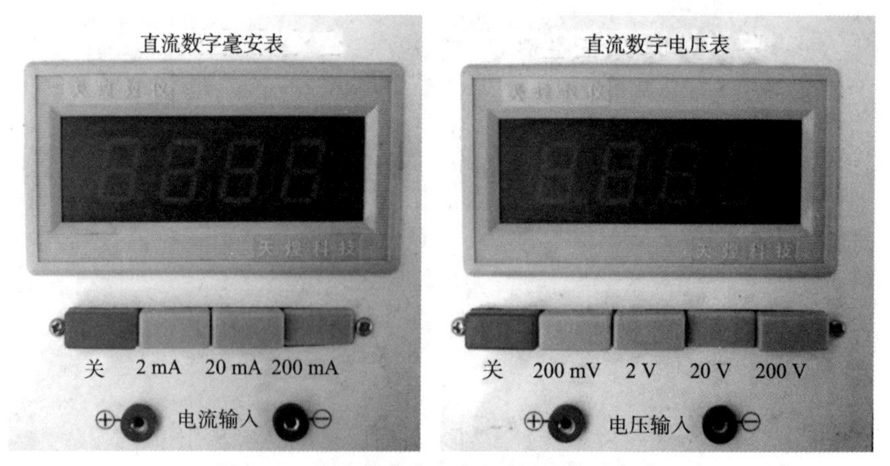

图 1.39　直流数字毫安表和直流数字电压表

5）数显频率计

频率计是用以计算输入信号的频率，分为内测输入和外测输入两种输入方式。将频率计处开关（内测/外测）置于“内测”，即可测量“函数信号发生器”本身的信号输出频率。

将开关置于“外测”，则频率计显示由“输入”插口输入的被测信号的频率。本频率计的测量范围为 1 Hz～10 MHz，只要开启电源开关，频率计即进入待测状态，如图 1.40 所示。

图 1.40　数显频率计

6）毫安表

如图 1.41 所示，用以测量电流，量程是 10 mA。

7）直流稳压电源组件

如图 1.42 所示，直流稳压电源组件由变压器、整流二极管、滤波电容和三端集成稳压器组成。由这些组件可以构成直流稳压电源，也可与外电路相连接单独使用。

图 1.41　毫安表

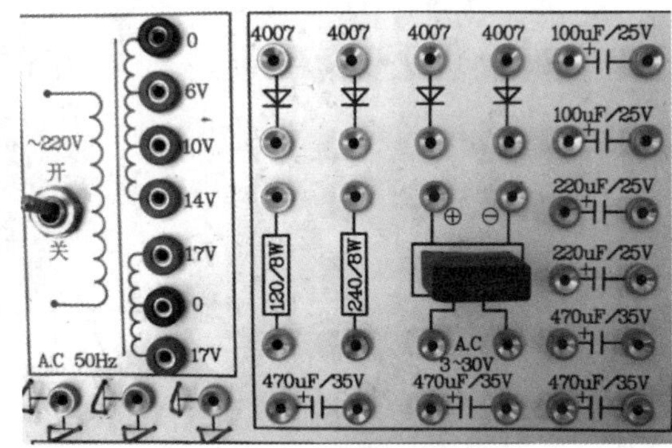

图 1.42　直流稳压电源组件

8）电路常用元件

模拟实验屏上配备了一些常用元件，如晶体三极管和晶闸管元件，如图 1.43 所示，扬声器如图 1.44 所示，LED 显示器和蜂鸣器电路如图 1.45 所示，可调电位器如图 1.46 所示。此外实验屏上还配有若干元件插孔，供外接元件插入实验屏使用，如图 1.47 所示。

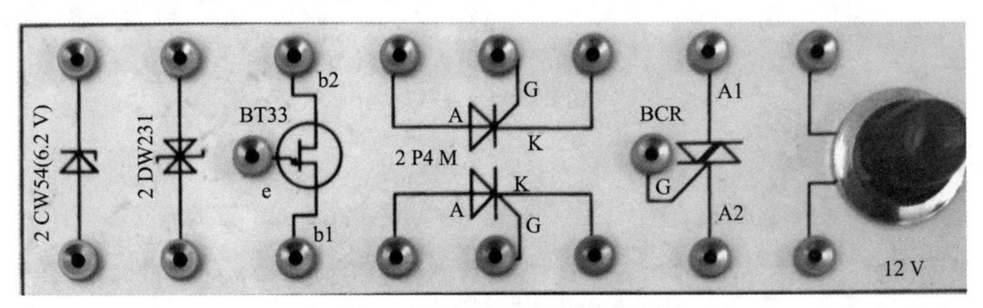

图 1.43　晶体三极管和晶闸管元件

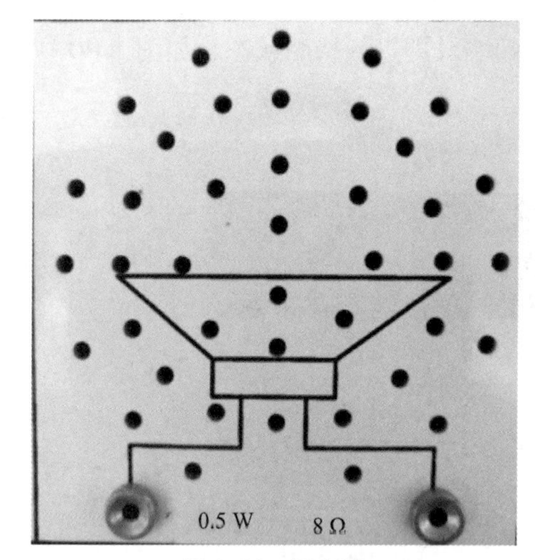

图 1.44 扬声器

图 1.45 LED 显示器和蜂鸣器电路

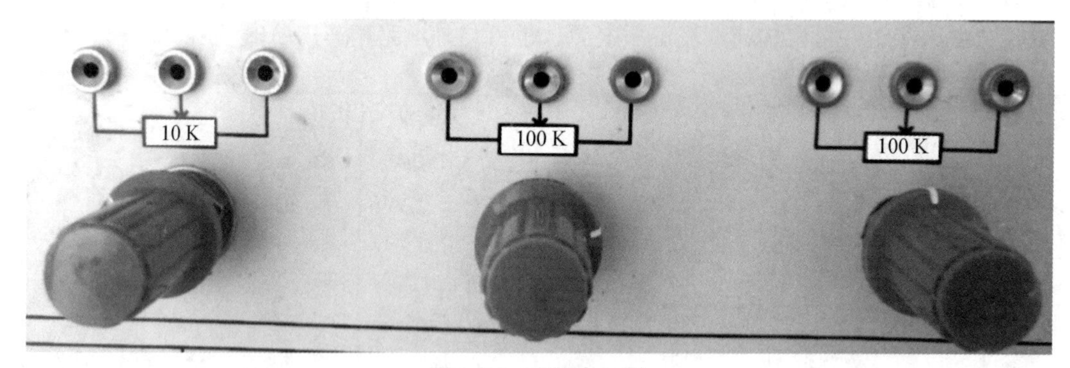

图 1.46 可调电位器

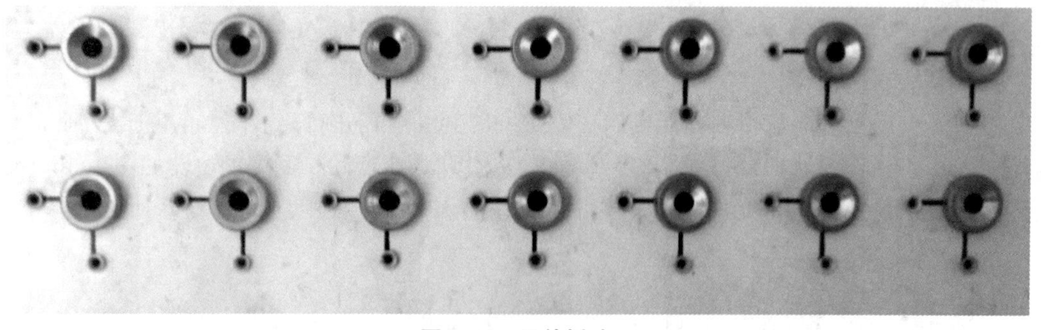

图 1.47 元件插孔

3. 若干实验挂件

此套实验设备还配备了供各种单元实验使用的实验挂件，如单管放大实验挂件、负反馈放大实验挂件、射极输出器电路实验挂件、功率放大器实验挂件、差动放大电路实验挂件等。图 1.48 所示为单管/负反馈放大器实验挂件。

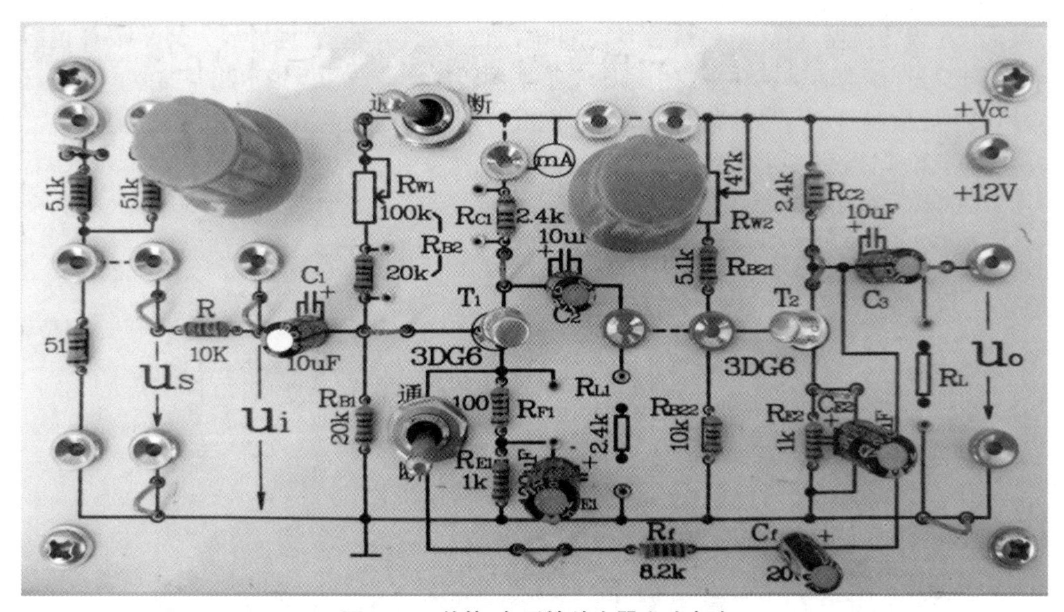

图 1.48　单管/负反馈放大器实验电路

三、数字示波器

1. 数字示波器的原理

数字示波器可以方便地实现对模拟信号的长期存储，并可利用机内微处理器系统对存储的信号做进一步处理，如对被测波形的频率、幅值、前后沿时间、平均值等参数的自动测量以及多种复杂的处理。

数字式存储示波器与传统的模拟示波器相比，其利用数字电路和微处理器来增强对信号的处理能力、显示能力以及模拟示波器没有的存储能力。数字示波器的基本工作原理如图 1.49 所示，当信号通过垂直输入衰减器和放大器后，到达模/数转换器（ADC）。ADC 将模拟输入信号的电平转换成数字量，并将其放到存储器中。存储该值的速度由触发电路和石英晶振时基信号来决定。数字处理器可以在固定的时间间隔内进行离散信号的幅值采样。接下来，数字示波器的微处理器将存储的信号读出并同时对其进行数字信号处理，并将处理过的

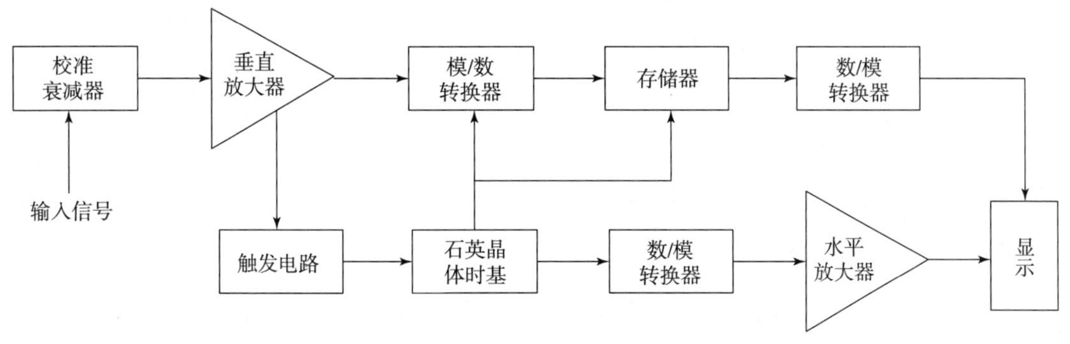

图 1.49　数字示波器原理

信号送到数/模转换器（DAC），然后 DAC 的输出信号去驱动垂直偏转放大器。DAC 也需要一个数字信号存储的时钟，并用此信号驱动水平偏转放大器。与模拟示波器类似，在垂直放大器和水平放大器两个信号的共同驱动下，完成待测波形的测量结果显示。

2. UTD2062CE 数字示波器

UTD2062CE 数字存储示波器为便携式双通道示波器，它的外观如图 1. 50 所示。

1）UTD2062CE 型数字示波器面板介绍

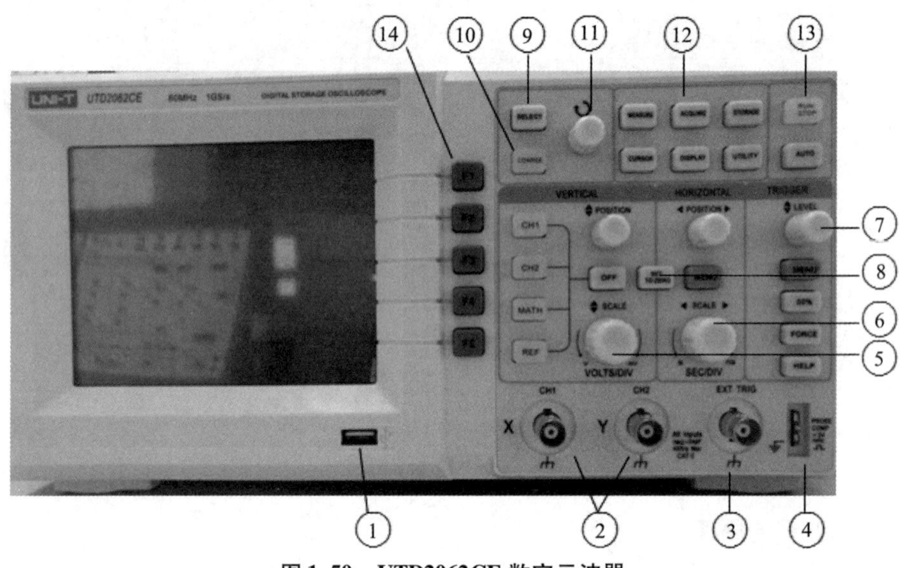

图 1. 50　UTD2062CE 数字示波器

示波器面板各控制件如图 1. 50 所示，功能见表 1. 5。

表 1. 5　UTD2062CE 数字示波器功能表

序号	控制件名称	功能
①	USBHOST 接口	用于插入 U 盘
②	CH1/X CH2/Y	模拟信号输入端
③	EXT TRIG	外触发输入端
④	校正信号	提供峰峰值约 3 V、1 kHz 的方波信号用于补偿校正探头
⑤	VERTICAL 垂直系统控制区	POSITION（垂直位移按钮）：控制信号在波形窗口的垂直显示位置； SCALE（旋钮）：用于改变“VOLTS/DIV（伏/格）”垂直挡位设置； CH1：通道 1； CH2：通道 2； MATH：数学运算； REF：参考波形； OFF：关闭操作菜单

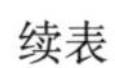

续表

序号	控制件名称	功能
⑥	HORIZONTAL 水平系统控制区	POSITION（水平位移旋钮）：调整信号在波形窗口的水平显示位置，当应用于触发移位时，转动水平 POSITION 旋钮时，可水平移动触发点； SCALE（旋钮）：转动可以改变“SEC/DIV”水平挡位设置； MENU：按下显示 Zoom 菜单，在此菜单下，按 F3 键可以开启视窗扩展，再按 F1 键可以关闭视窗扩展而回到主时基，在这个菜单下，还可以设置触发释抑时间
⑦	TRIGGER 触发系统控制区	LEVEL：改变触发电平设置，转动旋钮，屏幕上出现触发线以及触发标志； 50%：将触发电平设定在触发信号幅值的垂直点； FORCE：强制产生一触发信号，主要应用于触发方式中“正常”和“单次”模式； MENU：触发设置菜单键； HELP：按下该按键在屏幕上显示当前菜单选项的功能介绍
⑧	SET TO ZERO	可使触发点快速恢复到垂直中点，也可以通过旋转水平 POSITION 旋钮来调整信号在波形窗口的水平位置
⑨	SELECT	对光标进行选择
⑩	COARSE	调节移动光标的速度
⑪	多用途旋钮控制器	
⑫	常用功能键	MEASURE（自动测量功能键）：按下此按钮可以弹出自动测量操作菜单，通过菜单控制按钮选择自动测量方式； ACQUIRE（采样系统功能键）：按下此按钮可以弹出采样设置菜单，通过菜单控制按钮调整采样方式； STORAGE（存储系统功能键）：按下此按钮可以弹出存储设置菜单，通过菜单控制按钮设置存储/调出波形； CURSOR（光标测量功能键）：按下此按钮可以弹出光标测量设置菜单，通过菜单控制按钮选择光标测量模式； DISPLAY（显示系统功能键）：按下此按钮可以弹出显示设置菜单，通过菜单控制按钮调整显示方式； UTILITY（辅助系统功能键）：按下此按钮可以弹出辅助系统功能设置菜单，通过菜单控制按钮设定辅助系统功能（如自校正、波形录制、语言、出厂设置等）
⑬	立即执行键	RUN/STOP（运行/停止）：连续采集波形或停止采集，当按下该键并有绿灯亮时，表示处于运行状态，如果按键后出现红灯亮则为停止； AUTO（自动设置）：按下此按钮时，数字存储示波器能自动根据波形的幅度和频率，调整垂直偏转系数和水平时基挡位，并使波形稳定地显示在屏幕上
⑭	菜单操作键	有 5 个灰色按钮，即 F1 ~ F5，可以设置当前菜单的不同选项

2）显示界面

数字存储示波器界面如图 1.51 所示。

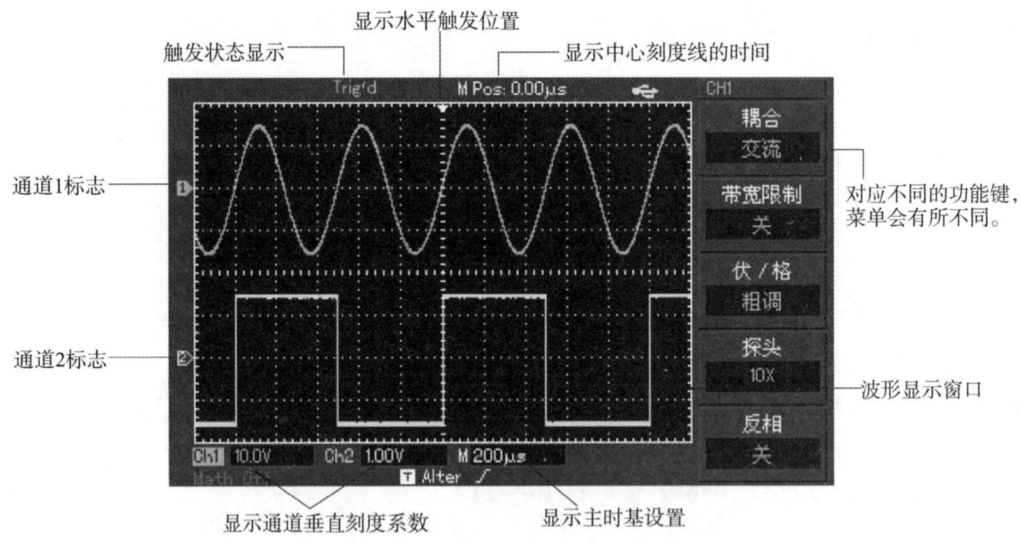

图 1.51　数字存储示波器界面显示

3）基本操作方法

（1）设定探头倍率。

为了配合探头的衰减设定，需要在通道操作菜单中设置相应探头衰减系数。如果探头衰减系数为 10∶1，则通道菜单中探头系数相应设置成 10 ×，其余类推，以确保电压读数正确。

操作方法：先按下 CH1 按钮或 CH2 按钮，再按 F4 按钮使菜单显示 10 ×。

图 1.52 所示为应用 10∶1 探头时的设置及垂直挡位的显示。

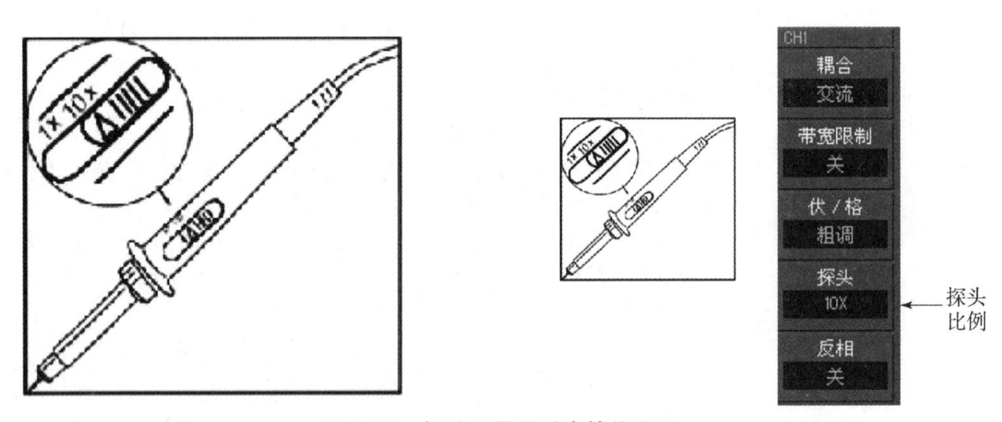

图 1.52　探头设置及垂直挡位显示

（2）探头补偿调节。

在首次将探头与任一输入通道连接时，需要进行此项调节，使探头与输入通道相匹配。未经补偿校正的探头会导致测量误差或错误。若调整探头补偿，应按以下步骤操作。

①将探头菜单衰减系数设定为 10 ×，探头上的开关置于 10 × 位置，并将数字存储示波器探头与 CH1 连接。如使用探头钩形头，应确保与探头接触可靠。

②将探头端部与探头补偿器的信号输出连接器相连，接地夹与探头补偿器的地线连接器相连，打开 CH1，然后按 AUTO 按钮，如图 1.53 所示。

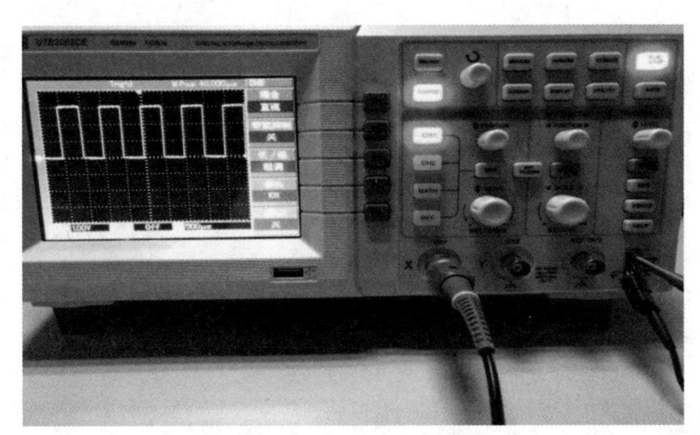

图 1.53　探头补偿调节

③观察显示的波形，如显示波形为图 1.54 所示的“补偿不足”或“补偿过度”，则用非金属手柄的改锥调整探头上的可变电容，直到屏幕显示的波形如图 1.54（b）所示“补偿正确”。

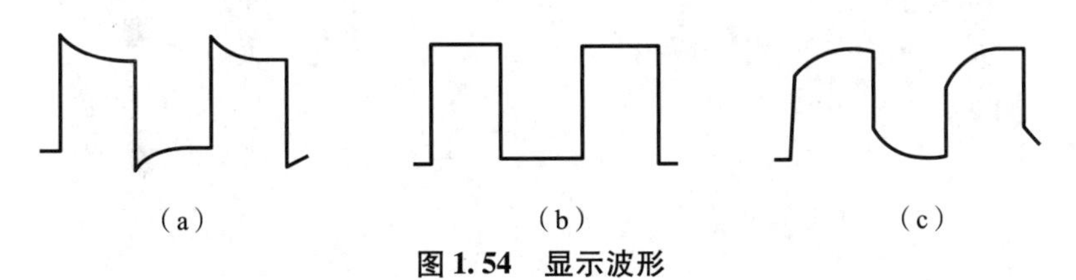

（a）　　（b）　　（c）

图 1.54　显示波形

（a）补偿过度；（b）补偿正确；（c）补偿不足

（3）垂直系统操作。

①垂直方式选择。按 CH1、CH2、MATH、REF 按钮，屏幕显示对应通道的操作菜单、标志、波形和挡位状态信息。按 OFF 按钮关闭当前选择的通道。每个通道有独立的垂直菜单，每个项目都按不同的通道单独设置。按 CH1 或 CH2 按钮，系统会显示 CH1 或 CH2 通道的操作菜单，如表 1.6 所示。

表 1.6　垂直方式选择

功能菜单	设定	说明
耦合	交流 直流 接地	阻挡输入信号的直流成分 通过输入信号的交流和直流成分 断开输入信号
带宽限制	打开 关闭	限制带宽至 20 MHz，以减少显示噪声 满带宽
伏/格	粗调 微调	粗调按 1 - 2 - 5 进制设定垂直偏转系数 微调则在粗调设置范围内进一步细分，以改善垂直分辨率

续表

功能菜单	设定	说明
探头	1 × 10 × 100 × 1000 ×	根据探头衰减系数选取其中一个值，以保持垂直偏转系数的读数正确。共有 4 种，即 1 × 、10 × 、100 × 、1000 ×
反相	开 关	打开波形反向功能 波形正常显示

②通道耦合方式设置。以信号施加到 CH1 通道为例，被测信号是一含有直流分量的正弦信号。按 F1 按钮选择“交流”，设置为交流耦合方式。被测信号含有的直流分量被阻隔。波形显示如图 1. 55 所示。

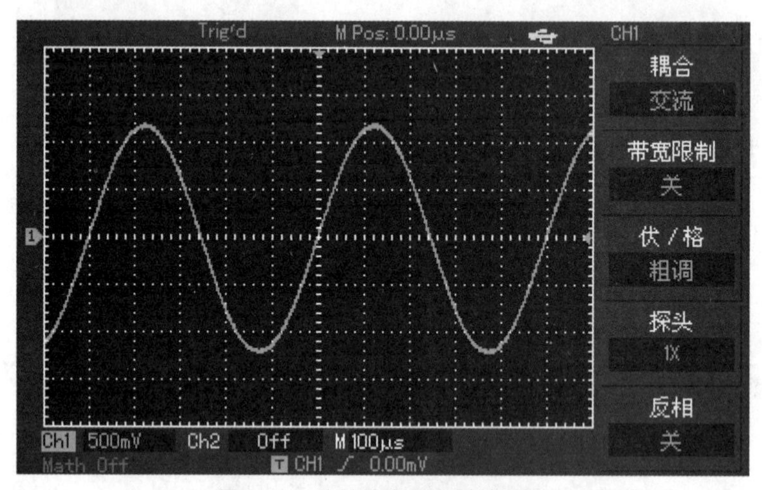

图 1. 55　信号的直流分量被阻隔

按 F1 按钮选择“直流”，输入到 CH1 通道的被测信号的直流分量和交流分量都可以通过。波形显示如图 1. 56 所示。

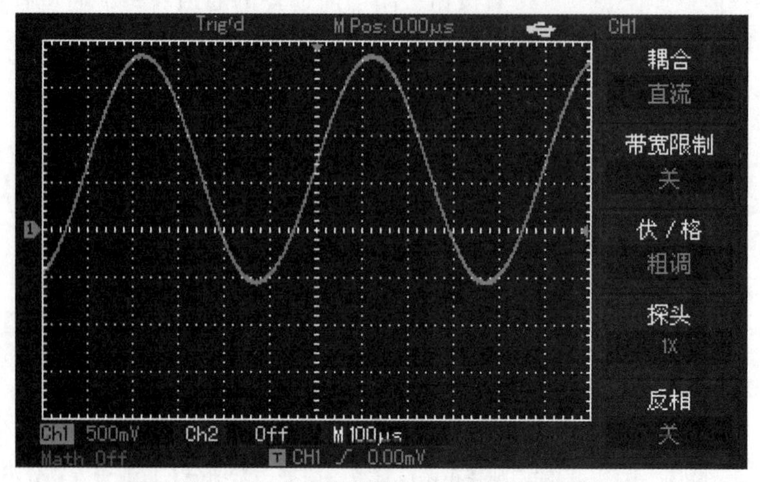

图 1. 56　信号的直流分量和交流分量同时被显示

按 F1 按钮选择“接地”，通道设置为接地方式。被测信号含有的直流分量和交流分量都被阻隔。波形显示如图 1.57 所示。

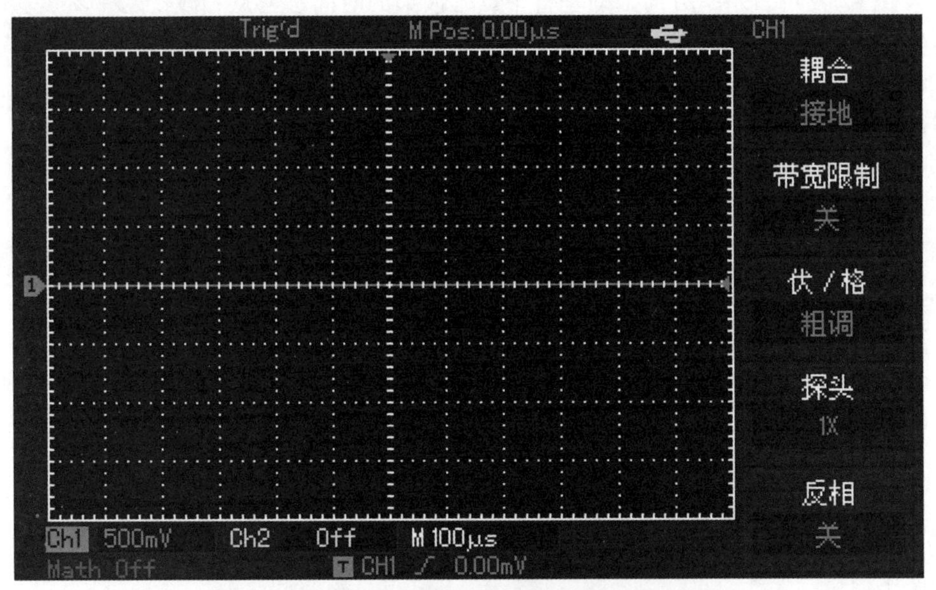

图 1.57　信号的直流分量和交流分量同时被阻隔

③垂直伏/格调节设置。垂直偏转系数伏/格挡位调节，分为粗调和微调两种模式。在粗调时，伏/格范围是 2 mV/div ~ 5 V/div（或 10 V/div，或 1 mV/div ~ 20 V/div）；在微调时，指在当前垂直挡位范围内以更小的步进改变偏转系数，从而实现垂直偏转系数在所有垂直挡位内无间断地连续可调，如图 1.58 所示。

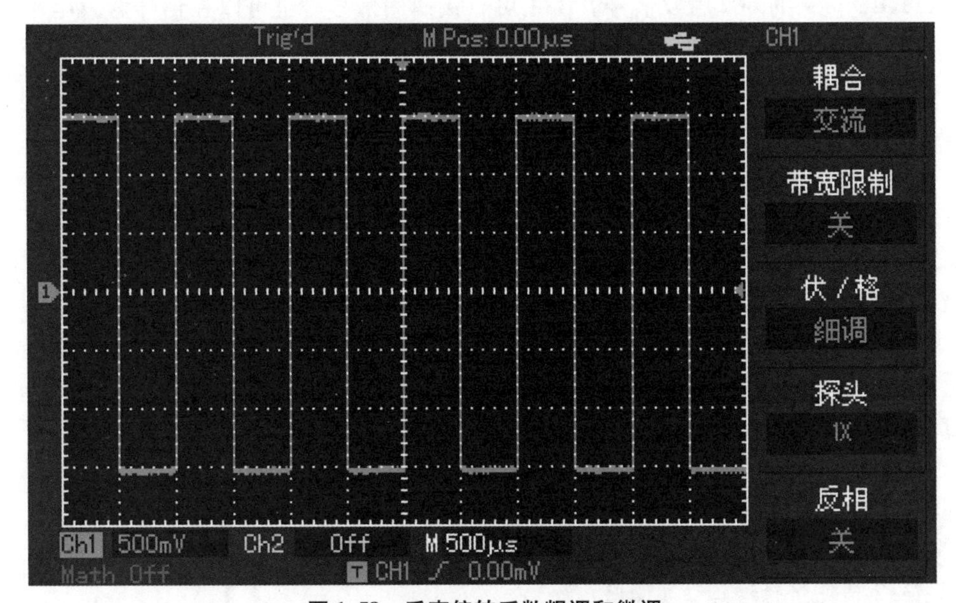

图 1.58　垂直偏转系数粗调和微调

（4）水平系统操作。

①水平控制旋钮。使用水平控制旋钮可改变水平刻度（时基）、触发在内存中的水平位置（触发位置）。屏幕水平方向上的垂直中点是波形的时间参考点，改变水平刻度会导致波形相对屏幕中心扩张或收缩，水平位置改变时即相对于波形触发点的位置发生变化。

②水平挡位的调节。转动水平 SCALE 旋钮改变“s/div”时基挡位，可以发现状态栏对应通道的时基挡位显示发生了相应的变化。水平扫描速率为 2 ns/div ~ 50 s/div，以 1 - 2 - 5 方式步进。

（5）触发系统设置。

触发决定了数字存储示波器何时开始采集数据和显示波形。一旦触发被正确设定，它可以将不稳定的显示转换成有意义的波形。

①触发方式包括边沿触发、脉宽触发、视频触发和交替触发。

a. 边沿触发：是在输入信号边沿的触发阈值上触发。在选取“边沿触发”时，即在输入信号的上升沿、下降沿触发。

b. 脉宽触发：当触发信号的脉冲宽度达到设定的触发条件时，产生触发。

c. 视频触发：对标准视频信号进行场触发或行触发。

d. 交替触发：触发信号来自两个垂直通道，这种触发方式可用于同时观察信号频率不相关的两个信号。

②触发源：包含输入通道（CH1、CH2）、外部触发（EXT、EXT/5）和市电。

a. 输入通道：最常用的触发信源是输入通道（可任选一个），被选中作为触发信源的通道，无论其输入是否被显示，都能正常工作。

b. 外部触发：这种触发信源可用于在两个通道上采集数据的同时在第三个通道上触发。例如，可利用外部时钟或来自待测电路的信号作为触发信源。EXT、EXT/5 触发源都使用连接至 EXTTRIG 接头的外部触发信号。EXT 可直接使用信号，也可以在信号触发电平范围在 -3 ~ +3 V 时使用 EXT，还可以选择 EXT/5，即外触发除以 5，可使触发范围扩展至 -15 ~ +15 V，这将使数字存储示波器能在较大信号时触发。

（6）测量参数。

①自动测量。

首先按 MEASURE 按钮，屏幕显示 5 个测量值的显示区域，用户可按 F1 ~ F5 按钮中的任一按钮，则屏幕进入测量选择菜单。对于任一区域需要选择测量种类时，可按相应的 F 按钮，以进入测量种类选择菜单。测量种类选择菜单分为电压类和时间类两种，可分别选择进入电压类或时间类的测量种类，并按相应的 F1 ~ F5 按钮选择测量种类后，退回到参数测量显示菜单。另外，还可按 F5 按钮选择“所有参数”显示电压类和时间类的全部测量参数；按 F2 按钮可选择要测量的通道（通道开启才有效），若不希望改变当前的测量种类，可按 F1 按钮返回到参数测量显示菜单。

例如，如果要求在 F1 区域显示 CH2 通道的测量峰峰值，其步骤如下。

- 按 F1 按钮进入测量种类选择菜单，如图 1.59 所示。
- 按 F2 按钮选择通道 2（CH2）。
- 按 F3 按钮选择电压类。
- 按 F5 按钮（下一页 2/4）可看到 F3 的位置就是“峰峰值”。

- 按 F3 按钮即选择了“峰峰值”并自动退回到参数测量显示菜单。

在测量菜单首页，峰峰值已显示在 F1 区域，如图 1.60 所示。

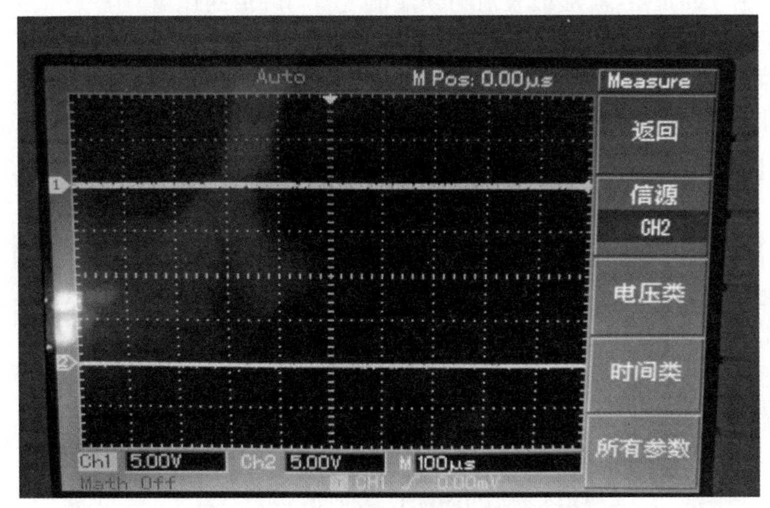

图 1.59　测量种类选择界面

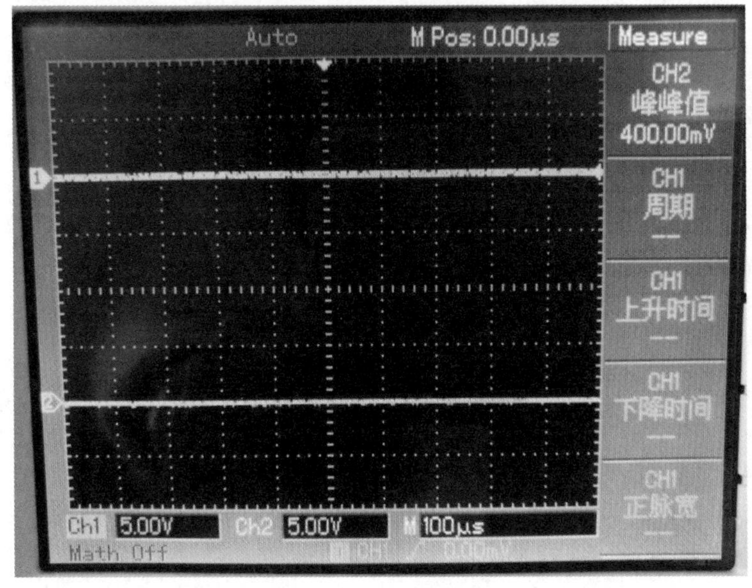

图 1.60　显示峰峰值

a. 电压参数的自动测量。

可以自动测量的电压参数包括以下几个。

- 峰峰值（Vpp）：波形最高点至最低点的电压值。
- 最大值（Vmax）：波形最高点至 GND（地）的电压值。
- 最小值（Vmin）：波形最低点至 GND（地）的电压值。
- 幅度（Vamp）：波形顶端至底端的电压值。
- 中间值（Vmid）：波形顶端与底端电压值和的一半。

- 顶端值（Vtop）：波形平顶至 GND（地）的电压值。
- 底端值（Vbase）：波形底端至 GND（地）的电压值。
- 过冲（Overshoot）：波形最大值与顶端值之差与幅值的比值。
- 预冲（Preshoot）：波形最小值与底端值之差与幅值的比值。
- 平均值（Average）：一个周期内信号的平均幅值。
- 均方根值（Vrms）：即有效值，依据交流信号在一周期时所换算产生的能量，对应于产生等值能量的直流电压，即均方根值。

b. 时间参数的自动测量。

可以自动测量信号的频率、周期、上升时间、下降时间、正脉宽、负脉宽、延迟（9 种组合）、正占空比、负占空比等 10 种时间参数的自动测量。这些时间参数的定义如下。

- 上升时间（Rise Time）：波形幅度从 10% 上升至 90% 所经历的时间。
- 下降时间（Fall Time）：波形幅度从 90% 下降至 10% 所经历的时间。
- 正脉宽（+Width）：正脉冲在 50% 幅度时的脉冲宽度。
- 负脉宽（-Width）：负脉冲在 50% 幅度时的脉冲宽度。
- 延迟（上升沿）：上升沿到上升沿的延迟时间。
- 延迟（下降沿）：下降沿到下降沿的延迟时间。
- 正占空比（+Duty）：正脉宽与周期的比值。
- 负占空比（-Duty）：负脉宽与周期的比值。

②光标测量。

按下 CURSOR 按钮显示测量光标和光标菜单，有 3 种模式可供选择，即电压、时间和跟踪。当选择测量电压时，按面板上的 SELECT 按钮可对光标进行选择，按下 COARSE 按钮可调节移动光标的速度，使用多用途旋钮控制器可改变光标的位置，分别调整两个光标的位置处于波峰和波谷位置后，即可测量 ΔV。同理，如果选择时间则可测量 ΔT。在跟踪方式下，并且有波形显示时，可以看到数字存储示波器的光标会自动跟踪信号变化。

4）应用实例

例如，测量简单信号：观测电路中一个未知信号，迅速显示和测量信号的频率和峰峰值。

（1）欲迅速显示该信号，应按以下步骤操作。

①将探头菜单衰减系数设定为 10×，并将探头上的开关设定为 10×。

②将 CH1 的探头连接到电路被测点。

③按下 AUTO 按钮。

数字存储示波器将自动设置使波形显示达到最佳。在此基础上还可进一步调节垂直、水平挡位，直至波形的显示符合要求为止。

（2）进行自动测量信号的电压和时间参数。

数字存储示波器可对大多数显示信号进行自动测量。欲测量信号频率和峰峰值，应按以下步骤操作。

①按下 MEASURE 按钮，显示自动测量菜单。

②按下 F1 按钮，进入测量菜单种类选择界面。

③按下 F3 按钮，选择电压类。

④按下 F5 按钮翻至 2/4 页，再按 F3 按钮选择测量类型，如峰峰值。

⑤按下 F2 按钮，进入测量菜单种类选择界面，再按 F4 按钮选择时间类。

⑥按下 F2 按钮即可选择测量类型，如频率。此时，峰峰值和频率的测量值分别显示在 F1 和 F2 的位置，如图 1.61 所示。

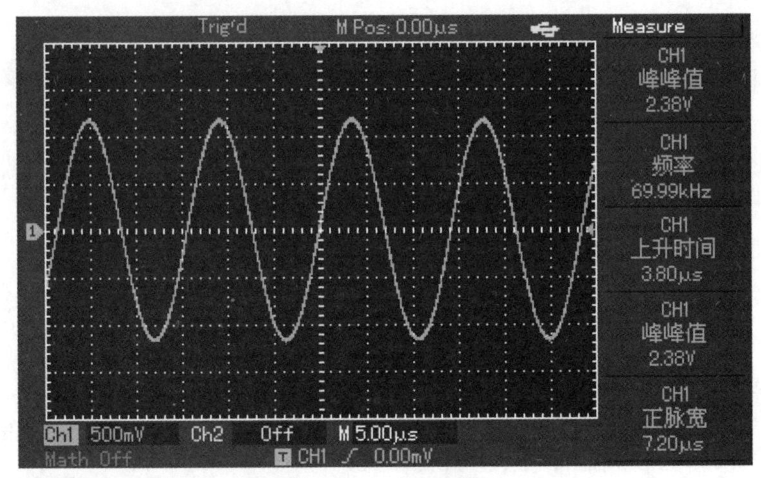

图 1.61　自动测量

例如，应用光标测量：测量阶梯信号的一个阶梯电压。

欲测量阶梯信号的一个阶梯电压，应按以下步骤操作。

①按下 CURSOR 按钮以显示光标测量菜单。

②按下 F1 按钮设置光标类型为电压。

③旋转多用途旋钮控制器，将光标 1 置于阶梯信号的一个阶梯处。

④按下 SELECT 按钮使光标被选中，然后再旋转多用途旋钮控制器，将光标 2 置于阶梯信号的另一个阶梯处。

光标菜单中则自动显示 ΔV 值，即该处的压差，如图 1.62 所示。

如果是测量时间，仅按上述第②步中，将光标类型设置为时间即可。

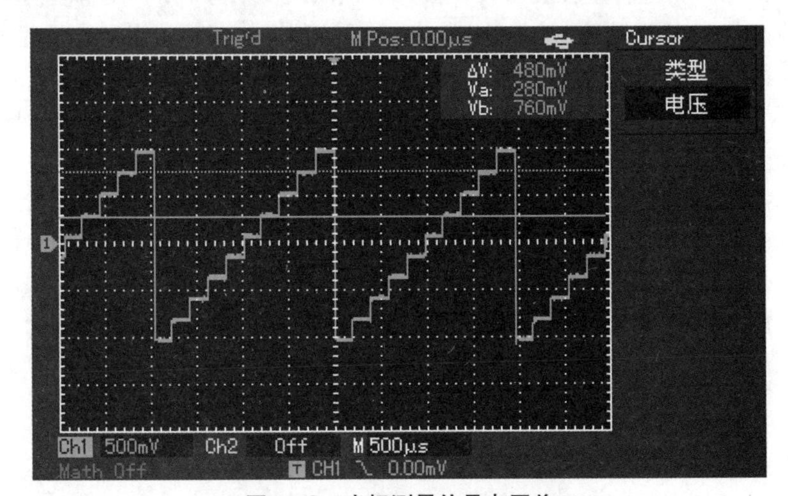

图 1.62　光标测量信号电压差

四、交流毫伏表

交流毫伏表用来测量交流电压的有效值，DF2175A 是一种单通道模拟指示毫伏表，其外观如图 1.63 所示。

DF2175A 交流毫伏表电压测量范围为 30 μV ~ 300 V，电压测量频率范围为 5 Hz ~ 2 MHz；数位开关控制量程可分为 300 V、100 V、30 V、10 V、3 V、1 V、300 mV、100 mV 、30 mV、10 mV、3 mV、1 mV、0.3 mV 多个挡，测量时应选用合适的量程。同时毫伏表在使用时应注意以下事项。

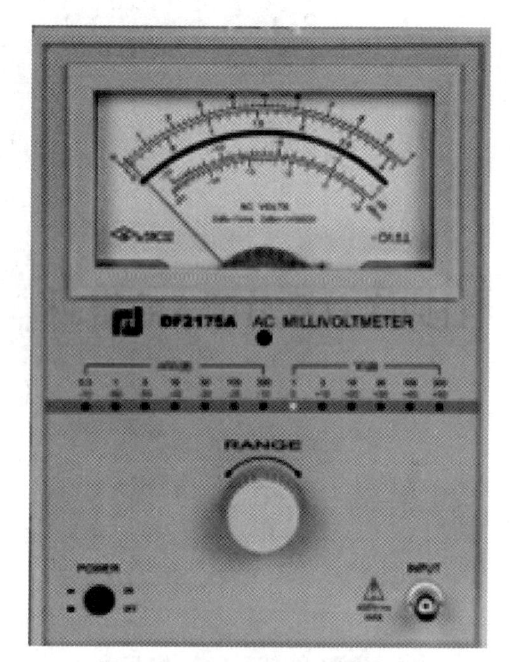

图 1.63　DF2175A 交流毫伏表

（1）测量前应短路调零。打开电源开关，将测试线的红、黑夹子连接在一起，将量程旋钮旋到 1 mV 量程，指针应指在零位（有的毫伏表可通过面板上的调零电位器进行调零，凡面板无调零电位器的，内部设置的调零电位器已调好）。若指针不指在零位，应检查测试线是否断路或接触不良，若是应更换测试线。

（2）交流毫伏表灵敏度较高，打开电源后，在较低量程时由于干扰信号（感应信号）的作用，指针会发生偏转，称为自启现象。所以，在不测试信号时应将量程旋钮旋到较高量程挡，以防打弯指针。

（3）交流毫伏表接入被测电路时，其地端（黑夹子）应始终接在电路的地上（成为公共接地），以防干扰。

（4）调整信号时，应将量程旋钮转到较大量程，改变信号后，再逐渐减小。

（5）交流毫伏表表盘刻度分为 0 ~ 1 和 0 ~ 3 两种刻度，量程旋钮切换量程分为逢一量程（100 V、10 V、1 V、100 mV、10 mV、1 mV）和逢三量程（300 V、30 V、3 V、300 mV、3 mV 、0.3 mV），凡逢一的量程直接在 0 ~ 1 刻度线上读取数据，凡逢三的量程直接在 0 ~ 3 刻度线上读取数据，单位为该量程的单位，无须换算。

（6）使用前应先检查量程旋钮与量程标记是否一致，若错位则会产生读数错误。

（7）交流毫伏表只能用来测量正弦交流信号的有效值，若测量非正弦交流信号则要经过换算。

（8）不可用万用表的交流电压挡代替交流毫伏表测量交流电压（万用表内阻较低，只能用于测量 50 Hz 的工频电压）。

延伸阅读

电子实验实训设备发展趋势

电子实验是电子信息类专业学生系统化学习专业知识的必要辅助手段，能帮助学生扎实地掌握电路和电子线路的基本理论和分析方法。随着信息化、智能化时代的到来，电子实验实训设备将向以下 3 个方面发展。

（1）设备功能集成度高。补足传统实验设备功能单一、种类繁多的问题。

（2）虚拟仿真实验教学。当面对大量实验实训需求时，虚拟仿真可低成本完成。

（3）实验室智能管理。可通过软件自动管理实验实训设备，做到远程查看开机率、任务完成率等。

模块二

模拟电子技术部分实训

模块导读

电子技术可分为模拟电子技术和数字电子技术两部分。通过本模块的学习，可使学生巩固和加深所学的理论知识，培养学生运用理论解决实际问题的能力。学生应掌握常用电子仪器的使用方法，熟悉各种测量技术和测量方法，掌握典型的模拟电子线路的装配、调试和基本参数的测试，逐渐学习排除实训故障，学会正确处理测量数据，分析测量结果，并在实训过程中培养严肃认真、一丝不苟、实事求是的工作之风。

任务一　常用电子仪器仪表的使用

一、任务描述

了解电子电路中常用电子仪器——数字示波器、函数信号发生器、直流稳压电源、频率计等的主要技术指标和性能，并掌握它们的正确使用方法。

二、任务目标

（1）学习电子电路实训中常用的电子仪器——数字示波器、函数信号发生器、直流稳压电源、频率计等的主要技术指标、性能及正确使用方法。

（2）学会使用数字示波器观测电信号波形和电压幅值及频率。

（3）学会使用光标测量参数方法。

（4）培养学生团队合作能力和工作耐心细致的工匠精神。

三、任务准备

1. 知识准备

1）知识预习要点

（1）认真阅读本书模块一学习单元九中的内容，熟悉数字示波器和函数信号发生器的工作原理。

（2）通过预习熟悉数字示波器各功能按钮的作用和使用方法。

（3）学会函数信号发生器的使用方法。

2）在老师引导下完成测试

引导测试 1：为防止外界干扰，各仪器的公共接地端应连接在一起，称为________。

引导测试 2：数字示波器是按照采样原理，利用________，将连续的模拟信号转变成离散的数字序列，然后进行恢复重建波形，从而达到测量波形的目的。

引导测试 3：函数信号发生器按需要输出________、________、三角波 3 种信号波形。

2. 实操准备

学生向老师领取任务，学习本次任务操作注意事项，明确本次任务的内容、进度要求及安全注意事项。

1）操作注意事项

（1）使用双踪示波器测量参数前，要使探头上的衰减倍率和示波器通道菜单中设置的探头系数一致。

（2）调节函数信号发生器旋钮时，幅度不宜过大。

2）安全注意事项

（1）学生分组实训前应认真检查本组仪器、设备及电子元器件状况，若发现缺损或异常现象，应立即报告指导老师或实训室管理人员处理。

（2）实训中若有异常情况，应马上断开电源，检查线路，排除故障，经指导老师确认无误后方可重新送电。

（3）调节仪器旋钮时，力量要适度，严禁违规操作。

3. 仪器与器材准备

（1）函数信号发生器。

（2）双踪示波器。

（3）直流稳压电源。

（4）频率计。

四、任务分组

将任务分组填入表 2.1 中。

表 2.1　任务分组

班级		组号		指导老师	
组长		学号		任务分工	
组员		学号		任务分工	
组员		学号		任务分工	

五、任务实施

利用函数信号发生器调节出各种波形并测量 3 个正弦波形的电压、周期和频率。

（1）打开函数信号发生器电源开关，将其输出接示波器的 CH1 输入通道。

（2）调节函数信号发生器，选择 F4 频段调节出频率为 1 000 Hz、幅值任意的正弦波形，调节好示波器探头倍率，按下 AUTO 按钮，数字存储示波器将自动设置使波形显示达到最佳（在此基础上还可以进一步调节垂直、水平挡位，直至波形稳定显示为止。为方便测量，示波器窗口显示 2～3 个周期即可）。

（3）使用光标手动测量方法测量波形电压（峰峰值）、周期和频率，将数据填入表 2. 2 中，并计算相对误差。（注：标准值即信号发生器显示的值）

（4）将函数信号发生器的频段选择 F3，调节出频率为 500 Hz、幅值任意的正弦波形，按上述方法重新测量，将数据填入表 2. 2 中。

（5）将函数信号发生器的频段选择 F4，调节出频率为 5 000 Hz、幅值任意的正弦波形，重复上述步骤，将数据填入表 2. 2 中。

六、任务实施报告

常用电子仪器仪表的使用实施报告见表 2.2。

表 2.2　常用电子仪器仪表的使用实施报告

班级：________		姓名：________		学号：________	组号：________	
(1) 频率为 1 000 Hz、幅值任意的正弦波形						
信号 1	V_{PP}/V		f/Hz		T/s	
	测量值	标准值	测量值	标准值	测量值	标准值
相对误差						
(2) 频率为 500 Hz、幅值任意的正弦波形						
信号 2	V_{PP}/V	f/Hz	T/s	V_{PP}/V	f/Hz	T/s
	测量值	标准值	测量值	测量值	标准值	测量值
相对误差						
(3) 频率为 5 000 Hz、幅值任意的正弦波形						
信号 3	V_{PP}/V	f/Hz	T/s	V_{PP}/V	f/Hz	T/s
	测量值	标准值	测量值	测量值	标准值	测量值
相对误差						

七、测试结果分析

将测试结果分析写入表 2.3 中。

表 2.3　测试结果分析

分析事项	结论
整理实训数据，并进行分析	
函数信号发生器有哪几种输出波形？它的输出端能否短接？	
数字示波器如何手动测量参数？	

八、考核评价

<table>
<tr><td>班级</td><td></td><td>姓名</td><td></td><td>学号</td><td></td><td>组号</td><td colspan="2"></td></tr>
<tr><td>操作项目</td><td colspan="2">考核要求</td><td>分数配比</td><td colspan="2">评分标准</td><td>自评</td><td>互评</td><td>老师评分</td></tr>
<tr><td>理论测试</td><td colspan="2">能正确回答理论测试题，掌握实训过程中的基本理论</td><td>10</td><td colspan="2">每错一处，扣 2 分</td><td></td><td></td><td></td></tr>
<tr><td>仪器的使用</td><td colspan="2">能正确使用电子实训台、函数信号发生器及数字示波器</td><td>10</td><td colspan="2">不能正确使用实训台、仪器仪表，每次扣 5 分</td><td></td><td></td><td></td></tr>
<tr><td>电路连接</td><td colspan="2">能够将函数信号发生器和数字示波器正确连接</td><td>20</td><td colspan="2">电路连接错误，每处扣 5 分</td><td></td><td></td><td></td></tr>
<tr><td>测量记录</td><td colspan="2">及时、正确地做好实训记录</td><td>20</td><td colspan="2">不及时做记录，每次扣 5 分</td><td></td><td></td><td></td></tr>
<tr><td>实训报告</td><td colspan="2">按要求做好实训报告，并对实训数据进行分析</td><td>10</td><td colspan="2">实训报告不全面，每处扣 4 分</td><td></td><td></td><td></td></tr>
<tr><td>结果分析</td><td colspan="2">正确对测试数据进行分析</td><td>10</td><td colspan="2">不能正确分析原因，每处扣 2 分</td><td></td><td></td><td></td></tr>
<tr><td>安全文明操作</td><td colspan="2">实训台干净整洁，遵守安全操作规程，符合管理要求</td><td>10</td><td colspan="2">工作台脏乱，不遵守安全操作规程，不服从老师管理，酌情扣分</td><td></td><td></td><td></td></tr>
<tr><td>团队合作</td><td colspan="2">小组成员之间应互帮互助，分工合理</td><td>10</td><td colspan="2">有成员未参与实践，每人扣 5 分</td><td></td><td></td><td></td></tr>
<tr><td colspan="6">合计</td><td></td><td></td><td></td></tr>
<tr><td colspan="9">学生建议：</td></tr>
<tr><td colspan="9">总评成绩

老师签名：</td></tr>
</table>

延伸阅读

中国仪器仪表工程教育和计量测试技术的开拓者——王守融

王守融（1917—1966 年）是精密机械及仪器学家和仪器仪表工程教育家，也是中国仪器仪表工程教育和计量测试技术的开拓者，1952 年 8 月至 1966 年 8 月任天津大学教授，并担任机械工程系副主任、教研室主任、第二机械系副主任兼精密仪器教研室主任、精密仪器工程系主任等职务。

抗日战争爆发后，清华大学的王守融随校南迁昆明，从事飞机性能与结构方面的研究工作，并发表了多篇学术论文。1940 年，他在昆明中央机器厂任工程师并兼任七分厂厂长。抗战胜利后，他远赴美国与加拿大等地考察，在加拿大帝国机器厂任机械设计工程师。回国后，出任上海资源委员会下属的上海机器厂厂长兼总工程师。

1952 年，受教育部的委托，天津大学开始筹建“精密机械仪器专业”，并任命王守融为该专业的筹备组组长。王守融从宏观到细节、从整体到局部、从教学资源到教学方案都进行了全面设想。为保证教学质量，在老师的选用方面，王守融与他的团队事必躬亲，他本人先后开设机械制造工艺学、仪器制造工艺学等 7 门学科。1953 年，王守融开始主持“不等分半自动刻线机”的研制工作。两年后，“津仪 01 型半自动刻线机”研制成功，其刻线精度达到了国际水平，成为中国自行设计、制造的第一台计算尺刻线机。

任务二　直流稳压电源安装与测试

一、任务描述

搭建一个直流稳压电源电路，要求输入 220 V 交流电、输出 5 V 直流电供电路使用，参考相关资料，完成交流降压、整流电路、滤波电路、稳压电路各部分的搭建及测试工作。

二、任务目标

（1）进一步理解单相桥式整流电路、电容滤波电路、三端集成稳压器的工作原理。

（2）学会装接由桥式整流、电容滤波及三端集成稳压器组成的直流稳压电源，并能对电路进行调试。

（3）掌握直流稳压电源主要技术指标的测试方法，熟悉万用表和示波器的使用。

（4）培养学生安全、文明生产的意识。

（5）培养学生团队合作能力和精益求精的工匠精神。

三、任务准备

1. 知识准备

1）知识预习要点

（1）熟悉直流稳压电源电路的结构及各部分的工作原理。

（2）通过预习，熟记直流稳压电源各部分的理论参数值。

（3）复习教材中三端集成稳压器的型号含义，并能识别它的引脚排列。

2）在老师引导下完成测试

引导测试1：直流稳压电源由电源变压器、整流电路、滤波电路和稳压电路4个部分组成，其原理框图如图2.1所示。请说出各部分的作用是什么？

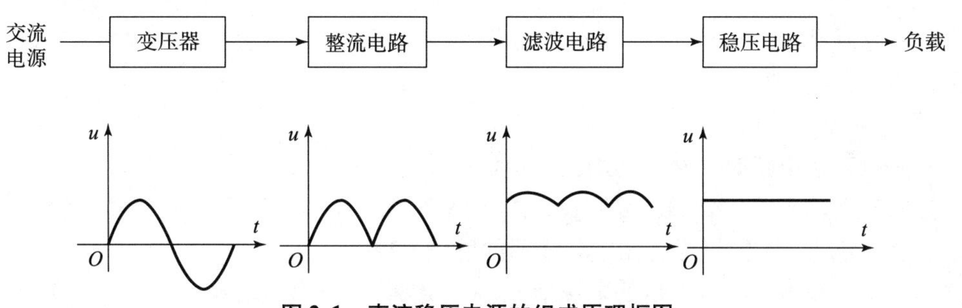

图2.1　直流稳压电源的组成原理框图

变压器的作用：____。

整流电路的作用：______________________________________。

滤波电路的作用：______________________________________。

稳压电路的作用：______________________________________。

引导测试2：直流稳压电源电路原理图如图2.2所示，请写出直流稳压电源各部分的理论参数值。

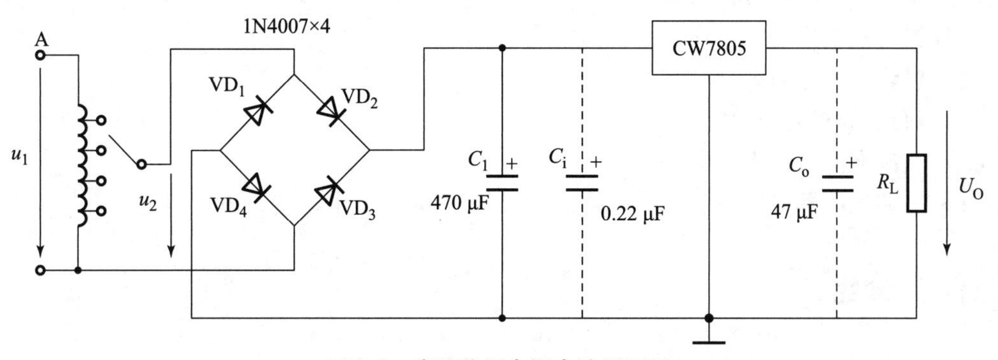

图2.2　直流稳压电源电路原理图

整流后的电压≈________ U_2。

整流滤波后的电压≈________ U_2。

直流稳压电源输出电压 $U_0 \approx$________ V。

引导测试3：请写出图2.3所示的三端集成稳压器CW7805的型号含义，并写出它的引脚所代表的含义。

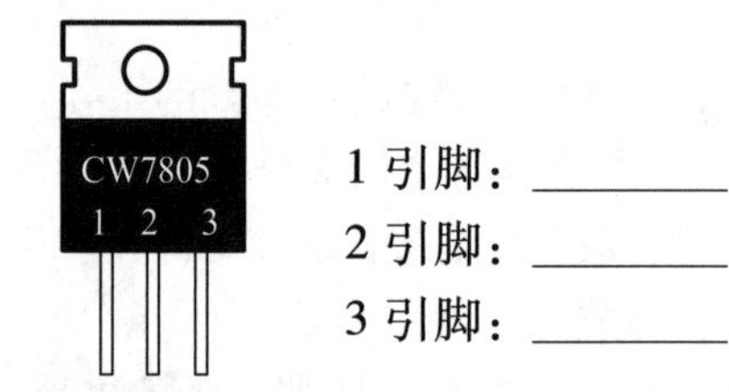

图2.3　三端集成稳压器CW7805

2. 实操准备

学生向老师领取任务，学习本次任务操作注意事项，明确本次任务的内容、进度要求及安全注意事项。

1）操作注意事项

（1）每次改接电路时，必须切断工频电源。

（2）在观察输出电压 u_o 波形的过程中，"Volts/div（伏/格）"垂直挡位旋钮位置调好以后，不要再变动；否则将无法比较各波形的脉动情况。

（3）整流、滤波、稳压之后的电压值 u_o 应使用直流电压表进行测试。

（4）实际使用中，最高输入电压不能超过技术指标中给出的最高输入电压值；否则稳压器会被击穿损坏。

2）安全注意事项

（1）学生分组实训前应认真检查本组仪器、设备及电子元器件状况，若发现缺损或异常现象，应立即报告指导老师或实训室管理人员处理。

（2）若实训中有异常情况，应马上断开电源，检查线路，排除故障，经指导老师确认无误后，方可重新送电。

（3）调节仪器旋钮时，力量要适度，严禁违规操作。

3. 仪器与器材准备

（1）可调工频电源。

（2）双踪示波器。

（3）交流毫伏表、直流电压表。

（4）三端稳压器CW7805一个，整流二极管1N4007、电阻器、电容器若干。

四、任务分组

将任务分组填入表2.4中。

表 2.4　任务分组

班级		组号		指导老师	
组长		学号		任务分工	
组员		学号		任务分工	
组员		学号		任务分工	

五、任务实施

整流电路的连接与测试

1. 整流电路的安装与测试

按图 2.4 所示连接实训电路，取可调工频电源电压为 10 V，作为整流电路输入电压 u_2；取 R_L =240 Ω。检查无误后，测量直流输出电压 U_O，并用示波器分别观察 u_2 和 U_O 的波形，记入表 2.5 步骤 1 中。

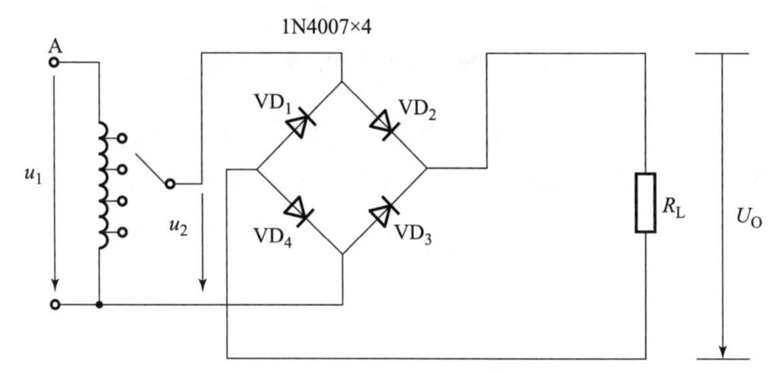

图 2.4　单相桥式整流电路装接图

滤波电路的连接与测试

2. 整流、滤波电路的安装与测试

按图 2.5 所示将电解电容（分别取 C =100 μF、220 μF、470 μF）接入电路。注意电解电容的正、负极性。测量直流输出电压 U_O，并用示波器分别观察 u_2 和 U_O 波形，记入表 2.5 步骤 2 中。

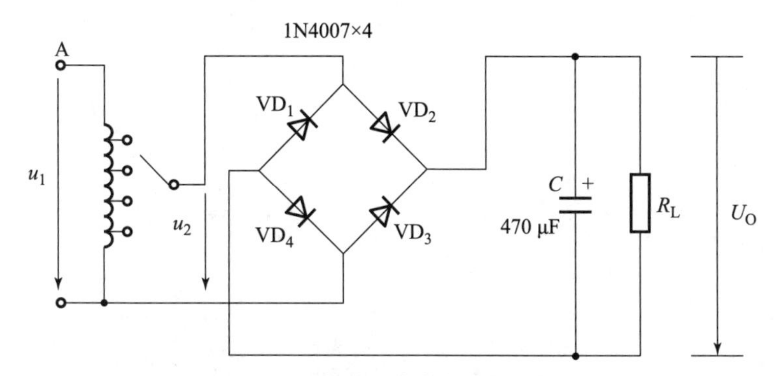

图 2.5　整流、滤波电路装接图

3. 直流稳压电源的安装与测试

切断工频电源，在图 2.5 的基础上连接三端集成稳压器 CW7805，三端集成稳压器 CW7805 的引脚排列和接线如图 2.6 所示。

注：当三端集成稳压器距离整流滤波电路比较远时，其输出电压有可能不稳定，在输入端必须接入电容器 C_i（数值为 0.1 ~ 1 μF），以抵消线路的电感效应，防止产生自激振荡。输出端电容 C_o（10 ~ 100 μF）用以滤除输出端的高频信号，改善电路的暂态响应。直流稳压电源电路原理如图 2.2 所示。

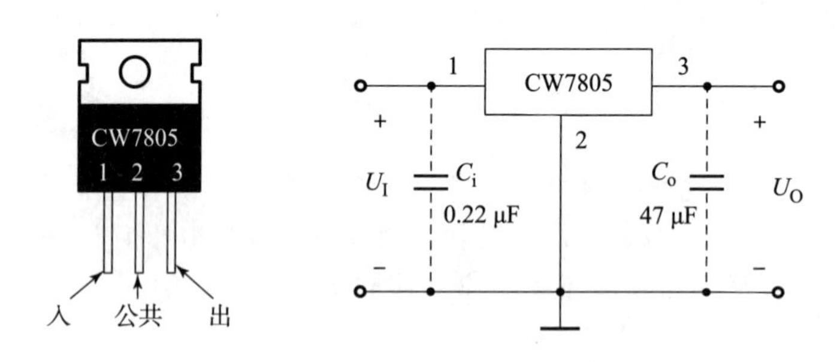

图 2.6　CW7800 系列的外形和接线

接通工频 10 V 电源，测量三端集成稳压器的输出电压 U_O，记入表 2.5 步骤 3 中，其数值应大致为 +5 V，否则说明电路出了故障，设法查找故障并加以排除。

六、任务实施报告

直流稳压电源安装与测试任务实施报告见表 2.5。

表 2.5　直流稳压电源安装与测试任务实施报告

班级：________	姓名：________	学号：________	组号：________

步骤 1：整流电路的安装与测试

电路形式		U_2/V	U_O/V	输出电压波形
$R_L=240\ \Omega$	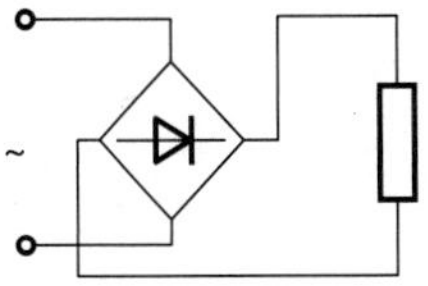	10 V		

步骤 2：整流、滤波电路的安装与测试

电路形式		U_2/V	U_O/V	输出电压波形
$R_L=240\ \Omega$ $C=100\ \mu F$	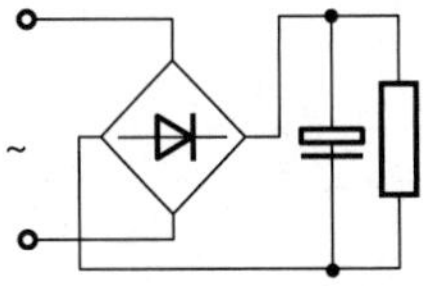	10 V		
$R_L=240\ \Omega$ $C=220\ \mu F$	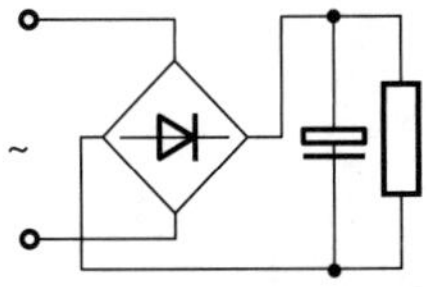	10 V		
$R_L=240\ \Omega$ $C=470\ \mu F$	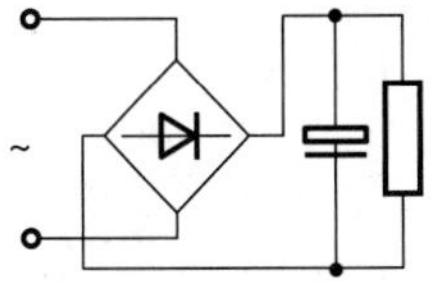	10 V		

步骤 3：直流稳压电源的安装与测试

电路形式		U_2/V	U_O/V
$R_L=240\ \Omega$ $C=470\ \mu F$ CW7805	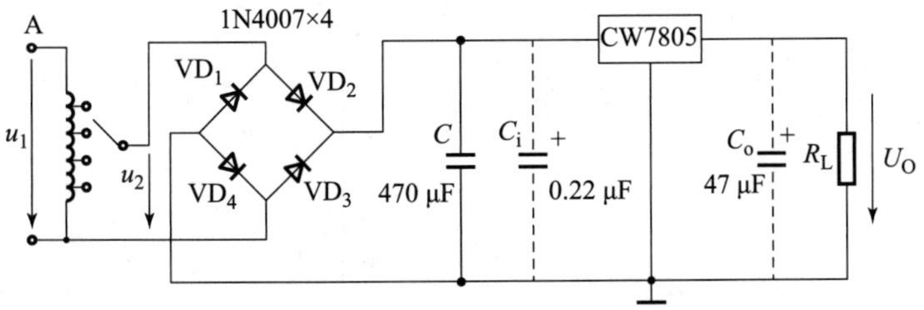	10 V	

七、测试结果分析

测试结果分析见表 2. 6。

表 2. 6　测试结果分析

分析事项	结论
整理测试数据，并与理论参数值进行比较；若误差较大，试分析误差产生原因	
在桥式整流电路中，如果某个二极管发生开路、短路或反接 3 种情况，将会出现什么问题？	
在桥式整流、电容滤波电路中，若在不改变负载电阻 R_L 阻值的情况下，改变电容 C 的容量，对输出电压 U_O 有何影响？	
在桥式整流电路实训中，能否用双踪示波器同时观察 u_2 和 U_O 波形？为什么？	

八、考核评价

<table>
<tr><td>班级</td><td></td><td>姓名</td><td></td><td>学号</td><td></td><td>组号</td><td colspan="2"></td></tr>
<tr><td>操作项目</td><td colspan="2">考核要求</td><td>分数配比</td><td colspan="2">评分标准</td><td>自评</td><td>互评</td><td>老师评分</td></tr>
<tr><td>理论测试</td><td colspan="2">能正确回答理论测试题，掌握实践过程中的基本理论</td><td>10</td><td colspan="2">每错一处，扣2分</td><td></td><td></td><td></td></tr>
<tr><td>仪器仪表的使用</td><td colspan="2">能正确使用电子实训台、万用表及示波器</td><td>10</td><td colspan="2">不能正确使用实训台、仪器仪表，每次扣2分</td><td></td><td></td><td></td></tr>
<tr><td>电路装接</td><td colspan="2">能够按电路原理图装接电路</td><td>20</td><td colspan="2">电路连接错误，每处扣4分</td><td></td><td></td><td></td></tr>
<tr><td>电路测试</td><td colspan="2">能按步骤要求，使用仪器仪表测试电路</td><td>20</td><td colspan="2">不能按步骤要求使用仪器仪表测试电路，每次扣4分</td><td></td><td></td><td></td></tr>
<tr><td>任务实施报告</td><td colspan="2">能及时、正确地做好测试数据的记录工作，按要求写好任务实施报告</td><td>10</td><td colspan="2">不及时做记录，每次扣2分，任务实施报告不全面，每处扣2分</td><td></td><td></td><td></td></tr>
<tr><td>结果分析</td><td colspan="2">能正确对测试数据进行分析</td><td>10</td><td colspan="2">不能正确分析原因，每处扣2分</td><td></td><td></td><td></td></tr>
<tr><td>安全文明操作</td><td colspan="2">实训台干净、整洁，遵守安全操作规程，符合管理要求</td><td>10</td><td colspan="2">工作台脏乱，不遵守安全操作规程，不服从老师管理，酌情扣分</td><td></td><td></td><td></td></tr>
<tr><td>团队合作</td><td colspan="2">小组成员之间应互帮互助，分工合理</td><td>10</td><td colspan="2">有成员未参与实践，每人扣5分</td><td></td><td></td><td></td></tr>
<tr><td colspan="6">合计</td><td></td><td></td><td></td></tr>
<tr><td colspan="9">学生建议：</td></tr>
<tr><td colspan="9">总评成绩
老师签名：</td></tr>
</table>

延伸阅读

大国工匠——李万君

他手握一把焊枪，坚守在高铁焊接生产一线35年，总结并制定了30多种转向架焊接操作方法，技术攻关150多项，37项获得国家专利，代表了中国轨道车辆转向架构架焊接的世界最高水平。

李万君说："作为一个高铁焊工，就要用智慧和技能把手中的产品不断升华，最后达到极致，变为艺术品，这就是'工匠精神'。"

他从一名普通焊工成长为中国高铁焊接专家，是"中国第一代高铁工人"中的杰出代表，是高铁战线的"杰出工匠"，被誉为"工人院士""高铁焊接大师"。如何在外国对中国高铁技术封锁面前实现"技术突围"，他凭着一股不服输的钻劲儿、韧劲儿，积极参与填补国内空白的几十种高速车、铁路客车、城铁车转向架焊接规范及操作方法，先后进行技术攻关100余项，其中21项获国家专利，"氩弧半自动管管焊操作法"填补了中国氩弧焊焊接转向架环口的空白。专家组以他的试验数据为重要参考编制了《超高速转向架焊接规范》。他研究探索出的"环口焊接七步操作法"成为公司技术标准。依托"李万君大师工作室"，先后组织培训近160场，为公司培训焊工1万多人次，创造了400余名新工提前半年全部考取国际焊工资质证书的"培训奇迹"，培养带动出一批技能精通、职业操守优良的技能人才，为打造"大国工匠"储备了坚实的新生力量。

任务三　二极管、三极管测试

一、任务描述

用万用表判断二极管、三极管的极性和质量的好坏，并由此判断出管子的构成材料。

二、任务目标

（1）会用万用表判断二极管的极性、材料，同时能检测二极管质量的好坏。

（2）会用万用表判断三极管的极性、类型与性能。

（3）培养学生安全、文明生产的意识。

（4）培养学生团队合作能力和工作耐心细致的工匠精神。

三、任务准备

1. 知识准备

1）知识预习要点

（1）预习二极管的结构及特性。

（2）预习三极管的结构、特点、伏安特性、主要参数。

（3）预习用万用表电阻挡测量电阻的方法，并能正确读数。

2）在老师引导下完成测试

引导测试 1：使用万用表对半导体器件进行测试时，一般应使用________挡，用其他挡位容易造成半导体器件的损坏。

引导测试 2：指针式万用表红表笔接的是表内电源的________极，而黑表笔接的是表内电源的________极。

引导测试 3：无论是二极管还是三极管，都是由________结构成的，通常用万用表的欧姆挡测量 PN 结的电阻时，________管在 3 ~ 10 kΩ 之间，________管在 500 Ω ~ 1 kΩ 之间。据此特点可以判断出是硅管还是锗管。

2. 实操准备

学生向老师领取任务，学习本次任务操作注意事项，明确本次任务的内容、进度要求及安全注意事项。

1）操作注意事项

（1）使用万用表对半导体器件进行测试时，通常将万用表置于"$R \times 100$"或"$R \times 1\text{k}$"挡。

（2）测量时手不要接触引脚（测 c、e 极除外）。

（3）上述万用表测量方法只适用于小功率三极管。

（4）本次实训测量数据较多，要求学生认真按实训步骤完成各项任务，尤其在记录数据时要仔细、准确，避免忙中出错。

2）安全注意事项

（1）学生分组实训前应认真检查本组仪器、设备及电子元器件状况，若发现缺损或异常现象，应立即报告指导老师或实训室管理人员处理。

（2）实训中若有异常情况，应马上断开电源，检查线路，排除故障，经指导老师确认无误后，方可重新送电。

（3）调节仪器旋钮时，力量要适度，严禁违规操作。

3. 仪器与器材准备

（1）指针式万用表一块。

（2）9012、9013、3AG1 三极管各一个。

（3）1N4007、1N4148、2AP9 二极管各一个，2EF501、2EF551 发光二极管各一个。

四、任务分组

将任务分组填入表 2.7 中。

表 2.7 任务分组

班级		组号		指导老师	
组长		学号		任务分工	
组员		学号		任务分工	
组员		学号		任务分工	

五、任务实施

1. 用万用表测二极管

1）判断二极管的极性

（1）将万用表的转换开关拨至欧姆挡（“Ω”挡），并置于“$R\times100$”或“$R\times1\text{k}$”的量程上。

（2）用万用表将二极管的正、反向电阻各测量一次。也就是说，把红表笔和黑表笔分别与二极管的两引脚连接，观察其阻值并记下；然后把二极管两引脚对调再与两表笔连接，再次观察并记录下阻值。

（3）得出结论：测得阻值小时，黑表笔所接二极管的一端引脚是二极管的“+”极，红表笔所接二极管的一端引脚是二极管的“-”极。

2）判断二极管好坏

在测量过程中如果二极管的正、反向电阻相差不大，说明该二极管是劣质管；如果二极管正、反向电阻都是无穷大或者为零，则表明二极管内部断路或者短路。将测量数据填入表 2.8 中，并根据测量结果判断二极管的材料类型、质量好坏，同时将检测后的二极管对应粘贴在表中的相应位置。

2. 用万用表测量发光二极管

发光二极管具有单向导电性，测试时应将万用表置于“$R\times10\text{k}$”挡，测试方法与普通二极管相同。发光二极管一般正向电阻小于 50 kΩ，反向电阻大于 200 kΩ 为正常。将测试结果填入表 2.8 中。

3. 用万用表测量晶体三极管

1）判断三极管的极性及类型

（1）判断基极及三极管的类型。

将万用表置于“$R\times1\text{k}$”挡，用万用表的红、黑表笔分别接触三极管的任意两个引脚，测量一次后，如果电阻值无穷大（指针表的表针不动），则将红、黑表笔交换，再测一次这两个引脚。如果两次测得的电阻值都是无穷大，说明被测的两个引脚是集电极 c 和发射极 e，剩下的一个则是基极 b。

测出三极管的基极 b 后，通过再次测量来区分三极管是 NPN 型还是 PNP 型。将黑表笔接基极，红表笔分别接其他两极。此时，若测得的电阻值都很小，则该三极管为 NPN 型管；反之则为 PNP 型管。

（2）判断集电极和发射极。

在已经确定了“类型”和“基极”的被测三极管上，先假定基极 b 之外的两个脚中的某一个脚是集电极 c，则另一个脚为假定的发射极 e。将万用表置于“$R\times1$k”挡，用手握住三极管的 b 极和 c 极。在假定的集电极 c 和发射极 e 引脚上加正确的测试电压，即 NPN 型管的集电极 c 应连接指针式万用表的黑表笔，发射极 e 连指针式万用表的红表笔，PNP 型管则相反。记录万用表的读数；然后将假定的集电极 c 与发射极 e 交换，仍按上述方法测量，再次记录读数。两次测量中，读数小（即电阻值小）的一次是正确的假定。这样就区分出了发射极 e 和集电极 c。将测试结果填入表 2.8 中。

2）三极管性能的简单测试

（1）检测穿透电流 I_{CEO} 的大小。以 NPN 型管为例，如图 2.7（a）所示。将基极 b 开路，测量 c、e 极间的电阻。万用表红表笔接发射极，黑表笔接集电极，若阻值较高（几十千欧），则说明穿透电流较小，管子能正常工作。若 c、e 极间电阻小，则说明穿透电流大，管子受温度影响大，工作不稳定，在技术指标要求高的电路中不能用这种管子。若测得阻值近似为 0，表明管子已被击穿。若测得阻值为无穷大，则说明管子内部已断路。

（2）检测直流放大系数 β 的大小。如图 2.7（b）所示，在集电极 c 与基极 b 之间接入 100 kΩ 的电阻，测量该电阻接入前、后两次发射极和集电极之间的电阻。对于 NPN 型管，万用表红表笔接发射极，黑表笔接集电极，电阻值相差越大，则说明 β 越大。

一般的万用表都具备测量 β 的功能，将三极管插入测试孔中，即可从表头刻度盘上直接读出 β 值。依此法判别发射极和集电极较容易，只要将 e、c 脚对调，则表针偏转较大的那一次插脚正确，从万用表插孔旁标记即可辨别出发射极和集电极。将测试结果填入表 2.8 中。

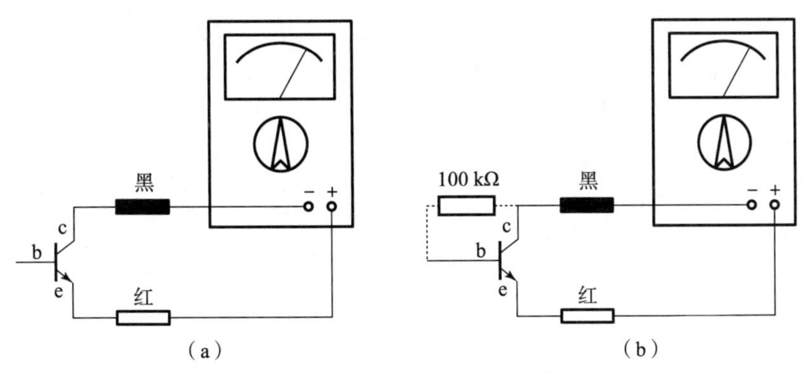

图 2.7　晶体三极管性能测试

六、任务实施报告

二极管、三极管测试任务实施报告见表2.8。

表2.8　二极管、三极管测试任务实施报告

班级：__________　姓名：__________　学号：__________　组号：__________

步骤1：用万用表测量二极管

型号	测量数据	材料类型	极性	质量好坏
1N4007	正向电阻： 反向电阻：		+ 粘贴区 −	
1N4147	正向电阻： 反向电阻：		+ 粘贴区 −	
2AP9	正向电阻： 反向电阻：		+ 粘贴区 −	

步骤2：用万用表测量发光二极管

型号	测量数据	极性	质量好坏
2EF501	正向电阻： 反向电阻：	+ 粘贴区 −	
2EF551	正向电阻： 反向电阻：	+ 粘贴区 −	

步骤3：判断三极管的极性及类型

型号	1脚	2脚	3脚	管型	b、e极之间阻值	b、c极之间阻值	材料	质量好坏
9012					正向电阻： 反向电阻：	正向电阻： 反向电阻：		
9013					正向电阻： 反向电阻：	正向电阻： 反向电阻：		
3AG1					正向电阻： 反向电阻：	正向电阻： 反向电阻：		

步骤4：三极管性能的简单测试

型号	基极开路时	b、c极间接入100 kΩ电阻时	性能好坏
9012	c、e极间电阻：	c、e极间电阻：	
9013			
3AG1			

七、测试结果分析

测试结果分析如表 2.9 所示。

表 2.9　测试结果分析

分析事项	结论
根据测量结果判断各管子的性质，并判断管子质量的好坏	
对误差做必要的分析	

八、考核评价

班级		姓名		学号		组号		
操作项目	考核要求		分数配比	评分标准		自评	互评	老师评分
理论测试	能正确回答理论测试题，掌握实践过程中的基本理论		10	每错一处，扣2分				
仪器仪表使用	能正确使用万用表		10	不能正确使用或读数错误，每处扣5分				
电路装接	能够按要求测试二极管、三极管		20	测试步骤或方法错误，每处扣4分				
电路测试	及时正确地做好实训记录		20	不及时做记录，每次扣4分				
任务实施报告	按要求做好实训报告，并对实训数据进行分析		10	实训报告不全面，每处扣4分				
结果分析	正确对测试数据进行分析		10	不能正确分析原因，每处扣2分				
安全文明操作	实训台干净整洁，遵守安全操作规程，符合管理要求		10	工作台脏乱，不遵守安全操作规程，不服从老师管理酌情扣分				
团队合作	小组成员之间应互帮互助，分工合理		10	有成员未参与实践，每人扣5分				
合计								
学生建议：								
总评成绩 老师签名：								

延伸阅读

档案里的新中国科技：在太空制造半导体材料的女科学家林兰英

林兰英，福建省莆田市人，半导体材料科学家、物理学家，中国科学院院士。1940 年从福建协和大学（福建师范大学前身）物理系毕业后留校任教；1948 年赴美留学，1955 年获得宾夕法尼亚大学固体物理学博士学位。她于 1957 年冲破重重阻碍，带着半导体新材料回到中国。回国后，长期从事半导体材料科学研究工作，是我国半导体科学事业开拓者之一。先后研制成功我国第一根硅、锑化铟、砷化镓、磷化镓等单晶，为我国微电子和光电子学的发展奠定了基础。

任务四　晶体三极管共发射极单管放大器

一、任务描述

搭建一个共发射极单管放大电路，调试并测量其静态工作点、电压放大倍数，并能正确分析静态工作点对放大器性能的影响。

二、任务目标

（1）学会放大器静态工作点的调试方法，能正确分析静态工作点对放大器性能的影响。
（2）能正确测试放大器电压放大倍数，并记录测量数据。
（3）能正确使用常用电子仪器及模拟电路实训设备。
（4）培养学生安全、文明生产的意识。
（5）培养学生团队合作能力和工作认真细心的工匠精神。

三、任务准备

1. 知识准备

1）知识预习要点
（1）预习三极管的结构、特点、伏安特性、主要参数。
（2）预习函数信号发生器和交流毫伏表、直流电压表、直流毫安表的使用。
（3）预习三极管共发射极放大电路的静态及动态性能的分析方法。
2）在老师引导下完成测试

引导测试：图 2.8 所示为共发射极单管放大器实训电路图。它的偏置电路采用________和________组成的分压电路，并在发射极中接有电阻 R_E，该电阻称为________，其作用是______________。当在放大器的输入端加入输入信号 u_i 后，在放大器的输出端便可得到一

个与 u_i 相位相反、幅值被放大了的输出信号 u_o，从而实现电压放大。

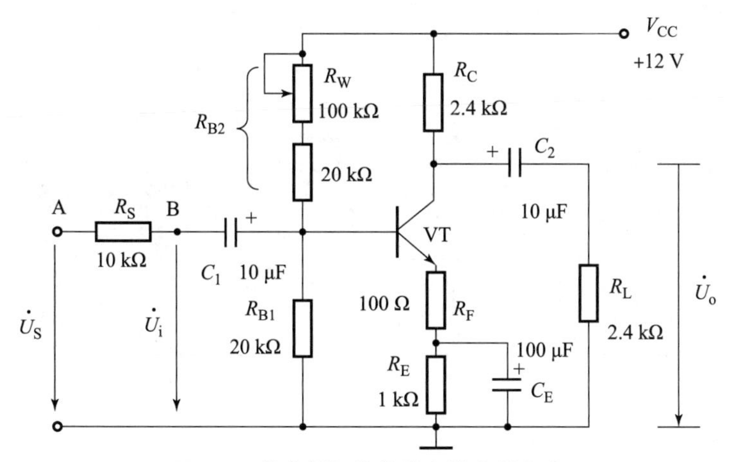

图 2.8　共发射极单管放大器实训电路

2. 实操准备

学生向老师领取任务，学习本任务操作注意事项，明确本任务的内容、进度要求及安全注意事项。

1）操作注意事项

（1）为了减小误差、提高测量精度，应选用内阻较高的直流电压表。

（2）改变电路参数 V_{CC}、R_C、R_B（R_{B1}、R_{B2}）都会引起静态工作点的变化，通常多采用调节偏置电阻 R_{B2} 的方法来改变静态工作点。

（3）在测量电压放大倍数的时候，要调整好静态工作点，确保输出电压的波形不失真。

（4）本次实训测量数据较多，要求学生认真按实训步骤完成各项任务，尤其在记录数据时要仔细、准确，避免忙中出错。

2）安全注意事项

（1）学生分组实训前应认真检查本组仪器、设备及电子元器件状况，若发现缺损或有异常现象，应立即报告指导老师或实训室管理人员处理。

（2）若实训中有异常情况，应马上断开电源，检查线路，排除故障，经指导老师确认无误后方可重新送电。

（3）调节仪器旋钮时，力量要适度，严禁违规操作。

3. 仪器与器材准备

（1）+12 V 直流电源。

（2）函数信号发生器。

（3）双踪示波器。

（4）直流电压表。

（5）直流毫安表。

（6）频率计。

（7）晶体三极管 3DG6（$\beta=50\sim100$）一只或 9 013 一只，电阻器、电容器若干。

四、任务分组

将任务分组填入表 2.10 中。

表 2.10 任务分组

班级		组号		指导老师	
组长		学号		任务分工	
组员		学号		任务分工	
组员		学号		任务分工	

五、任务实施

实验电路如图 2.8 所示。

1. 调试静态工作点

调试静态工作点

接通直流电源前，先将 R_W 调至最大，函数信号发生器输出旋钮旋至零。接通 +12 V 电源、调节 R_W，使 $I_C=2.0$ mA，用直流电压表测量 V_B、V_E、V_C 值，记入表 2.11 中。

2. 测量电压放大倍数

在放大器输入端加入频率为 1 kHz 的正弦信号 u_S，调节函数信号发生器的输出旋钮，使放大器输入电压 $U_i \approx 100$ mV，同时用双踪示波器观察放大器输入电压 u_i 及输出电压 u_o 的波形，并通过双踪示波器观察 u_o 和 u_i 的大小及相位关系，记入表 2.11 中。

测量电压放大倍数

3. 观察静态工作点对输出波形失真的影响

输出波形失真的影响

置 $R_C=2.4$ kΩ，$R_L=2.4$ kΩ，$u_i=0$，调节 R_W 使 $I_C=2.0$ mA，测出 U_{CE} 值，再逐步加大输入信号，使输出电压 u_o 足够大但不失真。然后保持输入信号不变，分别增大和减小 R_W，使波形出现失真，绘出 u_o 的波形，并测出失真情况下的 I_C 和 U_{CE} 值，记入表 2.11 中。注意：每次测量 I_C 和 U_{CE} 值时都要将信号源的输出旋钮旋至零。

六、任务实施报告

晶体三极管共发射极单管放大器任务实施报告见表 2.11。

表 2.11　晶体三极管共发射极单管放大器任务实施报告

<table>
<tr><td colspan="6">班级：________　　姓名：________　　学号：________　　组号：________</td></tr>
<tr><td colspan="6">步骤 1：调试静态工作点（$I_C = 2.0$ mA）</td></tr>
<tr><td colspan="3">测量值</td><td colspan="3">计算值</td></tr>
<tr><td>V_B/V</td><td>V_E/V</td><td>V_C/V</td><td>V_B/V</td><td>V_E/V</td><td>V_C/V</td></tr>
<tr><td></td><td></td><td></td><td></td><td></td><td></td></tr>
<tr><td colspan="6">步骤 2：测量电压放大倍数（$I_C = 2.0$ mA　U_i = ________ mV）</td></tr>
<tr><td>$R_C/k\Omega$</td><td>$R_L/k\Omega$</td><td>U_o/V</td><td>A_U</td><td colspan="2">观察记录一组 u_o 和 u_i 波形</td></tr>
<tr><td>2.4</td><td>∞</td><td></td><td></td><td colspan="2" rowspan="2">u_i – t 坐标（O）　u_o – t 坐标（O）</td></tr>
<tr><td>2.4</td><td>2.4</td><td></td><td></td></tr>
<tr><td colspan="6">步骤 3：观察静态工作点对输出波形失真的影响（$R_C = 2.4$ kΩ　$R_L = \infty$　U_i = ________ mV）</td></tr>
<tr><td>I_C/mA</td><td>U_{CE}/V</td><td colspan="2">u_o 波形</td><td>失真情况</td><td>管子工作状态</td></tr>
<tr><td></td><td></td><td colspan="2">u_o – t 坐标（O）</td><td></td><td></td></tr>
<tr><td>2.0</td><td></td><td colspan="2">u_o – t 坐标（O）</td><td></td><td></td></tr>
<tr><td></td><td></td><td colspan="2">u_o – t 坐标（O）</td><td></td><td></td></tr>
<tr><td colspan="6"></td></tr>
</table>

七、测试结果分析

测试结果分析见表2.12。

表2.12 测试结果分析

分析步骤	结论
步骤1	分析表2.11步骤1： （1）调节元件________可以改变静态工作点； （2）经测试，电路中三极管上的电压 U_{BE} =________V，则该三极管为________材料三极管
步骤2	分析表2.11步骤2： （1）共发射极单管放大器的输出电压和输入电压相位________（相同/相反）； （2）共发射极单管放大器的电压放大倍数 A_u 与电阻 R_L 的值成________关系
步骤3	分析表2.11步骤3： （1）当 I_C 过小（即静态工作点过低时），其输出波形出现了________（顶部/底部）失真，________称为________（饱和/截止）失真； （2）当 I_C 过大（即静态工作点过高时），其输出波形出现了________（顶部/底部）失真，________称为________（饱和/截止）失真

八、考核评价

<table>
<tr><td>班级</td><td></td><td>姓名</td><td></td><td>学号</td><td></td><td>组号</td><td colspan="2"></td></tr>
<tr><td>操作项目</td><td colspan="2">考核要求</td><td>分数配比</td><td colspan="2">评分标准</td><td>自评</td><td>互评</td><td>老师评分</td></tr>
<tr><td>理论测试</td><td colspan="2">能正确回答理论测试题，掌握实践过程中的基本理论</td><td>10</td><td colspan="2">每错一处，扣2分</td><td></td><td></td><td></td></tr>
<tr><td>仪器的使用</td><td colspan="2">能正确使用函数信号发生器、直流电压表、直流毫安表、示波器</td><td>10</td><td colspan="2">不能正确使用或读数错误的，每处扣3分</td><td></td><td></td><td></td></tr>
<tr><td>电路连接</td><td colspan="2">能够按原理图正确连接测量电路</td><td>10</td><td colspan="2">连接错误，每错一处扣2分</td><td></td><td></td><td></td></tr>
<tr><td>电路测试</td><td colspan="2">能够按要求测试放大电路的 Q 点、放大倍数、Q 点对信号放大的影响</td><td>20</td><td colspan="2">测试步骤或方法错误，每处扣3分</td><td></td><td></td><td></td></tr>
<tr><td>测量记录</td><td colspan="2">及时正确地做好实训记录</td><td>10</td><td colspan="2">不及时做记录，每次扣4分</td><td></td><td></td><td></td></tr>
<tr><td>任务实施报告</td><td colspan="2">及时正确地做好测试数据的记录工作，按要求写好任务实施报告</td><td>10</td><td colspan="2">不及时做记录，每次扣2分，任务实施报告不全面，每处扣2分</td><td></td><td></td><td></td></tr>
<tr><td>结果分析</td><td colspan="2">正确对测试数据进行分析</td><td>10</td><td colspan="2">不能正确分析原因，每处扣2分</td><td></td><td></td><td></td></tr>
<tr><td>安全文明操作</td><td colspan="2">实训台干净整洁，遵守安全操作规程，符合管理要求</td><td>10</td><td colspan="2">工作台脏乱，不遵守安全操作规程，不服从老师管理酌情扣分</td><td></td><td></td><td></td></tr>
<tr><td>团队合作</td><td colspan="2">小组成员之间应互帮互助，分工合理</td><td>10</td><td colspan="2">有成员未参与实践，每人扣5分</td><td></td><td></td><td></td></tr>
<tr><td colspan="6">合计</td><td></td><td></td><td></td></tr>
<tr><td colspan="9">学生建议：</td></tr>
<tr><td colspan="9">总评成绩

老师签名：</td></tr>
</table>

延伸阅读

嫦娥升空、蛟龙下水

功率放大器可以放大各种信号（声音信号、图像信号等任何需要驱动负载的电路）。例如，科学家利用一种异质结晶体管制造出一款仅有 4 mm^2 的三级功率放大电路，放在卫星通信系统中实习信号的远距离传输。正是由于功率放大器的存在才让我们看到和听到了远在 40×10^4 km 以外的景象和声音；“嫦娥”1 号升空了，可以欣喜地发现，原来月球上没有玉兔，也没有桂花树；蛟龙下水为我们探测到的不是龙王的定海神针，而是黑金石油。所以，只有撸起袖子加油干，才能真正使我们具有千里眼、顺风耳。

任务五　共集电极单管放大器装接与调试

一、任务描述

搭建一个共集电极单管放大电路，调试并测量其静态工作点、电压放大倍数。

二、任务目标

（1）学会放大器静态工作点的调试方法。

（2）能正确测试放大器电压放大倍数、观察波形，并记录测量数据。

（3）能正确使用常用电子仪器及模拟电路实训设备。

（4）培养学生安全、文明生产的意识。

（5）培养学生团队合作能力和工作认真细心的工匠精神。

三、任务准备

1. 知识准备

1）知识预习要点

（1）预习三极管的结构、特点、伏安特性、主要参数。

（2）预习函数信号发生器和交流毫伏表、直流电压表、直流毫安表的使用。

（3）预习三极管共集电极放大电路的静态及动态性能的分析方法。

2）在老师引导下完成测试

引导测试：图 2.9 所示电路称为____________，它具有输入电阻________，输出电阻________，电压放大倍数接近于________，输出电压能够在较大范围内跟随输入电压作线性变化以及输入、输出信号同相等特点。

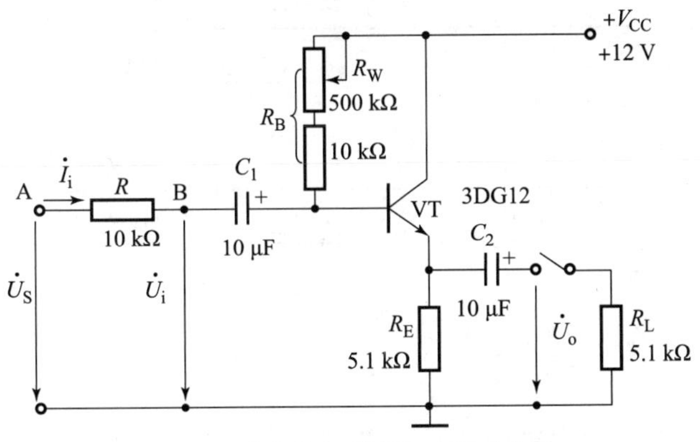

图 2.9　共集电极放大电路测试电路

2. 实操准备

学生向老师领取任务，学习本任务操作注意事项，明确本任务的内容、进度要求及安全注意事项。

1）操作注意事项

（1）为了减小误差、提高测量精度，应选用内阻较高的直流电压表。

（2）改变电路参数 V_{CC}、R_E、R_B 都会引起静态工作点的变化，通常多采用调节基极偏置电阻 R_B 的方法来改变静态工作点。

（3）本次实训测量数据较多，要求学生认真按实训步骤完成各项任务，尤其在记录数据时要仔细、准确，避免忙中出错。

2）安全注意事项

（1）学生分组实训前应认真检查本组仪器、设备及电子元器件状况，若发现缺损或有异常现象，应立即报告指导老师或实训室管理人员处理。

（2）实训中若有异常情况，应马上断开电源，检查线路，排除故障，经指导老师确认无误后方可重新送电。

（3）调节仪器旋钮时，力量要适度，严禁违规操作。

3. 仪器与器材准备

（1）+12 V 直流电源。

（2）函数信号发生器。

（3）双踪示波器。

（4）交流毫伏表。

（5）直流电压表。

（6）频率计。

（7）万用表。

（8）晶体三极管 3DG12（$\beta=50\sim100$）一只或 9 013 一只，电阻器、电容器若干。

四、任务分组

将任务分组填入表 2.13 中。

表 2.13　任务分组

班级		组号		指导老师	
组长		学号		任务分工	
组员		学号		任务分工	
组员		学号		任务分工	

五、任务实施

（1）按图 2.9 所示接好电路并复查，通电检测。不接 u_i，接入 $V_{CC}=12$ V，调节 R_B，使得 $U_{CE}=6$ V，测量基极、发射极和集电极电位，填入表 2.14 中。

（2）在步骤 1 基础上输入端接入 u_i（$f=1$ kHz，电压值分别为 0.5 V、1 V 和 1.5 V），输出端接入 R_L，用双踪示波器同时观察此时 u_i、u_o 的波形，用交流毫伏表测量 u_i、u_o 电压值，填入表 2.14 中。

（3）在步骤 1 基础上输入端接入 u_i（$f=1$ kHz，$U_i=1$ V），分别接 1 kΩ、2 kΩ、10 kΩ 负载，观察输出电压幅度有无明显变化，用交流毫伏表测量 u_o 电压值并填入表 2.14 中。

（4）保持步骤 1、2，同时在输入回路中串接 2 kΩ 电阻，观察输出电压幅度有无明显变化，并记录其值 U_o。

六、任务实施报告

共集电极单管放大器装接与调试任务实施报告见表 2.14。

表 2.14　共集电极单管放大器装接与调试任务实施报告

班级：________	姓名：________	学号：________	组号：________	
步骤 1：静态时，测量基极、发射极和集电极电位				
测量值			计算值	
V_B/V	V_E/V	V_C/V	U_{BE}/V	U_{CE}/V

步骤 2：输入端接入 u_i，用交流毫伏表测量 u_i、u_o 电压值		
输入电压 u_i/V	输出电压 u_o/V	放大倍数 A_u
0.5		
1		
2		

步骤 3：分别接 1 kΩ、2 kΩ、10 kΩ 负载，用交流毫伏表测量 u_o 电压值	
负载电阻 R_L/kΩ	输出电压 u_o/V
1	
2	
10	

步骤 4：在输入回路中串接 2 kΩ 电阻，观察输出电压幅度有无明显变化，并记录其值 U_o U_o = ________

七、测试结果分析

测试结果分析见表2.15。

表2.15 测试结果分析

分析步骤	结论
步骤1	(1) 调节元件________可以改变静态工作点； (2) 经测试，电路中三极管上的电压 U_{BE} =________V，则该三极管为________材料三极管
步骤2	从示波器上观察 u_i、u_o 的波形和表2.14所记录的情况可以看出：u_i 与 u_o 大小________(基本相同、完全不同)，相位关系为________(同相、反相)
步骤3	从示波器上和表2.14中可以看出，共集电极放大电路________(具有、不具有)稳定输出电压的能力，由此可推断共集电极放大电路的输出电阻________(很大、很小)
步骤4	从示波器上可以看出，在输入回路中串接2 kΩ电阻后，输出电压幅度________(减小、几乎不变)，由此可推断共集电极放大电路的输入电阻________(很大、很小)
综合分析	通过测试可知，共集电极放大电路的电压放大倍数 A_u________($\gg 1$、≈ 1、$\ll 1$)；输入电阻________(很大、很小)；输出电阻________(很大、很小)

八、考核评价

<table>
<tr><td>班级</td><td></td><td>姓名</td><td></td><td>学号</td><td></td><td>组号</td><td colspan="2"></td></tr>
<tr><td>操作项目</td><td colspan="2">考核要求</td><td>分数配比</td><td colspan="2">评分标准</td><td>自评</td><td>互评</td><td>老师评分</td></tr>
<tr><td>理论测试</td><td colspan="2">能正确回答理论测试题，掌握实践过程中的基本理论</td><td>10</td><td colspan="2">每错一处，扣 2 分</td><td></td><td></td><td></td></tr>
<tr><td>仪器的使用</td><td colspan="2">能正确使用函数信号发生器、直流电压表、直流毫安表、示波器</td><td>10</td><td colspan="2">不能正确使用或读数错误的，每处扣 3 分</td><td></td><td></td><td></td></tr>
<tr><td>电路连接</td><td colspan="2">能够按原理图正确连接测量电路</td><td>10</td><td colspan="2">连接错误，每错一处扣 2 分</td><td></td><td></td><td></td></tr>
<tr><td>电路测试</td><td colspan="2">能够按要求测试放大电路的 Q 点、放大倍数，不同输入电压、输入内阻和输出负载的变化以及输出电压的变化</td><td>20</td><td colspan="2">测试步骤或方法错误，每处扣 3 分</td><td></td><td></td><td></td></tr>
<tr><td>测量记录</td><td colspan="2">及时、正确地做好实训记录</td><td>10</td><td colspan="2">不及时做记录，每次扣 4 分</td><td></td><td></td><td></td></tr>
<tr><td>任务实施报告</td><td colspan="2">及时、正确地做好测试数据的记录工作，按要求写好任务实施报告</td><td>10</td><td colspan="2">不及时做记录，每次扣 2 分，任务实施报告不全面，每处扣 2 分</td><td></td><td></td><td></td></tr>
<tr><td>结果分析</td><td colspan="2">正确对测试数据进行分析</td><td>10</td><td colspan="2">不能正确分析原因，每处扣 2 分</td><td></td><td></td><td></td></tr>
<tr><td>安全文明操作</td><td colspan="2">实训台干净整洁，遵守安全操作规程，符合管理要求</td><td>10</td><td colspan="2">工作台脏乱，不遵守安全操作规程，不服从老师管理酌情扣分</td><td></td><td></td><td></td></tr>
<tr><td>团队合作</td><td colspan="2">小组成员之间应互帮互助，分工合理</td><td>10</td><td colspan="2">有成员未参与实践，每人扣 5 分</td><td></td><td></td><td></td></tr>
<tr><td colspan="6">合计</td><td></td><td></td><td></td></tr>
<tr><td colspan="9">学生建议：</td></tr>
<tr><td colspan="9">总评成绩
老师签名：</td></tr>
</table>

延伸阅读

细致观察、严谨实验

自2000年起，每年初党中央国务院都会在北京人民大会堂召开国家科技奖励大会，隆重表彰获奖的科技人员代表。

勇于创新、甘于奉献、淡泊名利等科学精神有许多内涵，在容易浮躁的当下，严谨细致的工作态度和科研作风显得弥足珍贵。

国家科技奖的获奖者们，在这方面做出了表率。我国计算机事业创始人金怡濂院士是后辈眼中的“老工人”，在印制电路板这项“极限”工艺中，他和工作人员一起用砂纸打磨模具，用卡尺测量尺寸，加班到深夜两三点，为的是追求“零缺陷”。在航天界，有一个故障归零标准称为“举一反三”，“两弹一星”功勋奖章获得者孙家栋说，比如一个电子管零件坏了，火箭或者卫星上的所有仪器，都不能再使用这一批次的零件，不论好坏都不能用，因为质量是航天的生命。中国肝胆外科专家吴孟超，在手术台上做完肿瘤切除手术后不是马上去休息，而是坐在旁边看学生们缝合，有时还会提醒他们：“缝线的间距是不是太大了？”

因此，只有通过反复核对、综合分析，不忽略、不放过任何细微的变化，才可能在蛛丝马迹中捕捉到成功的曙光。

任务六　集成运算放大器基本应用电路装接与调试

一、任务描述

利用集成运算放大器搭建比例、加法、减法和积分等基本运算电路，并对电路的性能进行分析。

二、任务目标

（1）会分析集成运算放大器组成的比例、加法、减法和积分等基本运算电路。

（2）认识常用集成运算放大器引脚功能。

（3）能正确测量集成运算放大器模拟运算电路的主要性能指标和波形，并记录。

（4）培养学生安全、文明生产的意识。

（5）培养学生团队合作能力和节约资源、工作耐心细致的工匠精神。

三、任务准备

1. 知识准备

1）知识预习要点

（1）复习集成运算放大器线性应用部分内容，根据实训电路参数计算各电路输出电压的理论值。

（2）在反相加法器中，如 U_{i1} 和 U_{i2} 均采用直流信号，并选定 $U_{i2}=-0.5$ V，当考虑到运算放大器的最大输出幅度（±12 V）时，$|U_{i1}|$ 的大小不应超过多少伏？

（3）在积分运算电路中，如 $R_1=100$ kΩ，$C=4.7$ μF，求时间常数。假设 $U_i=0.5$ V，问要使输出电压 U_o 达到 12 V 需多长时间？【设 $u_C(0)=0$】

（4）为了不损坏集成块，实训中应注意什么问题？

2）在老师引导下完成测试

引导测试 1：如图 2.10 所示，输出电压与输入电压之间的关系为____________。

引导测试 2：如图 2.11 所示，输出电压与输入电压之间的关系为____________。

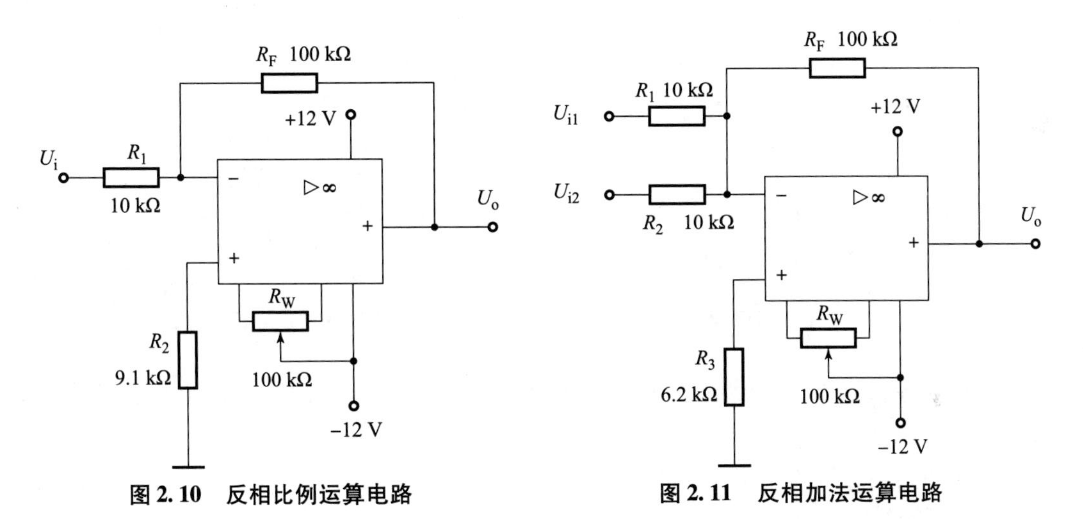

图 2.10　反相比例运算电路　　　图 2.11　反相加法运算电路

引导测试 3：如图 2.12（a）所示，输出电压与输入电压之间的关系为____________。当 $R_1\to\infty$ 时，$U_o=U_i$，即得到图 2.12（b）所示的电压跟随器。

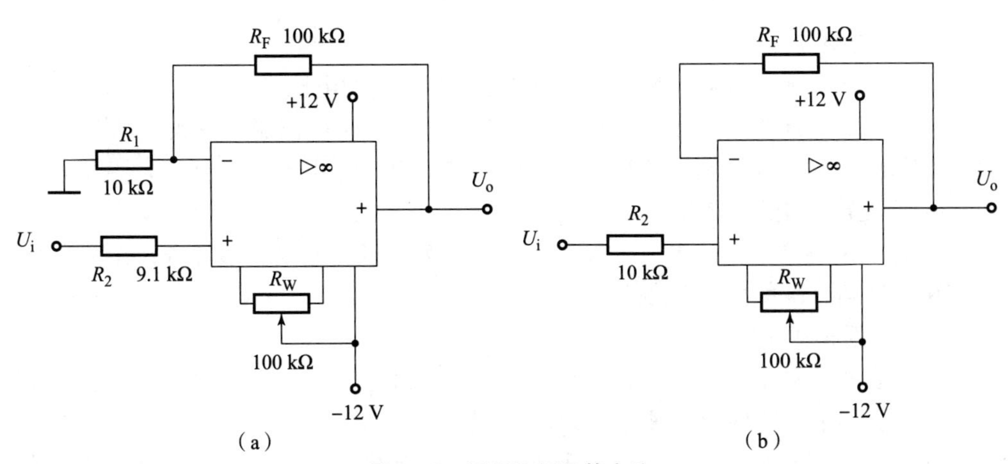

图 2.12　同相比例运算电路

引导测试4：如图2.13所示，当 $R_1=R_2$，$R_3=R_F$ 时，输出电压与输入电压之间的关系为________。

引导测试5：如图2.14所示，在理想化条件下，输出电压与输入电压之间的关系为________。

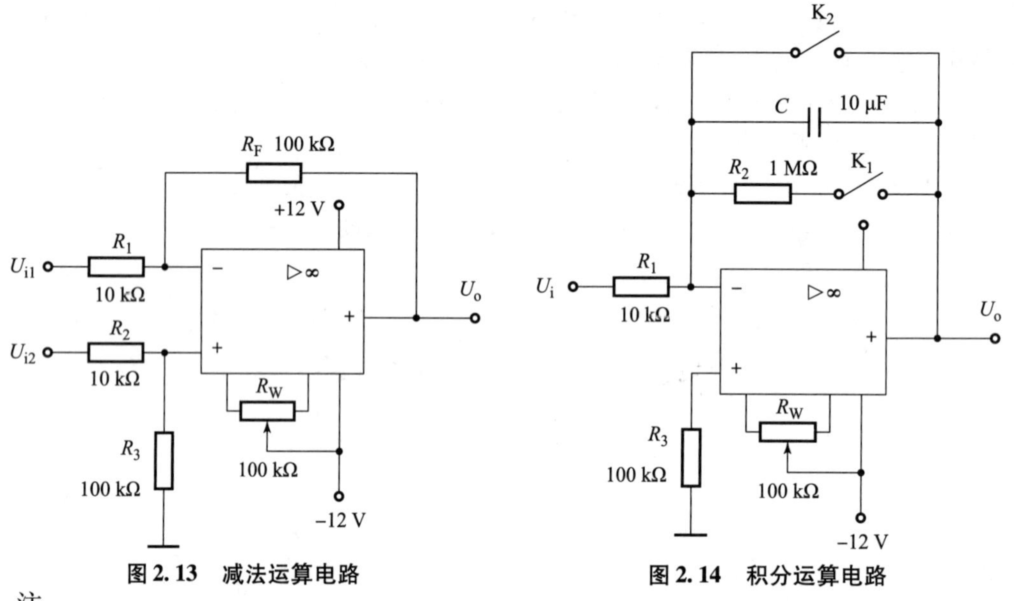

图2.13　减法运算电路　　　　图2.14　积分运算电路

注：

（1）零点漂移是指当放大器的输入信号为零时，在输出端出现直流电位缓慢变化的现象；

（2）调零是指在输入信号为零而输出信号不为零时，通过调节外接调零电位器以达到输出信号为零的目的。

2. 实操准备

学生向老师领取任务，学习本任务操作注意事项，明确本任务的内容、进度要求及安全注意事项。

1）操作注意事项

（1）为了减小误差、提高测量精度，应选用内阻较高的电压表。

（2）在采用集成运算放大器 μA741 实训时应注意接调零电位器，并认真调零。

（3）实训时一定要控制输入信号的电压值，避免由于超出集成运算放大器最大输出值（±5 V）时而使输出结果不准确。

（4）本次实训测量数据较多，要求学生认真按实训步骤完成各项任务，尤其在记录数据时要仔细、准确，避免忙中出错。

2）安全注意事项

（1）学生分组实训前应认真检查本组仪器、设备及电子元器件状况，若发现缺损或有异常现象，应立即报告指导老师或实训室管理人员处理。

（2）实训中若有异常情况，应马上断开电源，检查线路，排除故障，经指导老师确认无误后方可重新送电。

（3）调节仪器旋钮时，力量要适度，严禁违规操作。

3. 仪器与器材准备

（1） ±5 V 直流电源。

（2）函数信号发生器。

（3）交流毫伏表。

（4）直流电压表。

（5）集成运放 μA741 ×1、LM324 ×1、LM358 ×1，可调电位器、电阻器、电容器若干。

四、任务分组

将任务分组填入表 2.16 中。

表 2.16　任务分组

班级		组号		指导老师	
组长		学号		任务分工	
组员		学号		任务分工	
组员		学号		任务分工	

五、任务实施

1. 反相比例运算电路

（1）按图 2.10 所示连接实训电路，接通 ±5 V 电源，输入端对地短路，进行调零和消振，在使用 LM324 或 LM358 时不需要调零。

反相比例运算电路的测试

（2）输入 $f=100$ Hz、$U_i=0.3$ V 的正弦交流信号，测量相应的 U_o，并用示波器观察 u_o 和 u_i 的相位关系，记入表 2.17 步骤 1。

2. 同相比例运算电路

（1）按图 2.12（a）所示连接实训电路。实训步骤同内容 1，将结果记入表 2.17 步骤 2.1。

（2）将图 2.12（a）中的 R_1 断开，得图 2.12（b）所示电路，重复（1），将结果记入表 2.17 步骤 2.2。

3. 反相加法运算电路

（1）按图 2.11 所示连接实训电路。调零和消振，在使用 LM324 或 LM358 时不需要调零。

（2）输入信号采用直流信号，图 2.15 所示电路为简易直流信号源，由实训者自行完成。实训时要注意选择合适的直流信号幅度以确保集成运放工作在线性区。用直流电压表测量输入电压 U_{i1}、U_{i2} 及输出电压 U_o，记入表 2.17 步骤 3。

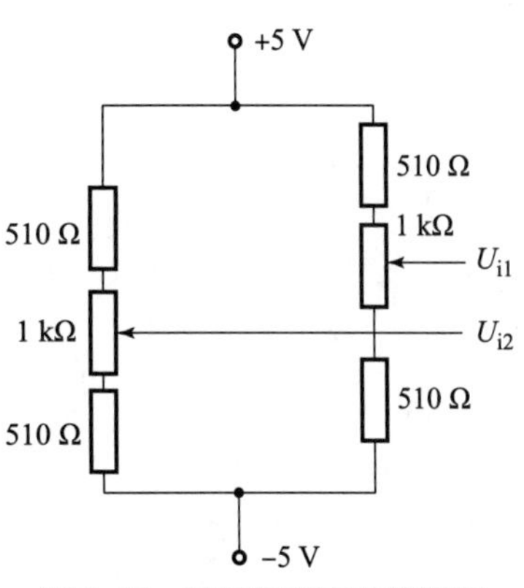

图 2.15　简易可调直流信号源

4. 减法运算电路

（1）按图 2. 13 所示连接实训电路。调零和消振，在使用 LM324 或 LM358 时不需要调零。

（2）采用直流输入信号，实训步骤同内容 3，记入表 2. 17 步骤 4。

5. 积分运算电路

实训电路如图 2. 14 所示。

（1）打开 K_2，闭合 K_1，对运放输出进行调零，在使用 LM324 或 LM358 时不需调零。

（2）调零完成后，再打开 K_1，闭合 K_2，使 $u_C(0)=0$。

（3）预先调好直流输入电压 $U_i=0.5\ V$，接入实训电路，再打开 K_2，然后用直流电压表测量输出电压 U_o，每隔 5 s 读一次 U_o，记入表 2. 17 步骤 5，直到 U_o 不继续明显增大为止。

六、任务实施报告

集成运算放大器基本应用电路装接与调试任务实施报告见表 2. 17。

表 2. 17　集成运算放大器基本应用电路装接与调试任务实施报告

班级：________	姓名：________	学号：________	组号：________

步骤 1：反相比例运算电路（$U_i=0.3$ V，$f=100$ Hz）

U_i/V	U_o/V	u_i 波形	u_o 波形	A_u	
				实测值	计算值
		O t	O t		

步骤 2. 1：同相比例运算电路（$U_i=0.3$ V，$f=100$ Hz）

U_i/V	U_o/V	u_i 波形	u_o 波形	A_u	
				实测值	计算值
		O t	O t		

步骤 2. 2：同相比例运算电路（$U_i=0.3$ V，$f=100$ Hz，R_1 断开）

U_i/V	U_o/V	u_i 波形	u_o 波形	A_u
		O t	O t	

步骤 3：反相加法运算电路

U_{i1}/V					
U_{i2}/V					
U_o/V					

步骤 4：减法运算电路

U_{i1}/V					
U_{i2}/V					
U_o/V					

步骤 5：积分运算电路

T/s	0	5	10	15	20	25	30	…
U_o/V								

七、测试结果分析

测试结果分析见表 2.18。

表 2.18　测试结果分析

分析事项	结论
整理实训数据，画出波形图（注意波形间的相位关系）	
将理论计算结果和实测数据相比较，分析产生误差的原因	
分析讨论实训中出现的现象和问题	

八、考核评价

<table>
<tr><td>班级</td><td>姓名</td><td></td><td>学号</td><td></td><td>组号</td><td></td></tr>
<tr><td>操作项目</td><td>考核要求</td><td>分数配比</td><td>评分标准</td><td>自评</td><td>互评</td><td>老师评分</td></tr>
<tr><td>理论测试</td><td>能正确回答理论测试题，掌握实践过程中的基本理论</td><td>10</td><td>每错一处，扣2分</td><td></td><td></td><td></td></tr>
<tr><td>仪器的使用</td><td>能正确使用万用表、函数信号发生器、直流电压表、交流毫伏表、示波器</td><td>10</td><td>不能正确使用或读数错误的，每处扣3分</td><td></td><td></td><td></td></tr>
<tr><td>电路连接</td><td>能够按原理图正确连接测量电路</td><td>10</td><td>连接错误，每错一处扣2分</td><td></td><td></td><td></td></tr>
<tr><td>电路测试</td><td>能够按要求测试反相比例放大电路、同相比例放大电路、反相加法器、减法运算电路、积分电路</td><td>20</td><td>测试步骤或方法错误，每处扣3分</td><td></td><td></td><td></td></tr>
<tr><td>测量记录</td><td>及时、正确地做好实训记录</td><td>10</td><td>不及时做记录，每次扣4分</td><td></td><td></td><td></td></tr>
<tr><td>任务实施报告</td><td>及时正确地做好测试数据的记录工作，按要求写好任务实施报告</td><td>10</td><td>不及时做记录，每次扣2分，任务实施报告不全面，每处扣2分</td><td></td><td></td><td></td></tr>
<tr><td>结果分析</td><td>正确地对测试数据进行分析</td><td>10</td><td>不能正确分析原因，每处扣2分</td><td></td><td></td><td></td></tr>
<tr><td>安全文明操作</td><td>实训台干净整洁，遵守安全操作规程，符合管理要求</td><td>10</td><td>工作台脏乱，不遵守安全操作规程，不服从老师管理，酌情扣分</td><td></td><td></td><td></td></tr>
<tr><td>团队合作</td><td>小组成员之间应互帮互助，分工合理</td><td>10</td><td>有成员未参与实践，每人扣5分</td><td></td><td></td><td></td></tr>
<tr><td colspan="4">合计</td><td></td><td></td><td></td></tr>
<tr><td colspan="7">学生建议：</td></tr>
<tr><td colspan="7">总评成绩
老师签名：</td></tr>
</table>

延伸阅读

技能成才、技能报国

习近平总书记在党的二十大报告中指出：深入实施人才强国战略。培养造就大批德才兼备的高素质人才，是国家和民族长远发展大计。

截至2022年年末，全国共有2 551所技工院校，在校生达445万余人，每年向社会输送约百万名毕业生。备受关注的技能人才培养、使用、评价、激励制度陆续出台，拓宽技能人才发展通道，助推我国高技能人才总量稳步扩大，结构持续改善。

作为技能人才代表，“时代楷模”“改革先锋”、国网天津滨海公司配电抢修班班长张黎明呼吁，广大技能工人将报国之志与自身成才紧密联系，立足国家所需、产业所趋，不断提高技能水平和创造能力，在中国式现代化建设中贡献智慧和力量。——新华社2023年9月22日

任务七 集成运算放大器电压比较器装接与调试

一、任务描述

搭建由集成运算放大器构成的电压比较器电路，并测试电路的性能。

二、任务目标

（1）知道电压比较器的电路构成及特点。

（2）能识读电压比较器电路原理图，并按图正确连接电路。

（3）学会测试电压比较器的方法。

（4）培养学生安全、文明生产的意识。

（5）培养学生团队合作能力和节约资源、工作耐心细致的工匠精神。

三、任务准备

1. 知识准备

1）知识预习要点

（1）复习教材有关比较器的内容。

（2）画出各类比较器的传输特性曲线。

（3）若要将图2.18所示的窗口比较器的电压传输曲线高、低电平对调，应如何改动电路？

2）在老师引导下完成测试

引导测试1：图2.16（a）所示电路为加限幅电路的过零比较器，D_Z 为限幅稳压管。当 $u_i>0$ 时，输出 $u_o=$ ________，当 $u_i<0$ 时，$u_o=+$ ________。其电压传输特性如图2.16（b）所示（过零比较器结构简单，灵敏度高，但抗干扰能力差）。

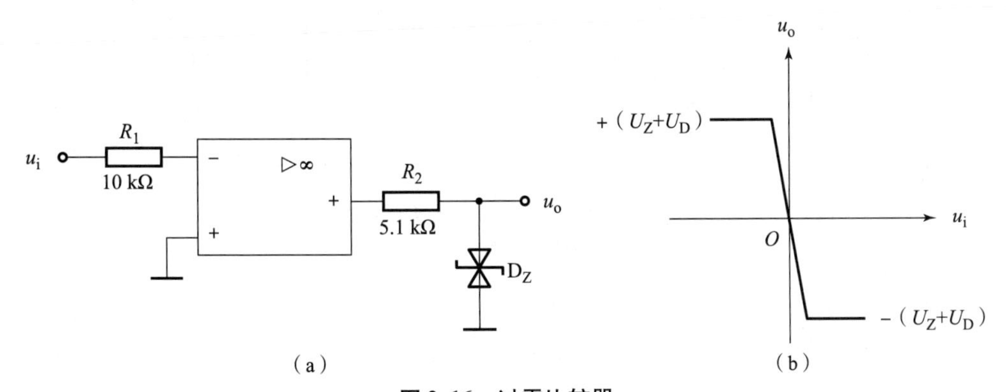

图2.16 过零比较器

（a）过零比较器；（b）电压传输特性

引导测试2：为了克服单门限电压比较器抗干扰能力差的缺点，可在电路中引入________反馈，构成滞回比较器，如图2.17（a）所示。此时，同相输入端电压为

$$u_+=\frac{R_2}{R_1+R_2}u_o$$

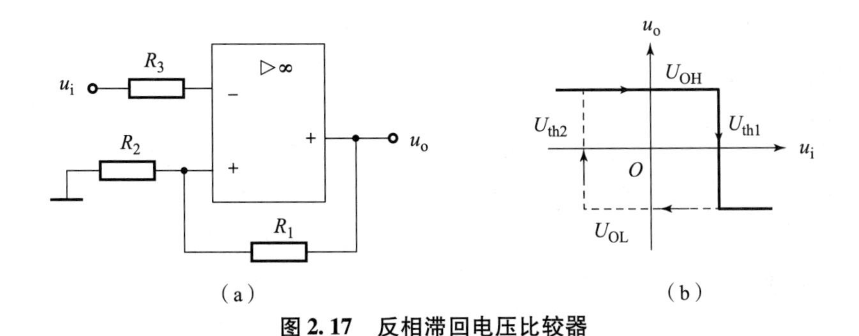

图2.17 反相滞回电压比较器

引导测试3：如图2.18所示的窗口比较器，它能指示出 u_i 值是否处于 U_R^+ 和 U_R^- 之间。如 $U_R^-<u_i<U_R^+$，窗口比较器的输出电压 u_o 等于________，如果 $u_i<U_R^-$ 或 $u_i>U_R^+$，则输出电压 u_o 等于________。

2. 实操准备

学生向老师领取任务，学习本任务操作注意事项，明确本任务的内容、进度要求及安全注意事项。

1）操作注意事项

（1）为了减小误差、提高测量精度，应选用内阻较高的电压表。

（2）做实训时应注意反馈电阻的连接，避免由于反馈电阻的连接错误而得到错误结果。

（3）本次实训测量波形较多，要求学生认真按实训步骤完成，并仔细、准确地记录和画出波形。

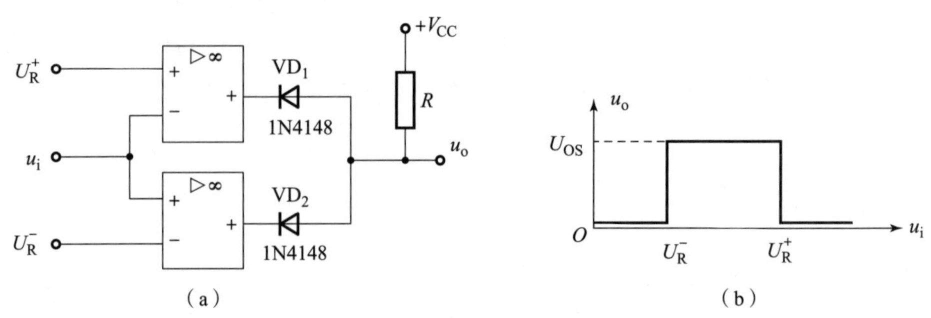

图 2.18　由两个简单比较器组成的窗口比较器

（a）电路图；（b）传输特性

2）安全注意事项

（1）学生分组实训前应认真检查本组仪器、设备及电子元器件状况，若发现缺损或异常现象，应立即报告指导老师或实训室管理人员处理。

（2）实训中若有异常情况，应马上断开电源，检查线路，排除故障，经指导老师确认无误后方可重新送电。

（3）调节仪器旋钮时，力量要适度，严禁违规操作。

3. 仪器与器材准备

（1）±5 V 直流电源。

（2）直流电压表。

（3）函数信号发生器。

（4）交流毫伏表。

（5）双踪示波器。

（6）运算放大器 LM324 ×1 或 LM358 ×1。

（7）稳压管、4148 二极管、电阻器等。

四、任务分组

将任务分组填入表 2.19 中。

表 2.19　任务分组

班级		组号		指导老师	
组长		学号		任务分工	
组员		学号		任务分工	
组员		学号		任务分工	

五、任务实施

1. 过零比较器

实训电路如图 2. 19 所示。

（1）按图 2. 19 所示完成电路接线，接通电源。

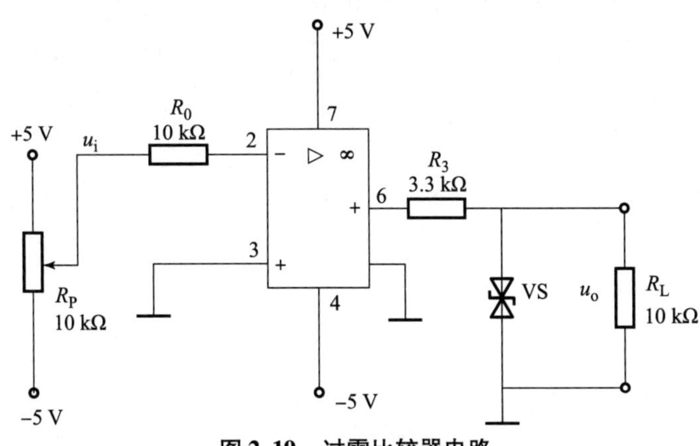

图 2. 19　过零比较器电路

（2）调节 R_P，用万用表测量出输入电压的数值与输出电压的幅值，并填入表 2. 20 步骤 1 中。

（3）根据测试结果画出过零比较器的传输特性曲线。

注：$\pm u_{io}$是电压比较器处于反转边缘时所对应的输入电压，该电压应在 0 V 左右（用毫伏表测量）。

2. 反相滞回比较器

实训电路如图 2. 20 所示。

（1）按图 2. 20 所示完成电路接线，并将虚线部分接入，其中 R_1 取 100 kΩ，接通电源。

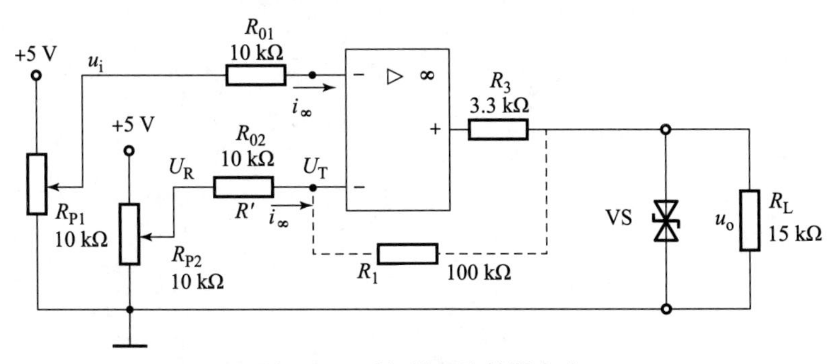

图 2. 20　反相滞回比较器电路

（2）调节 R_{P2}，使 $U_R = +2.0$ V。然后调节 R_{P1} 使 u_i 变化，同时观察输出电压的变化情况。用万用表测量并记下滞回比较器反转时的输入电压值 U_{th1} 及 U_{th2}。

（3）根据测试结果画出滞回比较器的传输特性曲线。

（4）将 R_1 改为 $R_1=47\ \mathrm{k\Omega}$，并调节 R_{P2}，使得 $U_R=0$ V，以幅值为 5 V、频率为 200 Hz 的正弦信号作为 u_i 的输入信号，用双踪示波器记录输入 u_i 及输出 u_o 的电压波形。

3. 窗口比较器

（1）按图 2.18 所示完成电路接线，接通电源。

（2）令 $U_R^+=+4$ V，$U_R^-=0$ V。

（3）调节函数信号发生器，使之输出频率为 200 Hz、幅值为 5 V 的正弦波信号，并将其接入输入端 u_i，用双踪示波器观察 u_o 与 u_i 的波形并记录。

六、任务实施报告

集成运算放大器电压比较器装接与调试任务实施报告见表2.20。

表2.20　集成运算放大器电压比较器装接与调试任务实施报告

班级：________	姓名：________	学号：________	组号：________

步骤1：过零比较器

输入电压 u_i/V	-2.0	-1.0	$(-u_{io})$	$(+u_{io})$	$+1.0$	$+2.0$
输出电压 u_o/V			正值	负值		

步骤2：反相滞回比较器

$U_R=+2.0$ V			$U_R=0$ V	
U_{th1}/V	U_{th2}/V	传输特性曲线	u_i 波形	u_o 波形
		O t	O t	O t

步骤3：窗口比较器

U_R^+/V	U_R^-/V	u_i 波形	u_o 波形
		O t	O t

七、测试结果分析

测试结果分析见表2.21。

表2.21　测试结果分析

分析事项	结论
整理实训数据，绘制各类电压比较器的传输特性曲线，分析几种电压比较器的特点	
分析讨论实训中出现的现象和问题	

八、考核评价

<table>
<tr><td>班级</td><td colspan="2"></td><td>姓名</td><td></td><td>学号</td><td></td><td>组号</td><td colspan="2"></td></tr>
<tr><td>操作项目</td><td colspan="3">考核要求</td><td>分数配比</td><td colspan="2">评分标准</td><td>自评</td><td>互评</td><td>老师评分</td></tr>
<tr><td>理论测试</td><td colspan="3">能正确回答理论测试题，掌握实践过程中的基本理论</td><td>10</td><td colspan="2">每错一处，扣2分</td><td></td><td></td><td></td></tr>
<tr><td>仪器的使用</td><td colspan="3">能正确使用万用表、函数信号发生器、直流电压表、交流毫伏表、示波器</td><td>10</td><td colspan="2">不能正确使用或读数错误的，每处扣3分</td><td></td><td></td><td></td></tr>
<tr><td>电路连接</td><td colspan="3">能够按原理图正确连接测试电路</td><td>10</td><td colspan="2">连接错误，每错一处扣2分</td><td></td><td></td><td></td></tr>
<tr><td>电路测试</td><td colspan="3">能够按要求测试过零比较器电路、滞回比较器电路、窗口比较器电路</td><td>20</td><td colspan="2">测试步骤或方法错误，每处扣3分</td><td></td><td></td><td></td></tr>
<tr><td>测量记录</td><td colspan="3">及时、正确地做好实训记录</td><td>10</td><td colspan="2">不及时做记录，每次扣4分</td><td></td><td></td><td></td></tr>
<tr><td>任务实施报告</td><td colspan="3">及时、正确地做好测试数据的记录工作，按要求写好任务实施报告</td><td>15</td><td colspan="2">不及时做记录，每次扣2分，任务实施报告不全面，每处扣2分</td><td></td><td></td><td></td></tr>
<tr><td>结果分析</td><td colspan="3">正确对测试数据进行分析</td><td>5</td><td colspan="2">不能正确分析原因，每处扣2分</td><td></td><td></td><td></td></tr>
<tr><td>安全文明操作</td><td colspan="3">实训台干净整洁，遵守安全操作规程，符合管理要求</td><td>10</td><td colspan="2">工作台脏乱，不遵守安全操作规程，不服从老师管理，酌情扣分</td><td></td><td></td><td></td></tr>
<tr><td>团队合作</td><td colspan="3">小组成员之间应互帮互助，分工合理</td><td>10</td><td colspan="2">有成员未参与实践，每人扣5分</td><td></td><td></td><td></td></tr>
<tr><td colspan="7">合计</td><td></td><td></td><td></td></tr>
<tr><td colspan="10">学生建议：</td></tr>
<tr><td colspan="10">总评成绩
老师签名：</td></tr>
</table>

延伸阅读

匠心筑梦

央视新闻推出《大国工匠》系列节目，讲述了一位位在不同岗位上的劳动者，从平凡岗位一步步晋升为国家高级技师，用他们的灵巧双手，匠心筑梦的故事。这群不平凡劳动者的成功之路，不是进名牌大学、拿耀眼文凭，而是默默坚守、孜孜以求，在平凡岗位上，追求职业技能的完美和极致，最终脱颖而出，跻身“国宝级”技工行列，成为一个行业不可或缺的人才。他们技艺精湛，有人能在牛皮纸一样薄的钢板上焊接而不出现一丝漏点，有人能把密封精度控制在头发丝的1/50，还有人检测手感堪比雕刻机，令人叹服。他们之所以能够匠心筑梦，凭的是自身的传承和刻苦钻研，靠的是专注与磨砺。

任务八　调光台灯电路的制作与调试

一、任务描述

搭建可控整流电路，实现对灯光的亮度调节。

二、任务目标

（1）学会单结晶体管和晶闸管的简易测试。
（2）学会单向晶闸管工作条件测试方法。
（3）学会调光台灯电路的制作与调试。

三、任务准备

1. 知识准备

1）知识预习要点
（1）复习晶闸管可控整流和调光台灯部分内容。
（2）可否用万用表“$R\times10\text{k}$”挡测试管子？为什么？
（3）为什么可控整流电路必须保证触发电路与主电路同步？
2）在老师引导下完成测试

引导测试：可控整流电路的作用是把________变换为电压值可以调节的________。图2.21所示为调光台灯实训电路，主电路由负载（灯泡）和晶闸管VS组成，单结晶体管VT及一些阻容元件R_1、R_2、R_3、R_4、R_P、C组成单结晶体管________，构成阻容移相桥触发电路。改变晶闸管VS的________，便可调节主电路的可控输出整流电压（或电流）的数值，这一点可由灯泡负载的亮度变化看出。

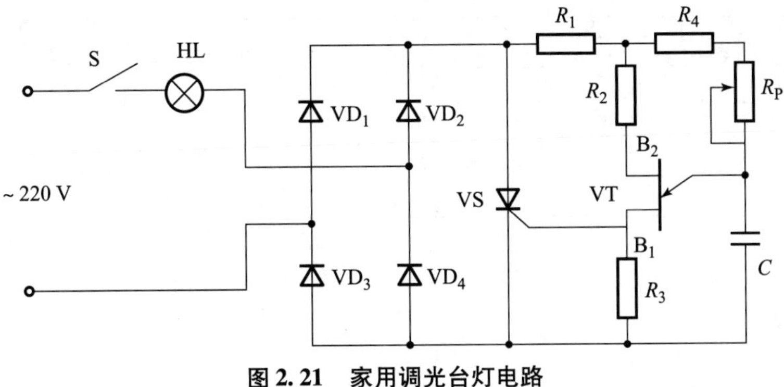

图 2.21　家用调光台灯电路

2. 实操准备

学生向老师领取任务，学习本任务操作注意事项，明确本任务的内容、进度要求及安全注意事项。

1）操作注意事项

（1）用仪器仪表测量时，将其置于合适的挡位进行测量。

（2）在用万用表检测元件时不要用手碰触元件引线，以免影响测量。

（3）实训中记录的波形应注意各波形间的对应关系。

2）安全注意事项

（1）学生分组实训前应认真检查本组仪器、设备及电子元器件状况，若发现缺损或有异常现象，应立即报告指导老师或实训室管理人员处理。

（2）实训中若有异常情况，应马上断开电源，检查线路，排除故障，经指导老师确认无误后方可重新送电。

（3）调节仪器旋钮时，力量要适度，严禁违规操作。

3. 仪器与器材准备

（1）±5 V、±12 V 直流电源。

（2）可调工频电源。

（3）万用电表。

（4）双踪示波器。

（5）交流毫伏表。

（6）直流电压表。

（7）晶闸管 3CT3A、单结晶体管 BT33、二极管 1N4007 ×4、稳压管 1N4735、灯泡 12 V/0.1 A。

四、任务分组

将任务分组填入表 2.22 中。

表 2.22　任务分组

班级		组号		指导老师	
组长		学号		任务分工	
组员		学号		任务分工	
组员		学号		任务分工	

五、任务实施

1. 单结晶体管的简易测试

用万用表“$R\times10$”挡分别测量 EB_1、EB_2 间正、反向电阻，记入表 2.24 步骤 1 中。

2. 晶闸管的简易测试

用万用表“$R\times1k$”挡分别测量 A－K、A－G 间正、反向电阻；用“$R\times10$”挡测量 G－K 间正、反向电阻，记入表 2.24 步骤 2 中。

3. 单向晶闸管工作条件测试

测试电路如图 2.22 所示，根据表 2.24 中相应的要求，记录测试结果。

单向晶闸管工作条件测试

（1）在图 2.22（a）所示电路中，晶闸管加正向电压，即晶闸管阳极接电源正极，阴极接电源负极。开关 S 不闭合，观察灯泡的状态，记入表 2.24 步骤 3.1 中。

（2）在图 2.22（b）所示电路中，晶闸管加正向电压，且开关 S 闭合。观察灯泡的状态，记入表 2.24 步骤 3.2 中。

（3）在图 2.22（c）所示电路中，将开关打开，观察灯泡的状态，记入表 2.24 步骤 3.3 中。

（4）在图 2.22（d）所示电路中，晶闸管加反向电压，即晶闸管阳极接电源负极，阴极接电源正极。将开关 S 闭合，观察灯泡的状态；若开关 S 不闭合，观察灯泡的状态，记入表 2.24 步骤 3.4 中。

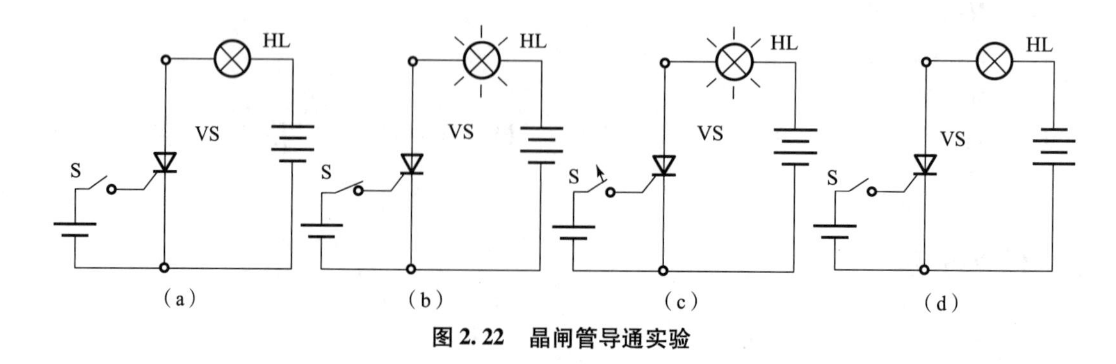

图 2.22　晶闸管导通实验

4. 调光台灯电路的制作与调试

（1）按材料清单清点元器件，具体见表 2.23。

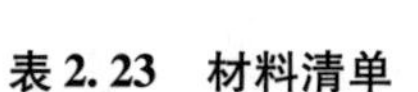

表 2.23　材料清单

元件	名称规格	数量	清点结果
$VD_1 \sim VD_4$	二极管 1N4007	4	
VS	晶闸管 3CT	1	
VT	单结晶体管 BT33	1	
R_1	电阻器 51 kΩ	1	
R_2	电阻器 300 Ω	1	
R_3	电阻器 100 Ω	1	
R_4	电阻器 18 kΩ	1	
R_P	带开关电位器 470 kΩ	1	
C	涤纶电容器 0.022 μF	1	
HL	灯泡 220 V/25 W	1	
	灯座	1	
	电源线	1	
	导线	若干	
	印制板	1	

（2）对照图 2.21，将图上的电路符号与实物对照。

（3）用万用表测试各元件的主要参数，及时更换存在质量的元器件。

（4）按图 2.21 连接实训电路，检查电路连接是否正确，确保无误后方可接上灯泡，开始调试。调试过程中应注意安全，防止触电。接通电源，打开开关 S，旋转电位器手柄，观察灯泡亮度变化。在表 2.24 步骤 4 中的几种情况下测量电路中各点电压，并填入表 2.24 步骤 4 中。

六、任务实施报告

调光台灯电路的制作与调试任务实施报告见表 2. 24。

表 2. 24　调光台灯电路的制作与调试任务实施报告

班级：__________　姓名：__________　学号：__________　组号：__________

步骤 1：单结晶体管的简易测试

R_{EB_1}/Ω	R_{EB_2}/Ω	R_{B_1E}/Ω	$R_{B_2E}\Omega$	结论

步骤 2：晶闸管的简易测试

$R_{AK}/k\Omega$	$R_{KA}/k\Omega$	$R_{AG}/k\Omega$	$R_{GA}/k\Omega$	$R_{GK}/k\Omega$	$R_{KG}/k\Omega$	结论

步骤 3：单向晶闸管工作条件测试

步骤 3. 1：
在图 2. 22（a）所示电路中，灯________（亮、不亮）

步骤 3. 2：
在图 2. 22（b）所示电路中，灯________（亮、不亮）

步骤 3. 3：
在图 2. 22（c）所示电路中，灯________（亮、不亮）

步骤 3. 4：
在图 2. 22（d）所示电路中，将开关闭合，灯________（亮、不亮）；开关 S 不闭合，灯________（亮、不亮）

晶闸管导通必须具备的条件是：____________

步骤 4：调光台灯电路的制作与调试

灯泡状态	元器件各点电压						断开交流电源时电位器的电阻值
	VS			VT			
	V_A	V_K	V_G	V_{B_1}	V_{B_2}	V_E	
灯泡最亮时							
灯泡微亮时							
灯泡不亮时							

七、测试结果分析

测试结果分析见表 2. 25。

表 2. 25　测试结果分析

分析事项	结论
分析晶闸管导通、关断的基本条件	
分析实训中出现的异常现象	

八、考核评价

班级	姓名		学号		组号	
操作项目	考核要求	分数配比	评分标准	自评	互评	老师评分
理论测试	能正确回答理论测试题，掌握实践过程中的基本理论	10	每错一处，扣2分			
仪器的使用	能正确使用万用表、函数信号发生器、直流电压表、交流毫伏表、示波器	10	不能正确使用或读数错误的，每处扣3分			
电路连接	能够按原理图正确连接测试电路	10	连接错误，每错一处扣2分			
电路测试	能够按要求用万用表测试晶闸管和单节晶体管、测试晶闸管工作条件、测试调光台灯工作波形、电压及可调电阻阻值	20	测试步骤或方法错误，每处扣3分			
测量记录	及时、正确地做好实训记录	10	不及时做记录，每次扣4分			
任务实施报告	及时、正确地做好测试数据的记录工作，按要求写好任务实施报告	15	不及时做记录，每次扣2分，任务实施报告不全面，每处扣2分			
结果分析	正确对测试数据进行分析	5	不能正确分析原因，每处扣2分			
安全文明操作	实训台干净整洁，遵守安全操作规程，符合管理要求	10	工作台脏乱，不遵守安全操作规程，不服从老师管理，酌情扣分			
团队合作	小组成员之间应互帮互助，分工合理	10	有成员未参与实践，每人扣5分			
合计						
学生建议：						
总评成绩 老师签名：						

延伸阅读

“能手”走俏，技能人才受热捧

习近平总书记在党的二十大报告中指出：必须坚持自信自立。

参加中华人民共和国第二届职业技能大赛智能制造工程技术赛项的选手冯伟是一位博士，也是重庆科技学院机械与动力工程学院的讲师。“比赛要运用数字孪生、大数据、深度学习等技术，对专业技术能力要求不低。”冯伟认为，当前，我国许多传统企业正朝着数字化方向转型，只有紧跟时代步伐将“金刚钻”紧握手中，才能在职场大显身手，成为企业不可或缺的人才。

技能型人才不断走俏，成了企业竞相追逐的“香饽饽”。作为中华人民共和国第二届职业技能大赛战略合作伙伴，中国石油天然气集团有限公司人力资源部人才工作处副处长胥勇在做好赛事支持和服务的同时，也把揽才的目光投向了赛场内的技能“达人”们。——新华社 2023 年 9 月 22 日

模块三

数字电子技术部分实训

模块导读

数字电子是电子技术的重要组成部分，通过本模块的学习，培养学生动手能力，提高学生分析问题和解决问题的能力。学生应学会常用数字集成电路逻辑功能的基本测试方法，具有查阅集成器件手册的能力；掌握基本数字逻辑电路的调试方法，具有波形分析及其主要参数的工程估算能力；具有设计、安装、调试组合逻辑电路和时序逻辑电路的能力；能正确处理实训数据，具有分析误差的初步能力。

任务一　基本门电路及常用复合逻辑门电路功能测试

一、任务描述

集成门电路是数字集成电路中最基本的单元电路。目前已有门类齐全的集成门电路，其中 3 种基本门电路分别为与门、或门、非门，常用复合逻辑门电路有与非门、或非门、异或门、同或门等，熟悉各种逻辑门的型号、引脚排列及逻辑功能十分必要。

二、任务目标

（1）熟悉基本逻辑门电路及几种常用复合逻辑门电路的外形、引脚排列特点。
（2）学会逻辑门电路的测试方法。
（3）进一步理解 3 种基本逻辑门电路及常用复合逻辑门电路的逻辑功能。
（4）培养学生安全、文明生产的意识。
（5）培养学生具备节约资源、认真负责的精神。

三、任务准备

1. 知识准备

1）知识预习要点

（1）预习3种基本门电路和几种常用复合逻辑门电路的逻辑功能。

（2）通过预习，熟记门电路的引脚排列。

2）在老师引导下完成测试

引导测试1：试画出3种基本门电路的逻辑符号，写出它们的表达式和逻辑功能，填入表3.1中。

表3.1 引导测试1

逻辑门名称	逻辑表达式	逻辑符号	逻辑功能
与门			
或门			
非门			

引导测试2：试画出常用复合逻辑门电路的逻辑符号，写出它们的表达式和逻辑功能，填入表3.2中。

表3.2　引导测试2

逻辑门名称	逻辑表达式	逻辑符号	逻辑功能
与非门			
或非门			
异或门			
同或门			

2. 实操准备

学生向老师领取任务，学习本任务操作注意事项，明确本任务的内容、进度要求及安全注意事项。

1）操作注意事项

（1）TTL门电路对电源电压的稳定性要求较严格，只允许在5 V上有±10%的波动。电源电压超过5.5 V易使器件损坏；低于4.5 V又易导致器件的逻辑功能不正常。CMOS门电路的电源电压允许在较大范围（3～18 V）内变化。

（2）接插集成块时，要认清定位标记，不得接反。在拔插集成块时，必须切断电源。

（3）集成门电路的输出端不能直接接电源或直接接地；否则将损坏器件。

（4）连接测试电路之前，应先检测导线是否导通。

2）安全注意事项

（1）学生分组实训前应认真检查本组仪器、设备及电子元器件状况，若发现缺损或有异常现象，应立即报告指导老师或实训室管理人员处理。

（2）实训中若有异常情况，应马上断开电源，检查线路，排除故障，经指导老师确认无误后方可重新送电。

（3）认真阅读任务实施步骤，按要求逐项逐步进行操作。不得私设实训内容，随意扩大实训范围（如乱拆元件、随意短接等）。

3. 仪器与器材准备

（1）电子技术实验实训台。

（2）74LS08、74LS32、74LS04、74LS00 芯片各一片。

（3）CC4011、CC4001、CC4070 芯片各一片。

四、任务分组

将任务分组填入表 3.3 中。

表 3.3　任务分组

班级		组号		指导老师	
组长		学号		任务分工	
组员		学号		任务分工	
组员		学号		任务分工	

五、任务实施

与门测试

1. 与门的测试

1）认识 2 输入四与门 74LS08

（1）观看 2 输入四与门 74LS08 外形，观察其有多少个引脚，引脚顺序应如何识读，见图 3.1。

（2）根据图 3.1 所示的 74LS08 引脚排列图，正确区分 4 个与门的输入、输出端。

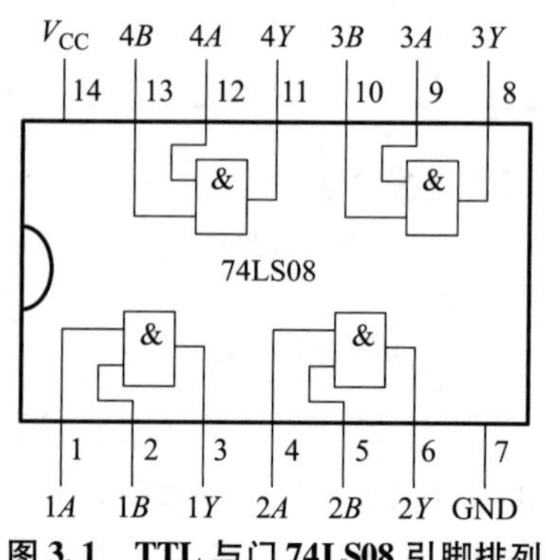

图 3.1　TTL 与门 74LS08 引脚排列

2）与门的测试

在实训台合适的位置选取一个 14 脚插座，按定位标记插好 74LS08 集成块。

电源电压为 +5 V。实训时只使用其中一个与门测试其逻辑功能。按图 3.2 所示接线，门电路的两个输入端接逻辑开关输出插口，以提供“0”与“1”电平信号，开关向上时输入为逻辑“1”，向下时为逻辑“0”。门电路的输出端接由 LED 发光二极管组成的逻辑电平显示器的显示插口，LED 亮为逻辑“1”，不亮为逻辑“0”。按表 3.4 步骤 1 中的真值表测试 74LS08 门电路的逻辑功能，并将每次输出端的测试结果记录在表中。

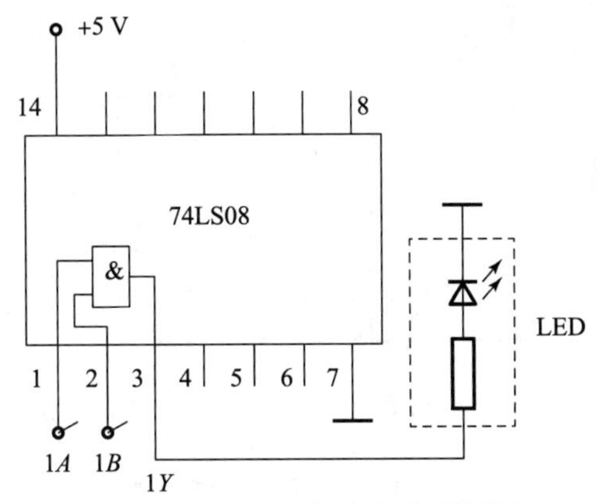

图 3.2　74LS08 逻辑功能测试接线图

74LS08 有两个输入端，共 4 种组合，在实际测试时，按输入信号分别为 00、01、10、11 的步骤测试，就可判断其逻辑功能是否正常。

2. 或门的测试

1）认识 2 输入四或门 74LS32

（1）观看 2 输入四或门 74LS32 外形，见图 3.3。观察其有多少个引脚，引脚顺序应如何识读。

（2）根据图 3.3 所示的 74LS32 引脚排列图，正确区分 4 个或门的输入、输出端。

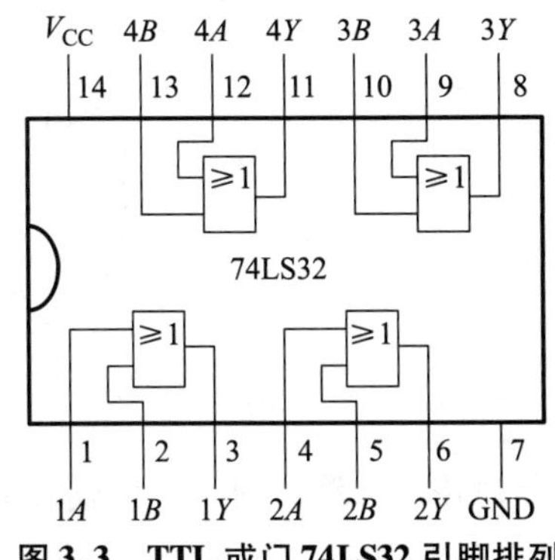

图 3.3　TTL 或门 74LS32 引脚排列

或门测试

2）或门的测试

在实训台合适的位置选取一个 14 脚插座，按定位标记插好 74LS32 集成块。

由图 3.1 和图 3.3 可知，74LS32 引脚排列与 74LS08 相同，其测试接线图和测试步骤与 74LS08 完全相同。将测试结果记录在表 3.4 步骤 2 中。

3. 非门的测试

非门测试

1）认识六非门 74LS04、CC4069

（1）观看六非门 74LS04、CC4069 外形，见图 3.4（a）和图 3.4（b）。观察其有多少个引脚，引脚顺序应如何识读。

（2）根据 74LS04、CC4069 引脚排列图，正确区分 6 个非门的输入、输出端。

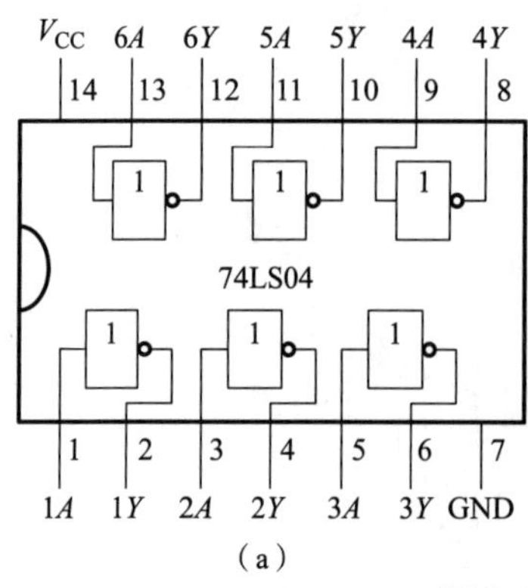

(a)

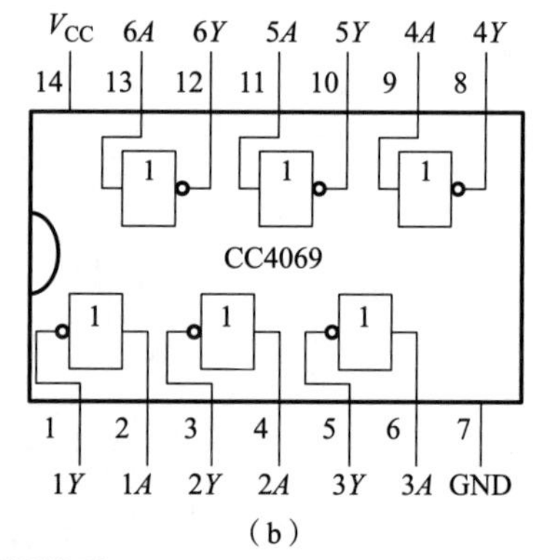

(b)

图 3.4　六非门引脚排列

(a) TTL 非门 74LS04 引脚排列；(b) CMOS 非门 CC4069 引脚排列

2）非门的测试

在实训台合适的位置选取一个 14 脚插座，按定位标记插好 74LS04（或 CC4069）集成块。74LS04（或 CC4069）逻辑功能测试接线图如图 3.5 所示。

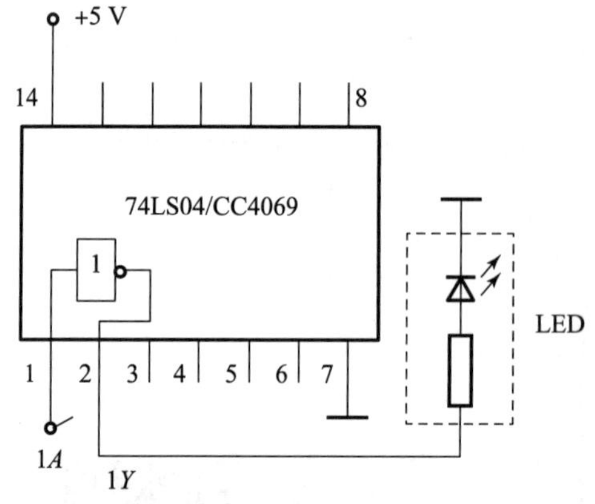

图 3.5　74LS04/CC4069 逻辑功能测试接线图

与非门测试

74LS04（或 CC4069）有一个输入端，共 2 种组合，在实际测试时，只要输入 0、1 进行检测，就可判断其逻辑功能是否正常。将测试结果记录在表 3.4 步骤 3 中。

注：74LS04 为 TTL 门电路，CC4069 为 CMOS 门电路，它们的逻辑功能相同。在本次测试过程中，74LS04 需用 +5 V 左右的电源，而 CC4069 电源电压允许在较大范围内变化，3 ~ 18 V 电压均可，一般取中间值为宜。

4. 与非门的测试

1）认识四 2 输入与非门 74LS00、CC4011

（1）观看四 2 输入与非门 74LS00、CC4011 外形，见图 3.6（a）和图 3.6（b）。观察它们有多少个引脚，引脚顺序如何识读。

（2）根据 74LS00、CC4011 引脚排列图，正确区分 4 个与非门的输入、输出端。

2）与非门的测试

在实训台合适的位置选取一个 14 脚插座，按定位标记插好 74LS00（CC4011）集成块。

74LS00 引脚排列与 74LS08 相同，其测试接线图和测试步骤与 74LS08 完全相同。将测

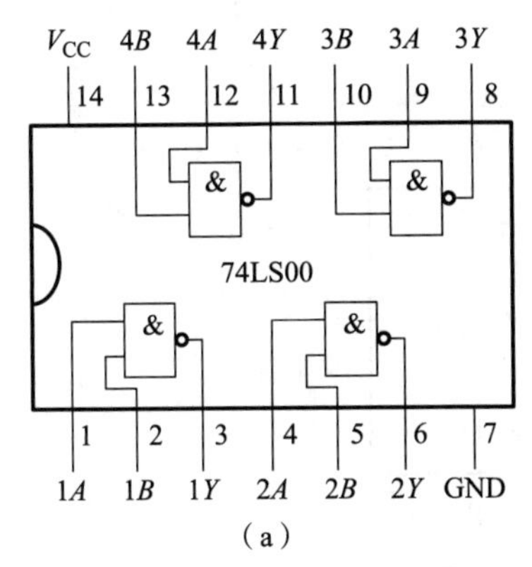

（a）

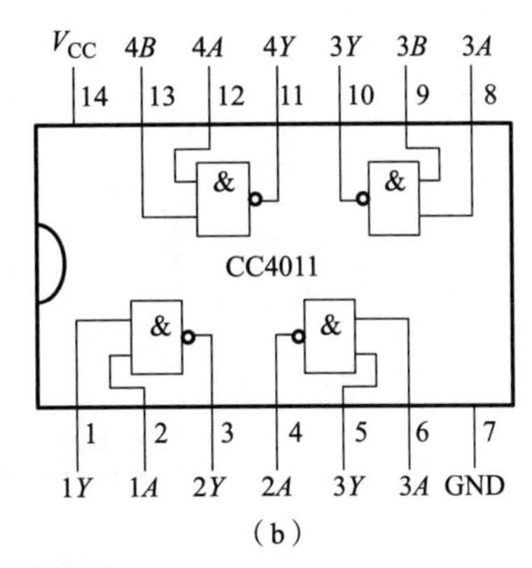

（b）

图 3.6　与非门引脚排列

（a）TTL 与非门 74LS00 引脚排列；（b）CMOS 与非门 CC4011 引脚排列

试结果记录在表 3.4 步骤 4 中。

注：74LS00 为 TTL 门电路，CC4011 为 CMOS 门电路，它们对电源电压的要求不同。此外，74LS00 和 CC4011 的引脚排列略有不同，测试时要特别注意。

5. 或非门的测试

1）认识四 2 输入或非门 CC4001

（1）观看四 2 输入或非门 CC4001 外形，见图 3.7。观察它有多少个引脚，引脚顺序如何识读。

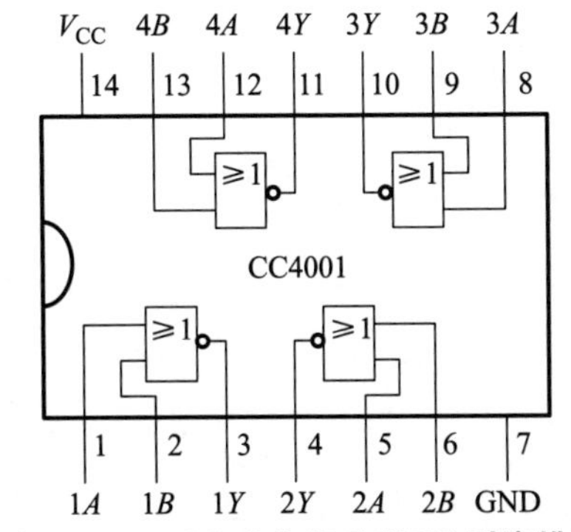

图 3.7　CMOS 或非门 CC4001 引脚排列

（2）根据 CC4001 引脚排列图，正确区分 4 个或非门的输入、输出端。

2）或非门的测试

在实训台合适的位置选取一个 14 脚插座，按定位标记插好 CC4001 集成块。CC4001 和 74LS08 的引脚排列略有不同，测试时要特别注意。根据 CC4001 的引脚排列接好测试电路后，按输入信号分别为 00、01、10、11 的步骤测试，并将每次测试结果记录在表 3.4 步骤 5 中。

6. 异或门的测试

1）认识四 2 输入异或门 CC4070

（1）观看四 2 输入异或门 CC4070 外形，见图 3.8。观察它有多少个引脚，引脚顺序如何识读。

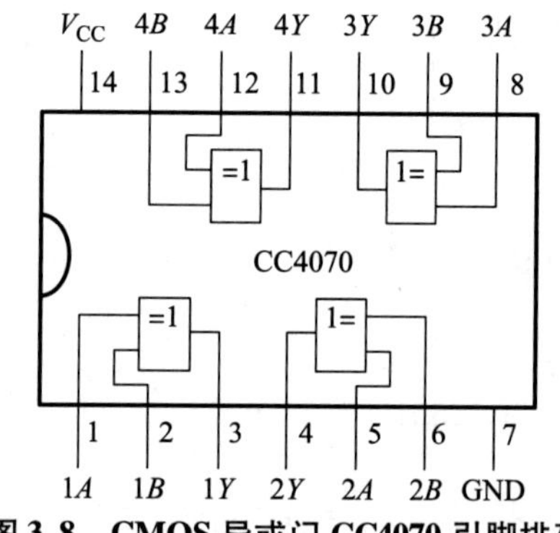

图 3.8　CMOS 异或门 CC4070 引脚排列

（2）根据 CC4070 引脚排列图，正确区分 4 个异或门的输入、输出端。

2）异或门的测试

在实训台合适的位置选取一个 14 脚插座，按定位标记插好 CC4070 集成块。CC4070 和 74LS08 的引脚排列略有不同，测试时要特别注意。根据 CC4070 的引脚排列接好测试电路后，按输入信号分别为 00、01、10、11 的步骤测试，并将每次测试结果记录在表 3.4 步骤 6 中。

六、任务实施报告

基本门电路及常用复合逻辑门电路功能测试任务实施报告见表3.4。

表3.4　基本门电路及常用复合逻辑门电路功能测试任务实施报告

班级：________　　姓名：________　　学号：________　　组号：________

步骤1：与门的测试

输入		输出	代入 $Y=A\cdot B$	是否符合与逻辑关系
A	B	Y		
0	0			
0	1			
1	0			
1	1			

步骤2：或门的测试

输入		输出	代入 $Y=A+B$	是否符合或逻辑关系
A	B	Y		
0	0			
0	1			
1	0			
1	1			

步骤3：非门的测试

输入	输出	代入 $Y=\overline{A}$	是否符合非逻辑关系
A	Y		
0			
1			

步骤4：与非门的测试

输入		输出	代入 $Y=\overline{AB}$	是否符合与非逻辑关系
A	B	Y		
0	0			
0	1			
1	0			
1	1			

续表

班级：________		姓名：________	学号：________	组号：________
步骤5：或非门的测试				
输入		输出	代入 $Y=\overline{A+B}$	是否符合或非逻辑关系
A	B	Y		
0	0			
0	1			
1	0			
1	1			
步骤6：异或门的测试				
输入		输出	代入 $Y=A\overline{B}+\overline{A}B$	是否符合异或逻辑关系
A	B	Y		
0	0			
0	1			
1	0			
1	1			

七、测试结果分析

测试结果分析见表3.5。

表3.5　测试结果分析

分析步骤	结论
步骤1	分析表3.4步骤1的输入、输出之间的逻辑关系，74LS08是________门，其逻辑功能可以概括为：________________________________
步骤2	分析表3.4步骤2的输入、输出之间的逻辑关系，74LS32是________门，其逻辑功能可以概括为：________________________________
步骤3	（1）74LS04、CC4069引脚排列________（完全相同/不同）。 （2）分析表3.4步骤3的输入、输出之间的逻辑关系，74LS04（或CC4069）是________门，其逻辑功能可以概括为：________________________________
步骤4	（1）74LS00、CC4011引脚排列________（完全相同/不同）。 （2）分析表3.4步骤4的输入、输出之间的逻辑关系，74LS00（或CC4011）是________门，其逻辑功能可以概括为：________________________________

续表

分析步骤	结论
步骤 5	分析表 3.4 步骤 5 的输入、输出之间的逻辑关系，CC4001 是________门，其逻辑功能可以概括为：________________________________。
步骤 6	分析表 3.4 步骤 6 的输入、输出之间的逻辑关系，CC4070 是________门，其逻辑功能可以概括为：________________________________

八、考核评价

<table>
<tr><td>班级</td><td></td><td>姓名</td><td></td><td>学号</td><td></td><td>组号</td><td colspan="2"></td></tr>
<tr><td>操作项目</td><td colspan="2">考核要求</td><td>分数配比</td><td colspan="2">评分标准</td><td>自评</td><td>互评</td><td>老师评分</td></tr>
<tr><td>理论测试</td><td colspan="2">能正确回答理论测试题，掌握实训过程中的基本理论</td><td>10</td><td colspan="2">每错一处，扣 2 分</td><td></td><td></td><td></td></tr>
<tr><td>仪器的使用</td><td colspan="2">能正确使用 ±5 V 直流稳压电源、逻辑电平开关、逻辑电平显示器</td><td>10</td><td colspan="2">不能正确使用的，每次扣 2 分</td><td></td><td></td><td></td></tr>
<tr><td>电路装接</td><td colspan="2">能够按门电路的引脚排列接线</td><td>20</td><td colspan="2">电路连接错误，每处扣 4 分</td><td></td><td></td><td></td></tr>
<tr><td>电路测试</td><td colspan="2">能按步骤要求，使用仪器仪表测试电路</td><td>20</td><td colspan="2">不能按步骤要求使用仪器仪表测试电路，每次扣 4 分</td><td></td><td></td><td></td></tr>
<tr><td>任务实施报告</td><td colspan="2">及时、正确地做好测试数据的记录工作，按要求写好任务实施报告</td><td>10</td><td colspan="2">不及时做记录，每次扣 2 分，任务实施报告不全面，每处扣 2 分</td><td></td><td></td><td></td></tr>
<tr><td>结果分析</td><td colspan="2">正确对测试数据进行分析</td><td>10</td><td colspan="2">不能正确分析测试数据，每处扣 2 分</td><td></td><td></td><td></td></tr>
<tr><td>安全文明操作</td><td colspan="2">实训台干净整洁，遵守安全操作规程，符合管理要求</td><td>10</td><td colspan="2">工作台脏乱，不遵守安全操作规程，不服从老师管理，酌情扣 5 ~ 10 分</td><td></td><td></td><td></td></tr>
<tr><td>节约资源、认真负责</td><td colspan="2">实训过程节约资源，按时按质完成任务</td><td>10</td><td colspan="2">浪费资源、不积极参与实训活动，错误较多，酌情扣 5 ~ 10 分</td><td></td><td></td><td></td></tr>
<tr><td colspan="6">合计</td><td></td><td></td><td></td></tr>
<tr><td colspan="9">学生建议：</td></tr>
<tr><td colspan="9">总评成绩

老师签名：</td></tr>
</table>

延伸阅读

扣好人生的第一粒扣子

习近平总书记在2018年9月10日全国教育大会上指出："家庭是人生的第一所学校，家长是孩子的第一任老师，要给孩子讲好'人生第一课'，帮助扣好人生第一粒扣子。"青年的价值取向决定了未来整个社会的价值取向，而青年又处在价值观形成和确立的时期，抓好这一时期的价值观养成十分重要。这就像穿衣服扣扣子一样，如果第一粒扣子扣错了，剩余的扣子都会扣错。人生的扣子从一开始就要扣好。

任务二　用门电路制作简单逻辑电路

一、任务描述

在数字电路中，经常使用的逻辑函数表示方法有真值表、逻辑函数表达式、逻辑图、卡诺图及时序图等5种，各种表示方法之间可以相互转换。本任务要求应用相关知识，采用集成门电路搭建简单逻辑电路，并验证其正确性。

二、任务目标

（1）知道逻辑函数的几种表示方法，学会它们之间的相互转换。
（2）学会逻辑函数表达式各种形式的变换方法。
（3）会用常用逻辑门电路装接简单的逻辑电路。
（4）培养学生安全、文明生产的意识。
（5）培养学生团队合作能力和工作认真细心的工匠精神。

三、任务准备

1. 知识准备

1）知识预习要点

（1）预习教材中逻辑函数各表示方法相互转换的相关内容，掌握逻辑函数表达式各种形式的变换方法。

（2）预习逻辑代数基本公式。

（3）熟悉74LS00、74LS20的引脚排列和逻辑功能。

2）在老师引导下完成测试

引导测试1：根据逻辑函数 $F=\overline{\overline{A}\,\overline{B}\,\overline{C}}$ 画出相应的逻辑电路图。

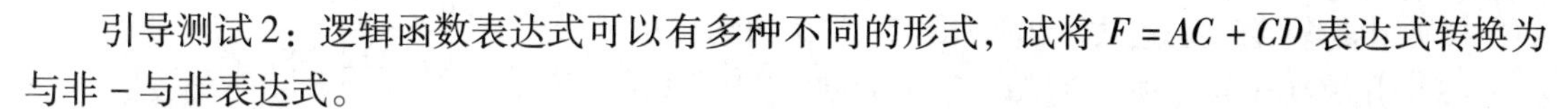

引导测试2：逻辑函数表达式可以有多种不同的形式，试将 $F=AC+\overline{C}D$ 表达式转换为与非－与非表达式。

2. 实操准备

学生向老师领取任务，学习本任务操作注意事项，明确本任务的内容、进度要求及安全注意事项。

1）操作注意事项

（1）禁止带电接线。

（2）开始接线时，需要先检测导线内部是否导通；插拔连线时，要抓住导线的插头。

（3）装接电路前务必要看清芯片型号。

（4）接插电路时要认真检查，不要有短路和漏接，尤其要注意电源线和地线不要漏接。

2）安全注意事项

（1）学生分组实训前应认真检查本组仪器、设备及电子元器件状况，若发现缺损或有异常现象，应立即报告指导老师或实训室管理人员处理。

（2）实训中若有异常情况，应马上断开电源，检查线路，排除故障，经指导老师确认无误后方可重新送电。

（3）实训结束后，必须对所使用的仪器及器材进行检查，如有问题应及时报告管理员，并关闭电源，方能离开。

3. 仪器与器材准备

（1）电子技术实验实训台。

（2）74LS00、74LS20 各一片。

四、任务分组

将任务分组填入表3.6中。

表3.6　任务分组

班级		组号		指导老师	
组长		学号		任务分工	
组员		学号		任务分工	
组员		学号		任务分工	

五、任务实施

1. 用四2输入与非门74LS00实现与或式 $Y=AB+CD$

（1）根据逻辑代数基本定律进行恒等变换，将 Y 的表达式变换为与非－与非表达式：

$$Y=\overline{\overline{AB}\cdot\overline{CD}}$$

（2）由逻辑函数表达式画出逻辑电路图，如图3.9所示。

（3）用74LS00实现该逻辑图，74LS00引脚排列如图3.10所示。具体接线如图3.11所示。

（4）按照表3.7步骤1中的顺序输入信号，将测试结果填入表中，并验证其正确性。

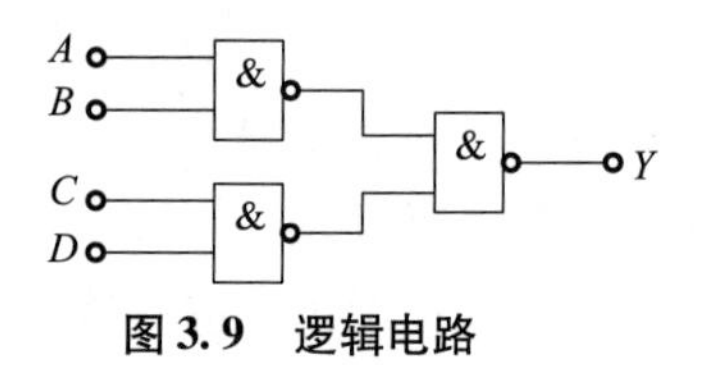

图3.9　逻辑电路

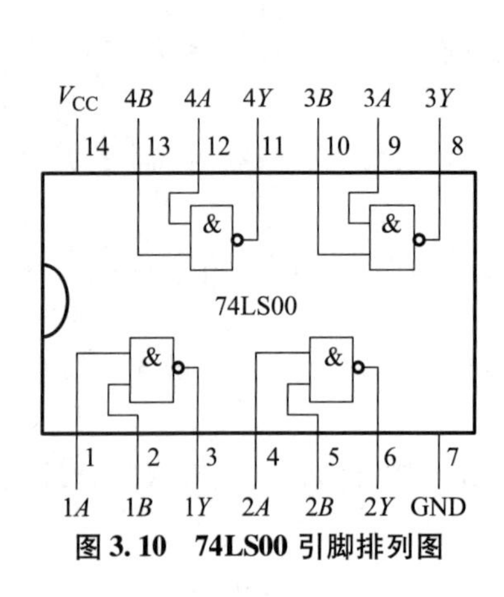

图3.10　74LS00引脚排列图

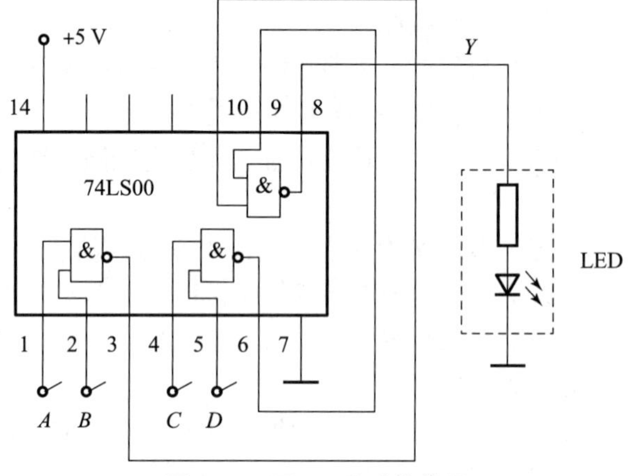

图3.11　图3.9电路接线图

2. 用二4输入与非门74LS20实现四输入与式 $Y=ABCD$

（1）根据逻辑代数基本定律进行恒等变换，将 Y 的表达式变换为与非－与非表达式：

$$Y=\overline{\overline{ABCD}}$$

（2）由逻辑表达式画出逻辑电路图如图3.12所示。

（3）用74LS20实现该逻辑图，74LS20引脚排列如图3.13所示。具体接线如图3.14所示。

（4）按照表3.7步骤2中的顺序输入信号，将测试结果填入表格中，并验证其正确性。

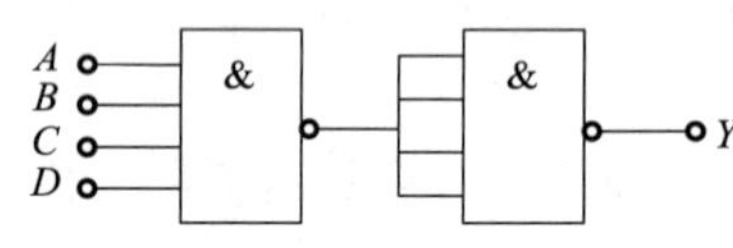

图3.12　逻辑电路图

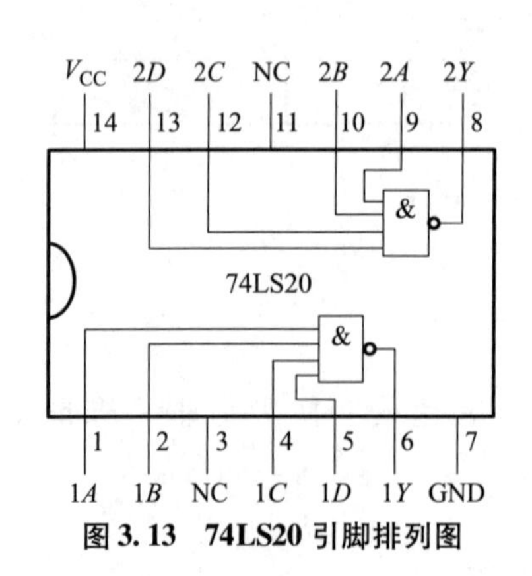

图3.13　74LS20引脚排列图

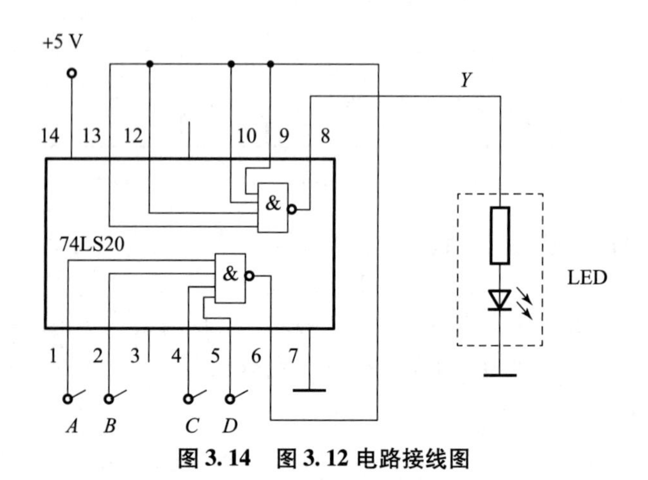

图3.14　图3.12电路接线图

六、任务实施报告

用门电路制作简单逻辑电路任务实施报告见表3.7。

表3.7　用门电路制作简单逻辑电路任务实施报告

班级：__________	姓名：__________	学号：__________	组号：__________		
步骤1：用四2输入与非门74LS00实现与或式 $Y=AB+CD$					
输入				输出	是否符合 $Y=AB+CD$ 的运算结果
A	B	C	D	Y	
0	0	0	0		
0	0	0	1		
0	0	1	0		
0	0	1	1		
0	1	0	0		
0	1	0	1		
0	1	1	0		
0	1	1	1		
1	0	0	0		
1	0	0	1		
1	0	1	0		
1	0	1	1		
1	1	0	0		
1	1	0	1		
1	1	1	0		
1	1	1	1		

续表

班级：________		姓名：________		学号：________	组号：________
步骤 2：用二 4 输入与非门 74LS20 实现四输入与式 $Y = ABCD$					
输入				输出	是否符合 $Y = ABCD$ 的运算结果
A	B	C	D	Y	
0	0	0	0		
0	0	0	1		
0	0	1	0		
0	0	1	1		
0	1	0	0		
0	1	0	1		
0	1	1	0		
0	1	1	1		
1	0	0	0		
1	0	0	1		
1	0	1	0		
1	0	1	1		
1	1	0	0		
1	1	0	1		
1	1	1	0		
1	1	1	1		

七、测试结果分析

测试结果分析见表 3.8。

表 3.8　测试结果分析

分析事项	结论
根据测试结果，整理真值表，并与相应的逻辑关系进行比较	
在实训中所遇到的故障和问题以及解决方法	
TTL 门电路闲置输入端应怎样处理？	

八、考核评价

班级		姓名		学号		组号		
操作项目	考核要求		分数配比	评分标准		自评	互评	老师评分
理论测试	能正确回答理论测试题，掌握实训过程中的基本理论		10	每错一处，扣 2 分				
仪器的使用	能正确使用 ±5 V 直流稳压电源、逻辑电平开关、逻辑电平显示器		10	不能正确使用的，每次扣 2 分				
电路装接	能够按逻辑电路图装接电路		20	电路连接错误，每处扣 4 分				
电路测试	能按步骤要求，使用仪器仪表测试电路		20	不能按步骤要求使用仪器仪表测试电路，每次扣 4 分				
任务实施报告	及时、正确地做好测试数据的记录工作，按要求写好任务实施报告		10	不及时做记录，每次扣 2 分，任务实施报告不全面，每处扣 2 分				
结果分析	正确对测试数据进行分析		10	不能正确分析测试数据及原因，每处扣 2 分				
安全文明操作	实训台干净整洁，遵守安全操作规程，符合管理要求		10	工作台脏乱，不遵守安全操作规程，不服从老师管理，酌情扣 5 ~ 10 分				
团队合作、认真细心	实训过程有团队合作精神，按时按质完成任务		10	不积极参与实训活动，错误较多，酌情扣 5 ~ 10 分				
合计								
学生建议：								
总评成绩 老师签名：								

延伸阅读

提升“小我”，成就“大我”

做好逻辑电路的基本单元，成就电路目标功能。中建钢构有限公司高级技师、全国劳动模范、全国五一劳动奖章获得者梁飞，从一名普通农家子弟成长为大国工匠，就是主动将“小我”融入国家的“大我”中，自觉发扬历史主动精神，将劳动精神、劳模精神、工匠精神内化于心、外化于行，为建设繁荣富强的祖国添砖加瓦。

任务三　组合逻辑电路的装接与测试

一、任务描述

使用中、小规模集成电路制作组合逻辑电路，要求如下。

（1）制作一个简易多数表决器，供3人（A、B、C）表决使用。每人有一电键，如果他赞成，就按电键，表示“1”；如果不赞成，不按电键，表示“0”。表决结果用指示灯来显示，如果多数人赞成，则指示灯亮，$F=1$；反之则不亮，$F=0$。

（2）制作一个3地控制一灯电路，其逻辑功能为：在A、B、C这3地的各控制开关都能独立地对一组灯进行控制。

二、任务目标

（1）学会使用常见的集成逻辑门电路装接组合逻辑电路，并能对电路进行调试。

（2）验证3人多数表决电路、3地控制一灯电路的逻辑功能。

（3）培养学生安全、文明生产的意识。

（4）培养学生团队合作能力和工作耐心细致的工匠精神。

三、任务准备

1. 知识准备

1）知识预习要点

（1）根据实训任务要求及所给的芯片，用比较简单的方法设计组合电路，并画出逻辑电路图。

（2）熟悉集成芯片74LS08、74LS32和CC4070的引脚排列及逻辑功能。

2）在老师引导下完成测试

引导测试1：试着写出组合逻辑电路设计的一般步骤。

____。

引导测试2：说一说芯片 CC4070 的逻辑功能。

____。

2. 实操准备

学生向老师领取任务，学习本任务操作注意事项，明确本任务的内容、进度要求及安全注意事项。

1）操作注意事项

（1）实训中要求所有集成门电路必须同时接电源和地，极性绝对不允许接反。

（2）接插集成块时要认清定位标志，不得插反。

（3）输出端不允许直接接地或直接接电源；否则将损坏器件。

2）安全注意事项

（1）搭接电路前，应对仪器设备进行必要的检查校准，对所用元器件进行检测，并对集成芯片进行功能测试。

（2）在实训台上搭接电路时，应遵循正确的布线原则和操作步骤（即要先接线、后通电；做完后，先断电、再拆线的步骤）。

（3）在实训台上接插或连接导线时要非常细心。接插时，应小心地插入，以保证插脚与插座间接触良好。实训结束时，应转动并轻轻拔下连接导线，切不可用力太猛。

3. 仪器与器材准备

（1）电子技术实验实训台。

（2）74LS08、74LS32、CC4070 各一片，导线若干。

四、任务分组

将任务分组填入表 3.9 中。

表 3.9 任务分组

班级		组号		指导老师	
组长		学号		任务分工	
组员		学号		任务分工	
组员		学号		任务分工	

五、任务实施

三人多数表决电路的装接与调试

1. 3 人多数表决电路的装接与调试

1）电路设计

（1）3 人多数表决器的逻辑状态分析。

由题意列出真值表，见表 3.10。

表 3.10　真值表

A	B	C	F
0	0	0	0
0	0	1	0
0	1	0	0
0	1	1	1
1	0	0	0
1	0	1	1
1	1	0	1
1	1	1	1

（2）由真值表写出逻辑函数表达式：

$$F = AB\overline{C} + A\overline{B}C + \overline{A}BC + ABC$$

（3）变换和化简逻辑函数表达式：

$$F = AB\overline{C} + A\overline{B}C + \overline{A}BC + ABC = AB(\overline{C} + C) + BC(\overline{A} + A) + CA(\overline{B} + B) = AB + BC + CA$$
$$= AB + C(A + B)$$

（4）由逻辑函数表达式画出逻辑图。逻辑图见图 3.15。

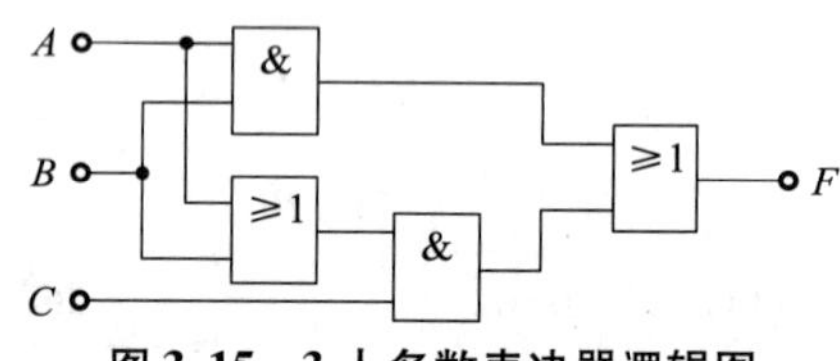

图 3.15　3 人多数表决器逻辑图

2）电路装接与调试

在实训装置适当位置选定两个 14 脚插座，按照集成块定位标记插好集成块 74LS08 和 74LS32。

按图 3.15 所示接线，输入端 A、B、C 接至逻辑开关输出插口，输出端 F 接逻辑电平显示输入插口，按真值表（自拟）要求逐次改变输入变量，测量相应的输出值，将测量结果填入表 3.12 步骤 1 自拟的表格中。验证逻辑功能，与表 3.10 进行比较，验证所装接的逻辑电路是否符合要求。

2. 3 地控制一灯电路的装接与调试

1）电路设计

（1）3 地控制一灯电路的逻辑状态分析。

由题意列出真值表，见表 3.11。

表 3.11　真值表

A	B	C	F
0	0	0	0
0	0	1	1
0	1	0	1
0	1	1	0
1	0	0	1
1	0	1	0
1	1	0	0
1	1	1	1

（2）由真值表写出逻辑函数表达式：

$$F=\bar{A}\,\bar{B}C+\bar{A}B\,\bar{C}+A\,\bar{B}\,\bar{C}+ABC$$

（3）变换和化简逻辑函数表达式：

$$F=\bar{A}\,\bar{B}C+\bar{A}B\,\bar{C}+A\,\bar{B}\,\bar{C}+ABC=\bar{A}(\bar{B}C+B\bar{C})+A(\bar{B}\,\bar{C}+BC)=\bar{A}(B\oplus C)+A(\overline{B\oplus C})$$

（4）由逻辑函数表达式画出逻辑图。逻辑图见图 3.16。

2）电路装接与调试

在实训装置适当位置选定一个 14 脚插座，按照集成块定位标记插好集成块 CC4070。

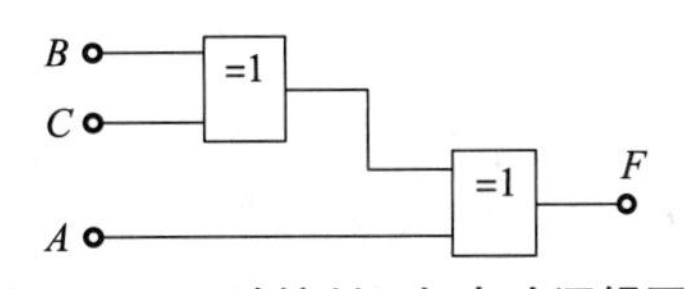

图 3.16　3 地控制一灯电路逻辑图

按图 3.16 所示接线，输入端 A、B、C 接至逻辑开关输出插口，输出端 F 接逻辑电平显示输入插口，按真值表（自拟）要求，逐次改变输入变量，测量相应的输出值，将测量结果填入表 3.12 步骤 2 自拟的表格中。验证逻辑功能，与表 3.11 进行比较，验证所装接的逻辑电路是否符合要求。

六、任务实施报告

组合逻辑电路的装接与测试任务实施报告见表 3. 12。

表 3. 12　组合逻辑电路的装接与测试任务实施报告

班级：________	姓名：________	学号：________	组号：________
步骤 1：3 人多数表决电路的装接与调试			
步骤 2：3 地控制一灯电路的装接与调试			

七、测试结果分析

测试结果分析见表 3. 13。

表 3. 13 测试结果分析

分析事项	结论
将步骤 1 测试结果与表 3. 10 进行比较，验证所装接的逻辑电路是否符合要求	
将步骤 2 测试结果与表 3. 11 进行比较，验证所装接的逻辑电路是否符合要求	

八、考核评价

班级	姓名		学号		组号	
操作项目	考核要求	分数配比	评分标准	自评	互评	老师评分
理论测试	能正确回答理论测试题，掌握实训过程中的基本理论	10	每错一处，扣2分			
仪器的使用	能正确使用直流稳压电源、逻辑电平开关、逻辑电平显示器	10	不能正确使用实训台、仪器仪表，每次扣2分			
电路装接	能够按逻辑电路图装接电路	20	电路连接错误，每处扣4分			
电路测试	能按步骤要求，使用仪器仪表测试电路	20	不能按步骤要求使用仪器仪表测试电路，每次扣4分			
任务实施报告	及时、正确地做好测试数据的记录工作，按要求写好任务实施报告	10	不及时做记录，每次扣2分，任务实施报告不全面，每处扣2分			
结果分析	正确对测试数据进行分析	10	不能正确分析测试结果，每处扣2分			
安全文明操作	实训台干净整洁，遵守安全操作规程，符合管理要求	10	工作台脏乱，不遵守安全操作规程，不服从老师管理，酌情扣5～10分			
团队合作、耐心细致	实训过程有团队合作精神，按时按质完成任务	10	不积极参与实训活动，错误较多，酌情扣5～10分			
合计						
学生建议：						
总评成绩 老师签名：						

延伸阅读

团队合作，保家卫国

唐玄宗时期，郭子仪和李光弼曾同为朔方节度使安思顺的部将，两人素有矛盾，互不来往。后来安史之乱爆发，郭子仪升任朔方节度使统兵御敌，李光弼害怕被郭子仪利用权力伺机谋害他，就硬着头皮对郭子仪说："我过去得罪您，是我不好，今后不管你如何处置我，我都无怨无悔，只求高抬贵手放过我的妻儿老小……"郭子仪听完后说："当今国难当头，百姓遭殃，正是需要我们同心协力平定叛乱的时候，我怎么会计较个人恩怨呢?"从此，郭李二人团结一致，共同平息了安史之乱。

任务四　译码器及其应用（Ⅰ）

一、任务描述

译码器的作用就是将某种代码的原意"翻译"出来，按其功能可分为通用译码器和显示译码器，74LS138 是比较常用的通用译码器。本任务要求对 3 线 –8 线译码器 74LS138 进行测试，并用 74LS138 实现一定功能的逻辑电路。

二、任务目标

（1）熟悉常见集成 3 线 –8 线译码器 74LS138 的逻辑功能及引脚排列。
（2）能正确使用仪器、仪表对集成 3 线 –8 线译码器 74LS138 的逻辑功能进行测试。
（3）知道集成 3 线 –8 线译码器 74LS138 的功能扩展及应用。
（4）培养学生安全、文明生产的意识；
（5）培养学生团队合作能力和工作耐心细致的工匠精神。

三、任务准备

1. 知识准备

1）知识预习要点
（1）熟悉 3 线 –8 线译码器 74LS138 的引脚排列及逻辑功能。
（2）预习 3 线 –8 线译码器 74LS138 逻辑功能扩展的相关知识。
2）在老师引导下完成测试
引导测试 1：图 3. 17 所示为 74LS138 的引脚排列及逻辑符号。请问 74LS138 正常工作时，控制端应满足什么条件?

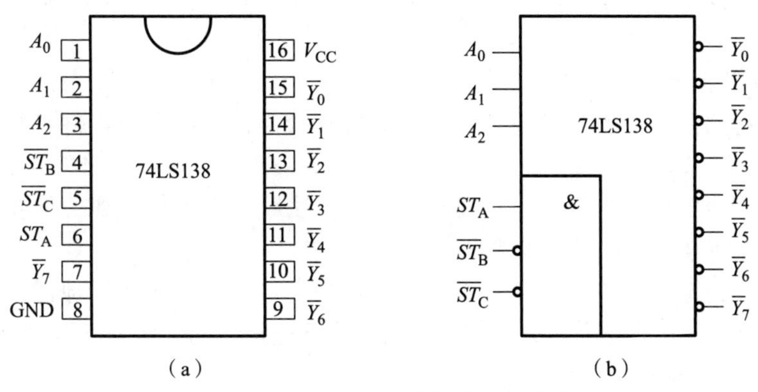

图 3.17　集成 3 线 -8 线译码器引脚排列及逻辑符号

引导测试 2：通过预习教材知识点可知，当 3 线 -8 线译码器 74LS138 正常译码且输入信号 $A_2A_1A_0$ 分别为 000 ~ 111 时，其输出端输出相应信号。请同学们根据 74LS138 的逻辑功能，试着完成表 3.14。

表 3.14　引导测试 2

输入			输出							
A_2	A_1	A_0	$\overline{Y}_0$	$\overline{Y}_1$	$\overline{Y}_2$	$\overline{Y}_3$	$\overline{Y}_4$	$\overline{Y}_5$	$\overline{Y}_6$	$\overline{Y}_7$
0	0	0								
0	0	1								
0	1	0								
0	1	1								
1	0	0								
1	0	1								
1	1	0								
1	1	1								

引导测试 3：预习教材知识点，试列出当 74LS138 正常译码时各输出端的表达式。

____

____

____。

2. 实操准备

学生向老师领取任务，学习本任务操作注意事项，明确本任务的内容、进度要求及安全注意事项。

1）操作注意事项

（1）集成芯片 74LS138 输出端的有效电平为低电平，即当输入二进制信号时，其相应的输出端将输出低电平信号。

（2）注意集成芯片 74LS138 各个使能端的有效电平及其应用。

（3）实训中要求所有集成门电路必须同时接电源（使用 +5V 电源）和地，极性绝对不允许接反。

2）安全注意事项

（1）搭接电路前应对仪器设备进行必要的检查校准，对所用元器件进行检测，并对集成芯片进行功能测试。

（2）在实训台上搭接电路时，应遵循正确的布线原则和操作步骤（即要先接线、后通电；做完后，先断电、再拆线的步骤）。

（3）在实训台上接插或连接导线时要非常细心。接插时，应小心地插入，以保证插脚与插座间接触良好。实训结束时，应转动并轻轻拔下连接导线，切不可用力太猛。

3. 仪器与器材准备

（1）电子技术实验实训台。

（2）74LS138 两片、74LS20 一片。

四、任务分组

将任务分组填入表 3.15 中。

表 3.15　任务分组

班级		组号		指导老师	
组长		学号		任务分工	
组员		学号		任务分工	
组员		学号		任务分工	

五、任务实施

集成 3 线 -8 线译码器 74LS138 的功能测试

1. 集成 3 线 -8 线译码器 74LS138 的功能测试

3 线 -8 线译码器 74LS138 引脚排列如图 3.17（a）所示。

（1）按图 3.17（a）所示接好电路（注意：16 脚接 +5 V，8 脚接地）。

（2）检查接线无误后，打开电源。

（3）将 ST_A 接低电平，任意改变其他输入端状态，观察 $\overline{Y}_0 \sim \overline{Y}_7$ 输出端状态的变化情况，并将观察结果记入表 3.16 中。

（4）将 $\overline{ST}_B$、$\overline{ST}_C$ 中的任意一个接高电平（即令 $\overline{ST}_B + \overline{ST}_C = 1$），任意改变其他输入端状态，观察 $\overline{Y}_0 \sim \overline{Y}_7$ 输出端状态的变化情况，并将观察结果记入表 3.16 中。

（5）将 ST_A 接高电平，$\overline{ST}_B$ 和 $\overline{ST}_C$ 同时接低电平（即令 $\overline{ST}_B + \overline{ST}_C = 0$），改变输入端 A_2、A_1、A_0 的状态，观察 $\overline{Y}_0 \sim \overline{Y}_7$ 输出端状态的变化情况，并将观察结果记入表 3.16 步骤 1 中。

2. 用两片 74LS138 装接 4 线 -16 线译码器

图 3.18 所示电路即为用两片 74LS138 构成的 4 线 -16 线译码器。

（1）按图 3.18 所示接好测试电路。

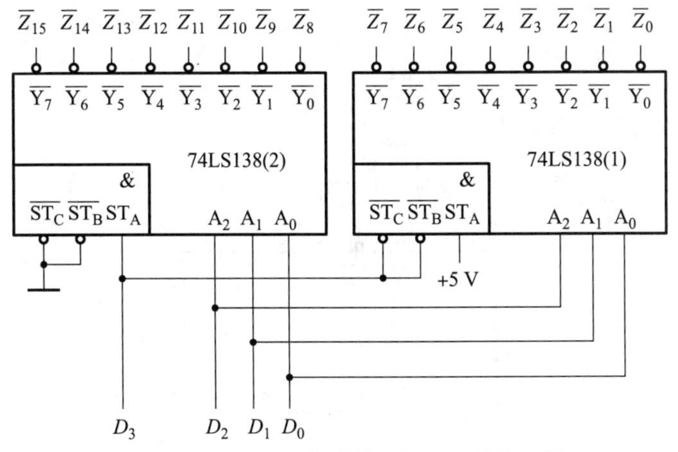

图 3.18　74LS138 构成的 4 线 - 16 线译码器

（2）检查接线无误后，打开电源。

（3）D_3 接低电平，改变输入端 $D_2 \sim D_0$ 的状态，观察输出端 $\overline{Z}_0 \sim \overline{Z}_{15}$状态的变化情况。

（4）D_3 接高电平，改变输入端 $D_2 \sim D_0$ 的状态，观察输出端 $\overline{Z}_0 \sim \overline{Z}_{15}$状态的变化情况。

（5）根据测试结果列出真值表（自拟），记入表 3.16 步骤 2 中。

3. 用 74LS138 装接 3 人多数表决电路

1）电路设计

根据教材讲解，知道 3 人多数表决电路的逻辑函数表达式为：

$$Y = AB + BC + AC$$

（1）设函数的自变量与译码器的输入变量之间的相应关系为：

$$A = A_2,\ B = A_1,\ C = A_0$$

（2）将函数化为译码器输入变量的最小项表达式为：

$$\begin{aligned} Y &= AB + BC + AC \\ &= AB(C + \overline{C}) + BC(A + \overline{A}) + AC(B + \overline{B}) \\ &= ABC + AB\overline{C} + A\overline{B}C + \overline{A}BC \\ &= A_2A_1A_0 + A_2A_1\overline{A}_0 + A_2\overline{A}_1A_0 + \overline{A}_2A_1A_0 \end{aligned}$$

(3)用译码器的输出表示函数。

74LS138 译码器当 $ST_A = 1, \overline{ST}_B = \overline{ST}_C = 0$ 时：

$$\overline{Y}_3 = \overline{\overline{A}_2A_1A_0},\ \overline{Y}_5 = \overline{A_2\overline{A}_1A_0},\ \overline{Y}_6 = \overline{A_2A_1\overline{A}_0},\ \overline{Y}_7 = \overline{A_2A_1A_0}$$

所以可用外接与非门实现之，即

$$Y = Y_7 + Y_6 + Y_5 + Y_3 = \overline{\overline{Y}_7\,\overline{Y}_6\,\overline{Y}_5\,\overline{Y}_3}$$

可用一片 74LS138 构成 3 人多数表决电路，如图 3.19 所示。

2）电路装接调试

（1）按图 3.19 所示接好测试电路。

（2）检查接线无误后，打开电源。

（3）按真值表（自拟）要求，逐次改变输入变量，测量相应的输出值。

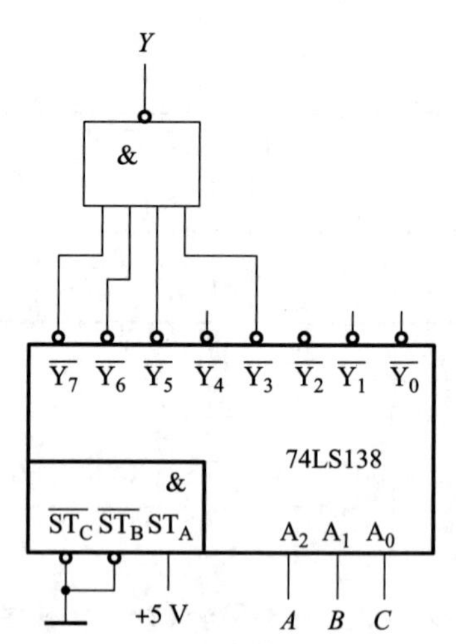

图 3.19　用 74LS138 及门电路组成 3 人多数表决电路

3）得出结果

将观察结果（真值表）记入表 3.16 步骤 3 中，验证逻辑功能是否实现。

六、任务实施报告

译码器及其应用（Ⅰ）任务实施报告见表 3.16。

表 3.16　译码器及其应用（Ⅰ）任务实施报告

班级：________	姓名：________	学号：________	组号：________
步骤 1：集成 3 线 – 8 线译码器 74LS138 的功能测试			

输入					输出							
ST_A	$\overline{ST_B}+\overline{ST_C}$	A_2	A_1	A_2	$\overline{Y_0}$	$\overline{Y_1}$	$\overline{Y_2}$	$\overline{Y_3}$	$\overline{Y_4}$	$\overline{Y_5}$	$\overline{Y_6}$	$\overline{Y_7}$
0	×	×	×	×								
×	1	×	×	×								
1	0	0	0	0								
1	0	0	0	1								
1	0	0	1	0								
1	0	0	1	1								
1	0	1	0	0								
1	0	1	0	1								
1	0	1	1	0								
1	0	1	1	1								

步骤 2：用两片 74LS138 装接 4 线 – 16 线译码器

步骤 3：用 74LS138 装接 3 人多数表决电路

七、测试结果分析

测试结果分析见表3.17。

表3.17 测试结果分析

分析步骤	结论
步骤1	(1) 当 $ST_A=0$ 时，输出 $\overline{Y}_0\sim\overline{Y}_7$ 的状态为全________（0、1），电路________（工作、不工作）。 (2) 当 $\overline{ST}_B+\overline{ST}_C=1$ 时，输出 $\overline{Y}_0\sim\overline{Y}_7$ 的状态为全________（0、1），电路________（工作、不工作）。 (3) 要保证74LS138正常工作，实现较少的输入信号控制较多输出的功能，需要同时满足 $ST_A=$________、$\overline{ST}_B=$________、$\overline{ST}_C=$________的条件。当它正常工作时，3个输入端 A_2、A_1、A_0 上可以组合产生________种不同代码，74LS138将每一种输入代码译成 $\overline{Y}_0\sim\overline{Y}_7$ 中对应输出端上的________（低、高）电平信号，因此可称其输出为“________（低、高）电平有效”，与该输出端相连的发光二极管（点亮、熄灭）
步骤2	(1) 当 $D_3=0$ 时，第________（1、2）片74LS138工作，而第________（1、2）片74LS138被禁止，输入端 $D_3D_2D_1D_0$ 上的0000~0111这8个代码被译成了________（$\overline{Z}_0\sim\overline{Z}_7$、$\overline{Z}_8\sim\overline{Z}_{15}$）中对应端上的低电平信号，而________（$\overline{Z}_0\sim\overline{Z}_7$、$\overline{Z}_8\sim\overline{Z}_{15}$）上的输出为全1。 (2) 当 $D_3=1$ 时，第________（1、2）片74LS138工作，而第________（1、2）片74LS138被禁止，输入端 $D_3D_2D_1D_0$ 上的1000~1111这8个代码被译成了________（$\overline{Z}_0\sim\overline{Z}_7$、$\overline{Z}_8\sim\overline{Z}_{15}$）中对应端上的低电平信号，而________（$\overline{Z}_0\sim\overline{Z}_7$、$\overline{Z}_8\sim\overline{Z}_{15}$）上的输出为全1。 这样，就把两片3线-8线译码器通过3个“使能”输入端扩展成一个________译码器

八、考核评价

<table>
<tr><td>班级</td><td></td><td>姓名</td><td></td><td>学号</td><td></td><td>组号</td><td colspan="2"></td></tr>
<tr><td>操作项目</td><td colspan="2">考核要求</td><td>分数配比</td><td colspan="2">评分标准</td><td>自评</td><td>互评</td><td>老师评分</td></tr>
<tr><td>理论测试</td><td colspan="2">能正确回答理论测试题，掌握实训过程中的基本理论</td><td>10</td><td colspan="2">每错一处，扣 2 分</td><td></td><td></td><td></td></tr>
<tr><td>仪器的使用</td><td colspan="2">能正确使用 ±5 V 直流稳压电源、逻辑电平开关、逻辑电平显示器</td><td>10</td><td colspan="2">不能正确使用的，每次扣 5 分</td><td></td><td></td><td></td></tr>
<tr><td>电路装接</td><td colspan="2">能够按逻辑电路图装接电路</td><td>20</td><td colspan="2">电路连接错误，每处扣 4 分</td><td></td><td></td><td></td></tr>
<tr><td>电路测试</td><td colspan="2">能按步骤要求，使用仪器仪表测试电路</td><td>20</td><td colspan="2">不能按步骤要求使用仪器仪表测试电路，每次扣 4 分</td><td></td><td></td><td></td></tr>
<tr><td>任务实施报告</td><td colspan="2">及时、正确地做好测试数据的记录工作，按要求写好任务实施报告</td><td>10</td><td colspan="2">不及时做记录，每次扣 2 分，任务实施报告不全面，每处扣 2 分</td><td></td><td></td><td></td></tr>
<tr><td>结果分析</td><td colspan="2">正确对测试数据进行分析</td><td>10</td><td colspan="2">不能正确分析测试结果，每处扣 2 分</td><td></td><td></td><td></td></tr>
<tr><td>安全文明操作</td><td colspan="2">实训台干净整洁，遵守安全操作规程，符合管理要求</td><td>10</td><td colspan="2">工作台脏乱，不遵守安全操作规程，不服从老师管理，酌情扣 5 ~ 10 分</td><td></td><td></td><td></td></tr>
<tr><td>团队合作、耐心细致</td><td colspan="2">实训过程有团队合作精神，按时按质完成任务</td><td>10</td><td colspan="2">不积极参与实训活动，错误较多，酌情扣 5 ~ 10 分</td><td></td><td></td><td></td></tr>
<tr><td colspan="6">合计</td><td></td><td></td><td></td></tr>
<tr><td colspan="9">学生建议：</td></tr>
<tr><td colspan="9">总评成绩

老师签名：</td></tr>
</table>

延伸阅读

中国共产党的选举方式

同学们，利用译码器做好3人多数表决电路了吗？你知道中国共产党的投票方式经历了哪些过程吗？在20世纪40年代，我党采用的是“豆选法”来进行选举。到了1949年，政协普遍采用举手和鼓掌的方式，表决选举任免和重大公共决策等。1954年后，法律规定全国人大会议选举、通过议案和基层直接选举采用举手、无记名投票方式。随着技术的进步，1990年我党在人民大会堂的每张桌面上都安装了一个无记名电子表决器，一直沿用至今。

任务五　译码器及其应用（Ⅱ）

一、任务描述

LED数码管是目前常用的数字显示器。LED数码管要显示BCD码所表示的十进制数字就需要有一个专门的译码器，该译码器不但要完成译码功能，还要有相当的驱动能力。本任务要求完成显示译码器CD4511及LED数码管的装接，并对显示译码器CD4511的逻辑功能进行测试。

二、任务目标

（1）熟悉显示译码器CD4511的引脚排列和逻辑功能。

（2）了解数码管的结构。

（3）学会显示译码器及LED数码管的连接和功能测试。

（4）培养学生安全、文明生产的意识。

（5）培养学生团队合作能力和节约资源、工作耐心细致的工匠精神。

三、任务准备

1. 知识准备

1）知识预习要点

（1）熟悉显示译码器CD4511的引脚排列及逻辑功能。

（2）了解共阴极、共阳极LED数码管的内部结构及引脚排列。

（3）预习显示译码器CD4511和数码管之间的连接方法。

2）在老师引导下完成测试

引导测试1：按内部连接方式不同，七段数码显示器（见图3.20）分为共阴极和共阳极两种，如图 3.21 所示。试问这两种七段数码显示器的公共极接法有何不同？

____。

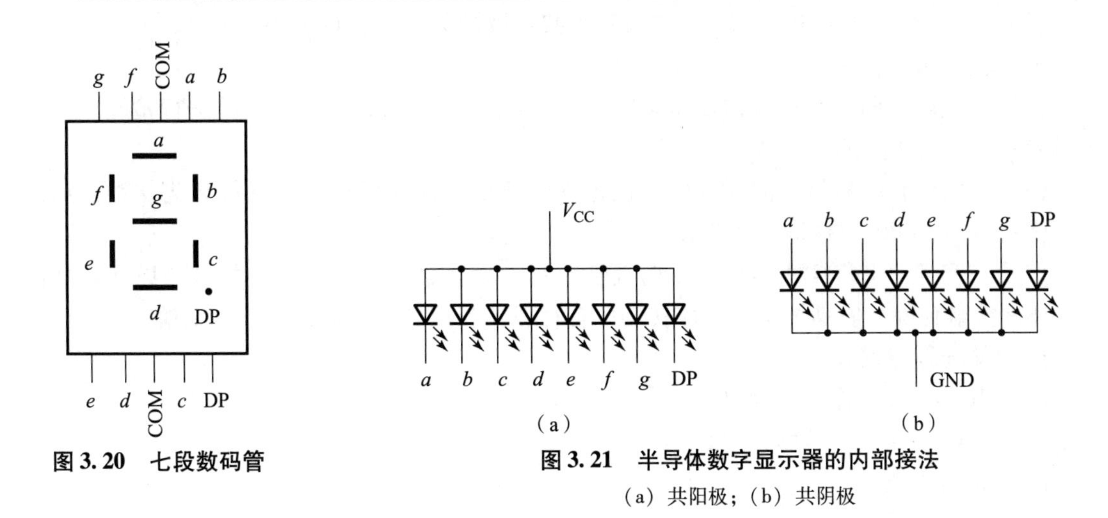

图 3.20　七段数码管

图 3.21　半导体数字显示器的内部接法

(a) 共阳极；(b) 共阴极

引导测试 2：试问显示译码器 CD4511 驱动的是共阴极接法还是共阳极接法的七段数码显示器？

____。

引导测试 3：CD4511 引脚图及逻辑符号见图 3.22。试问正常译码时，它的 3 个使能端 $\overline{LT}$、$\overline{BL}$、LE 应接何种信号？

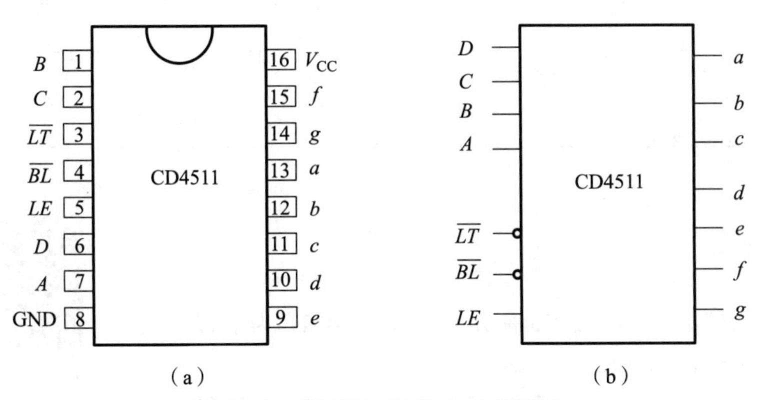

图 3.22　CD4511 引脚图及逻辑符号

(a) 引脚图；(b) 逻辑符号

2. 实操准备

学生向老师领取任务，学习本任务操作注意事项，明确本任务的内容、进度要求及安全注意事项。

1）操作注意事项

（1）显示译码器 CD4511 输出为高电平有效，因此它只能用于驱动共阴极接法的 LED 数码管。

（2）显示译码器 CD4511 的试灯输入端$\overline{LT}$和灭灯输入端$\overline{BL}$为低电平有效，而锁存端 LE 为高电平有效。正常译码时$\overline{LT}=1$、$\overline{BL}=1$、$LE=0$。

（3）LED 数码管 LC5011 的内部二极管为共阴极接法，其公共端必须接地。

2）安全注意事项

（1）搭接电路前，应对仪器设备进行必要的检查校准，对所用元器件进行检测，并对集成芯片进行功能测试。

（2）在实训台上搭接电路时，应遵循正确的布线原则和操作步骤（即要先接线、后通电；做完后，先断电、再拆线的步骤）。

（3）在实训台上接插或连接导线时要非常细心。接插时，应小心地插入，以保证插脚与插座间接触良好。实训结束时，应转动并轻轻拔下连接导线，切不可用力太猛。

3. 仪器与器材准备

（1）电子技术实验实训台。

（2）CD4511 一片、数码管 LC5011 一个。

（3）导线若干。

四、任务分组

将任务分组填入表 3.18 中。

表 3.18　任务分组

班级		组号		指导老师	
组长		学号		任务分工	
组员		学号		任务分工	
组员		学号		任务分工	

五、任务实施

CD4511 显示译码器的测试

本次训练测试电路如图 3.23 所示，图中 CD4511 为七段显示译码器，LC5011 为 LED 数码管。

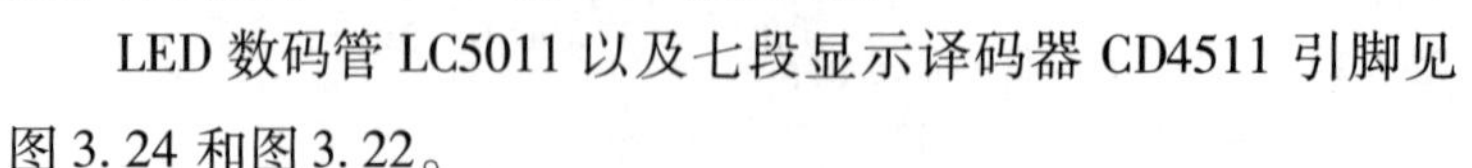

LED 数码管 LC5011 以及七段显示译码器 CD4511 引脚见图 3.24 和图 3.22。

（1）按图 3.23 所示接好测试电路。

（2）检查接线无误后，打开电源。

（3）$\overline{LT}$ 接低电平，任意改变其他输入端的状态（但不要悬空），观察 $a \sim g$ 输出端的状态及数码管显示状态的变化，并将观察结果记入表 3.19 中。

（4）$\overline{LT}$ 接高电平，$\overline{BL}$ 接低电平，任意改变其他输入端的状态，观察 $a \sim g$ 输出端的状态及数码管显示状态的变化，并将观察结果记入表 3.19 中。

（5）将$\overline{LT}$ 和$\overline{BL}$ 接高电平，LE 接低电平，改变 A、B、C、D 的状态，观察 $a \sim g$ 输出端

的状态及数码管显示状态的变化，并将观察结果记入表 3. 19 中。

（6）将 $\overline{LT}$ 和 $\overline{BL}$ 接高电平，将 LE 从低电平改为高电平，改变 A、B、C、D 的状态，观察 $a \sim g$ 输出端的状态及数码管显示状态是否发生变化。

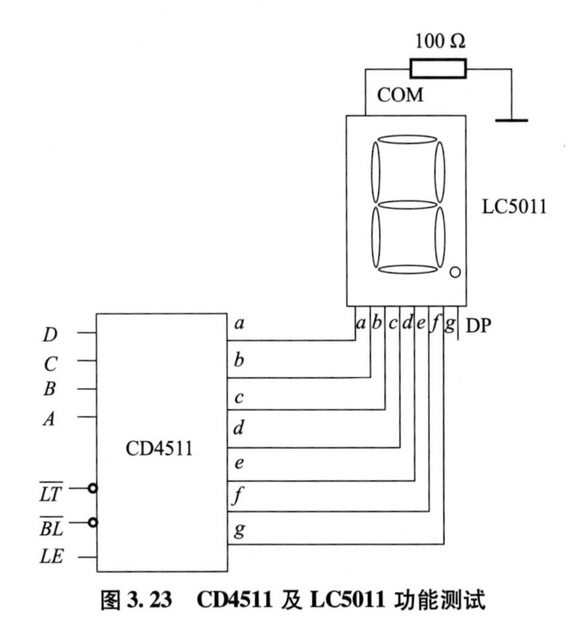

图 3. 23　CD4511 及 LC5011 功能测试

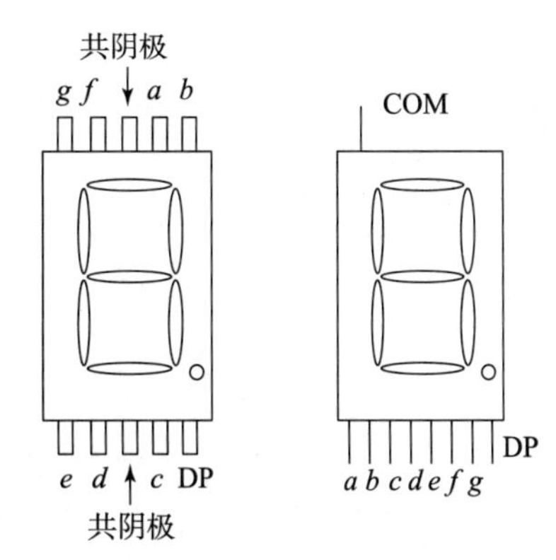

图 3. 24　LC5011 引脚图及逻辑符号

六、任务实施报告

译码器及其应用（Ⅱ）任务实施报告见表3.19。

表3.19　译码器及其应用（Ⅱ）任务实施报告

班级：__________　　姓名：__________　　学号：__________　　组号：__________

$\overline{LT}$	$\overline{BL}$	LE	D	C	B	A	a	b	c	d	e	f	g	数码管显示
0	×	×	×	×	×	×								
1	0	×	×	×	×	×								
1	1	0	0	0	0	0								
1	1	0	0	0	0	1								
1	1	0	0	0	1	0								
1	1	0	0	0	1	1								
1	1	0	0	1	0	0								
1	1	0	0	1	0	1								
1	1	0	0	1	1	0								
1	1	0	0	1	1	1								
1	1	0	1	0	0	0								
1	1	0	1	0	0	1								
1	1	0	1	0	1	0								
1	1	0	1	0	1	1								
1	1	0	1	1	0	0								
1	1	0	1	1	0	1								
1	1	0	1	1	1	0								
1	1	0	1	1	1	1								
1	1	1	×	×	×	×								

注：×表示状态可以是0也可以是1；＊表示状态锁定在$LE=0$时的输出状态（填写表格时用＊号）。

七、测试结果分析

测试结果分析见表3.20。

表3.20 测试结果分析

分析序号	测试结果分析
1	当$\overline{LT}=0$时，无论其他输入端的状态如何变化，七段译码器CD4511的$a \sim g$输出端状态________，LC5011所有笔画________
2	当$\overline{LT}=1$、$\overline{BL}=0$时，无论其他输入端的状态如何变化，七段译码器CD4511的$a \sim g$输出端状态________，LC5011所有笔画________
3	当$\overline{LT}=1$、$\overline{BL}=1$、$LE=0$时，输入端输入0000～1001信号，七段译码器CD4511________，LC5011的显示________
4	当$\overline{LT}=1$、$\overline{BL}=1$、$LE=1$时，无论其他输入端的状态如何变化，七段译码器CD4511的$a \sim g$输出端状态________，LC5011的显示________

八、考核评价

班级		姓名		学号		组号		
操作项目	考核要求		分数配比	评分标准		自评	互评	老师评分
理论测试	能正确回答理论测试题，掌握实训过程中的基本理论		10	每错一处，扣2分				
仪器的使用	能正确使用直流稳压电源、逻辑电平开关、逻辑电平显示器		10	不能正确使用实训台、仪器仪表，每次扣2分				
电路装接	能够按逻辑电路图装接电路		20	电路连接错误，每处扣4分				
电路测试	能按步骤要求，使用仪器仪表测试电路		20	不能按步骤要求使用仪器仪表测试电路，每次扣4分				
任务实施报告	及时、正确地做好测试数据的记录工作，按要求写好任务实施报告		10	不及时做记录，每次扣2分，任务实施报告不全面，每处扣2分				
结果分析	正确对测试数据进行分析		10	不能正确分析测量数据，每处扣2分				
安全文明操作	实训台干净整洁，遵守安全操作规程，符合管理要求		10	工作台脏乱，不遵守安全操作规程，不服从老师管理，酌情扣5～10分				
团队合作、节约资源、耐心细致	实训过程有团队合作精神，节约资源。按时按质完成任务		10	不积极参与实训活动，浪费资源，错误较多，酌情扣5～10分				
合计								
学生建议：								
总评成绩 老师签名：								

延伸阅读

数码管

数码管，也叫辉光管，是一种可以显示数字和其他信息的电子设备。20 世纪 30 年代，这种发光灯泡被商业化生产。在 20 世纪 50 年代末到 60 年代，充满氖气的发光灯泡广泛应用于科学和工业仪表中的发光数字、字母和符号。20 世纪 70 年代，发光二极管（LED）凭借其制造和使用成本低、应用范围广等优势取代了辉光数码管。

任务六　编码器及其应用

一、任务描述

编码是译码的逆过程。编码器的输入是特定含义的信号（如选手编号、生日号码），输出为二进制代码。74LS148 和 CD40147 为比较常用的优先编码器。本任务要求根据优先编码器 74LS148 和 CD40147 的引脚图装接测试电路，并对 74LS148 和 CD40147 的逻辑功能进行测试。

二、任务目标

（1）熟悉常用编码器的引脚排列和逻辑功能。
（2）学会对编码器的功能进行测试。
（3）知道编码器的具体应用。
（4）培养学生安全、文明生产的意识。
（5）培养学生团队合作能力和节约资源、工作耐心细致的工匠精神。

三、任务准备

1. 知识准备

1）知识预习要点

（1）预习 8 线 - 3 线优先编码器 74LS148 的引脚排列和逻辑功能，掌握 8 线 - 3 线优先编码器 74LS148 的功能测试方法。

（2）预习二 - 十进制优先编码器 CD40147 和显示译码器 CD4511 的引脚排列和逻辑功能。

（3）理解二 - 十进制优先编码器 CD40147 测试电路的工作原理，预习二 - 十进制优先编码器 CD40147 的功能测试方法。

2）在老师引导下完成测试

引导测试1：74LS148 为常见的 8 线 -3 线优先编码器，其引脚排列及逻辑符号如图 3. 25 所示，试问正常编码时使能输入端 $\overline{ST}$ 应接何种信号？

______________________________。

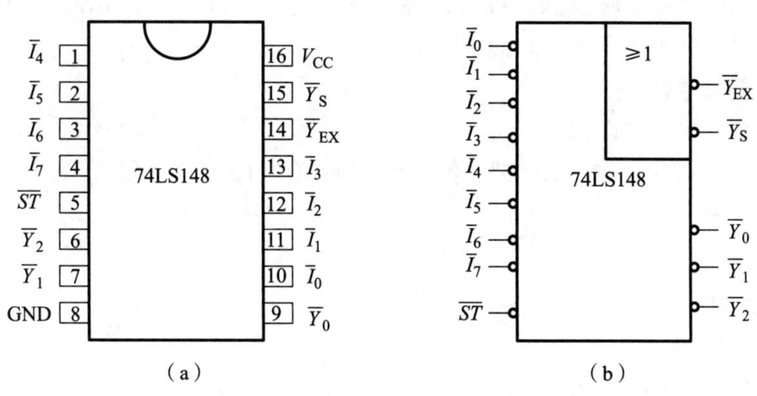

图 3. 25　74LS148 引脚排列及逻辑符号

（a）引脚排列；（B）逻辑符号

引导测试2：二 - 十进制优先编码器 CD40147 的引脚排列见图 3. 26。当编码器编码时，如果 10 个输入端中 $I_7 = I_3 = 1$，其余输入端输入信号均为 0。试问正常情况下，其输出端 $Y_3\ Y_2\ Y_1\ Y_0$ 为多少？

______________________________。

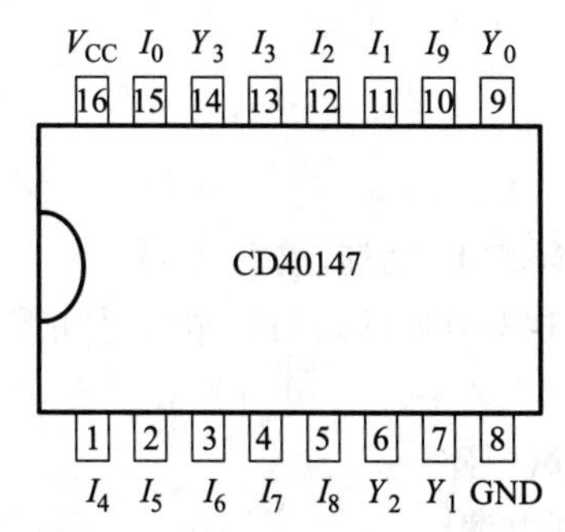

图 3. 26　8421BCD 码优先编码器 CD40147 的引脚排列

2. 实操准备

学生向老师领取任务，学习本任务操作注意事项，明确本任务的内容、进度要求及安全注意事项。

1）操作注意事项

（1）8 线 -3 线优先编码器 74LS148 的 $\overline{I}_0 \sim \overline{I}_7$ 为编码输入端，低电平有效；$\overline{Y}_2 \sim \overline{Y}_0$ 为编码输出端，也是低电平有效。

（2）8 线 -3 线优先编码器 74LS148 的 $\overline{ST}$ 为使能输入端，低电平有效。

（3）二 - 十进制优先编码器 CD40147 输入、输出均为高电平有效。

2）安全注意事项

（1）学生分组实训前应认真检查本组仪器、设备及电子元器件状况，若发现缺损或有异常现象，应立即报告指导老师或实训室管理人员处理。

（2）实训中若有异常情况，马上断开电源，检查线路，排除故障，经指导老师确认无误后方可重新送电。

（3）认真阅读任务实施步骤，按要求逐项逐步进行操作。不得私设实训内容，随意扩大实训范围（如乱拆元件、随意短接等）。

3. 仪器与器材准备

（1）电子技术实验实训台。

（2）74LS148、CD40147、CD4511 各一片，数码管 LC5011 一个。

（3）导线若干。

四、任务分组

将任务分组填入表 3.21 中。

表 3.21　任务分组

班级		组号		指导老师	
组长		学号		任务分工	
组员		学号		任务分工	
组员		学号		任务分工	

五、任务实施

1. 8 线 –3 线优先编码器 74LS148 功能测试

8 线 –3 线优先编码器 74LS148 引脚排列与逻辑符号如图 3.25 所示。

测试步骤如下：

（1）按图 3.27 所示接好测试电路。

（2）检查接线无误后，打开电源。

（3）将 $\overline{ST}$ 接高电平，改变输入端 $\overline{I}_7 \sim \overline{I}_0$ 的状态，观察输出端 $\overline{Y}_2 \sim \overline{Y}_0$、$\overline{Y}_S$ 和 $\overline{Y}_{EX}$ 状态的变化情况，并将观察结果记入表 3.22 步骤 1 中。

（4）将 $\overline{ST}$ 接低电平，输入端 $\overline{I}_7 \sim \overline{I}_0$ 全部接高电平，观察输出端 $\overline{Y}_2 \sim \overline{Y}_0$、$\overline{Y}_S$ 和 $\overline{Y}_{EX}$ 状态的变化情况，并将观察结果记入表 3.22 步骤 1 中。

（5）将 $\overline{ST}$ 接低电平，改变输入端 $\overline{I}_7 \sim \overline{I}_0$ 的状态，观察输出端 $\overline{Y}_2 \sim \overline{Y}_0$、$\overline{Y}_S$ 和 $\overline{Y}_{EX}$ 状态的变化情况，并将观察结果记入表 3.22 步骤 1 中。

2. 二 – 十进制优先编码器 CD40147 功能测试

测试电路如图 3.28 所示。图中 CD40147 为二 – 十进制优先编码器，CD4511 为显示译码器，LC5011 为共阴极数码管。

（1）按图 3.28 所示接好测试电路。

（2）检查接线无误后，接通电源。

（3）按照二进制代码顺序设置 CD40147 输入端 $I_9 \sim I_0$ 的状态，观察 CD40147 输出端 $Y_3 \sim Y_0$ 的状态及 LED 数码管 LC5011 所显示数码的变化情况，并记入表 3.22 步骤 2 中。

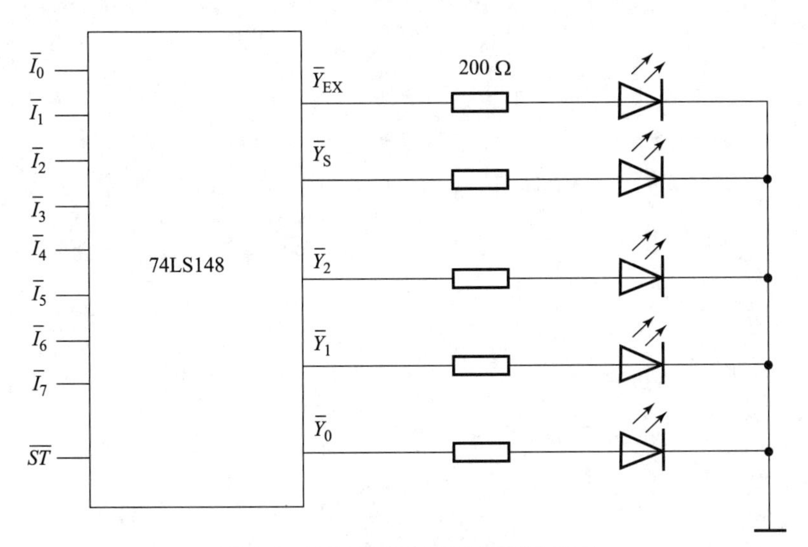

图 3.27　74LS148 逻辑功能测试电路

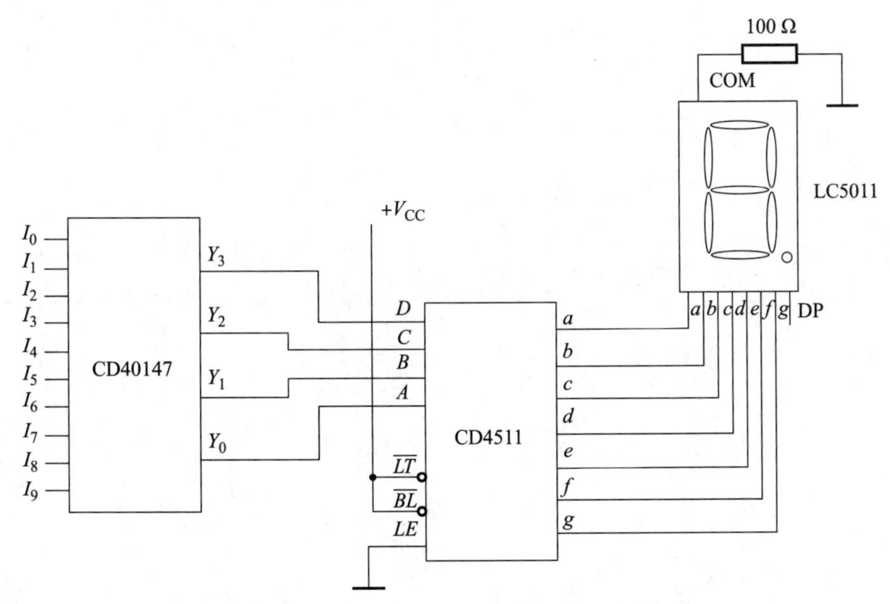

图 3.28　二-十进制优先编码器功能测试电路

六、任务实施报告

编码器及其应用任务实施报告见表3.22。

表3.22　编码器及其应用任务实施报告

班级：__________　　姓名：__________　　学号：__________　　组号：__________

步骤1：8线-3线优先编码器74LS148功能测试

$\overline{ST}$	$\overline{I}_7$	$\overline{I}_6$	$\overline{I}_5$	$\overline{I}_4$	$\overline{I}_3$	$\overline{I}_2$	$\overline{I}_1$	$\overline{I}_0$	$\overline{Y}_2$	$\overline{Y}_1$	$\overline{Y}_0$	$\overline{Y}_{EX}$	$\overline{Y}_S$
1	×	×	×	×	×	×	×	×					
0	1	1	1	1	1	1	1	1					
0	0	×	×	×	×	×	×	×					
0	1	0	×	×	×	×	×	×					
0	1	1	0	×	×	×	×	×					
0	1	1	1	0	×	×	×	×					
0	1	1	1	1	0	×	×	×					
0	1	1	1	1	1	0	×	×					
0	1	1	1	1	1	1	0	×					
0	1	1	1	1	1	1	1	0					

步骤2：二-十进制优先编码器CD40147功能测试

I_9	I_8	I_7	I_6	I_5	I_4	I_3	I_2	I_1	I_0	Y_3	Y_2	Y_1	Y_0	显示
0	0	0	0	0	0	0	0	0	0					
1	×	×	×	×	×	×	×	×	×					
0	1	×	×	×	×	×	×	×	×					
0	0	1	×	×	×	×	×	×	×					
0	0	0	1	×	×	×	×	×	×					
0	0	0	0	1	×	×	×	×	×					
0	0	0	0	0	1	×	×	×	×					
0	0	0	0	0	0	1	×	×	×					
0	0	0	0	0	0	0	1	×	×					
0	0	0	0	0	0	0	0	1	×					
0	0	0	0	0	0	0	0	0	1					

七、测试结果分析

测试结果分析见表 3.23。

表 3.23 测试结果分析

分析步骤	测试结果分析
步骤 1	(1) 当 $\overline{ST}=1$ 时电路________(工作、不工作),输出端 $\overline{Y}_2 \sim \overline{Y}_0$、$\overline{Y}_S$ 和 $\overline{Y}_{EX}$ 同时为________(高、低)电平。 (2) 电路的输入为________(高、低)电平有效,输出为________(高、低)电平有效。 (3) 当 $\overline{ST}=$________(0、1)时电路正常工作。此时,若输入端 $\overline{I}_7=0$,无论其他输入端有无输入信号,输出端只给出 $\overline{I}_7$ 的编码,即 $\overline{Y}_2\overline{Y}_1\overline{Y}_0=$________,可见与 $\overline{I}_6 \sim \overline{I}_0$ 这 7 个输入端相比,$\overline{I}_7$ 的优先权更高;当 $\overline{I}_7=1$、$\overline{I}_6=0$ 时,无论其他输入端有无输入信号,输出端只给出 $\overline{I}_6$ 的编码,即 $\overline{Y}_2\overline{Y}_1\overline{Y}_0=$________,可见与除 $\overline{I}_7$ 之外的 $\overline{I}_5 \sim \overline{I}_0$ 这 6 个输入端相比,$\overline{I}_6$ 的优先权更高;其余输入端情况类似。根据测试结果不难总结出,在 74LS148 的各输入端中,________的优先权最高,________的优先权最低。 (4) 根据测试结果,$\overline{Y}_S=0$ 表示电路________(工作、不工作),________(有、无)编码输入;$\overline{Y}_{EX}=0$ 表示电路________(工作、不工作),________(有、无)编码输入。测试结果中共出现了________次 $\overline{Y}_2\overline{Y}_1\overline{Y}_0=111$ 的情况,________(可以、不可以)用 $\overline{Y}_S$ 和 $\overline{Y}_{EX}$ 的不同状态加以区分
步骤 2	CD40147 的输入为________(高、低)电平有效,输出为________(高、低)电平有效。输入端 $I_9 \sim I_0$ 中,________的优先权最高,________的优先权最低。当输入端上同时有几个有效电平时,只对其中优先权最高的一个进行编码,在输出端 $Y_3Y_2Y_1Y_0$ 上得到________(原、反)码形式的 8421BCD 码,再驱动显示译码器 CD4511,在 LC5011 上显示出相应的十进制数码

八、考核评价

班级	姓名		学号	组号		
操作项目	考核要求	分数配比	评分标准	自评	互评	老师评分
理论测试	能正确回答理论测试题，掌握实训过程中的基本理论	10	每错一处，扣2分			
仪器的使用	能正确使用直流稳压电源、逻辑电平开关、逻辑电平显示器	10	不能正确使用的，每次扣2分			
电路装接	能够按逻辑电路图装接电路	20	电路连接错误，每处扣4分			
电路测试	能按步骤要求，使用仪器仪表测试电路	20	不能按步骤要求，使用仪器仪表测试电路，每次扣4分			
任务实施报告	及时、正确地做好测试数据的记录工作，按要求写好任务实施报告	10	不及时做记录，每次扣2分，任务实施报告不全面，每处扣2分			
结果分析	正确对测试数据进行分析	10	不能正确分析测试数据，每处扣2分			
安全文明操作	实训台干净整洁，遵守安全操作规程，符合管理要求	10	工作台脏乱，不遵守安全操作规程，不服从老师管理，酌情扣5～10分			
团队合作、节约资源、耐心细致	实训过程有团队合作精神，节约资源。按时按质完成任务	10	不积极参与实训活动，浪费资源，错误较多，酌情扣5～10分			
合计						
学生建议：						
总评成绩 老师签名：						

延伸阅读

编码器的发展史

编码器的发展历史比较悠久，早在 19 世纪末就出现了最早的光栅编码器。20 世纪 50 年代初，随着半导体技术的飞速发展，光电编码器得以面世，随后，超声波编码器、磁性编码器等多种编码器技术相继出现。目前，编码器已成为现代制造控制的重要组成部分，得到了广泛的应用和发展。

任务七　集成边沿触发器的测试

一、任务描述

边沿触发器就是触发器的次态仅由 *CP* 脉冲的上升沿（或下降沿）到达时刻的输入信号决定，而在此之前或之后输入状态的变化对触发器的次态无任何影响。边沿触发器按照逻辑功能主要有边沿 JK 触发器、边沿 D 触发器。按照触发形式有 *CP* 上升沿（前沿）触发和 *CP* 下降沿（后沿）触发两种形式。本任务要求对集成边沿 JK 触发器 74LS112 和集成边沿 D 触发器 74LS74 进行逻辑功能测试。

二、任务目标

（1）熟悉几种常用的集成边沿触发器的引脚排列和逻辑功能。
（2）掌握集成边沿触发器的检测方法。
（3）学会触发器之间的相互转换。
（4）培养学生安全、文明生产的意识。
（5）培养学生具备节约资源、认真负责的精神。

三、任务准备

1. 知识准备

1）知识预习要点

（1）预习有关触发器的逻辑功能。
（2）预习触发器逻辑功能的转换。
（3）熟悉 74LS112、74LS74 和 74LS04 的引脚排列。

2）在老师引导下完成测试

引导测试 1：集成边沿 JK 触发器 74LS112 和集成边沿 D 触发器 74LS74，其引脚排列见图 3.29。说一说这两个触发器的触发形式。

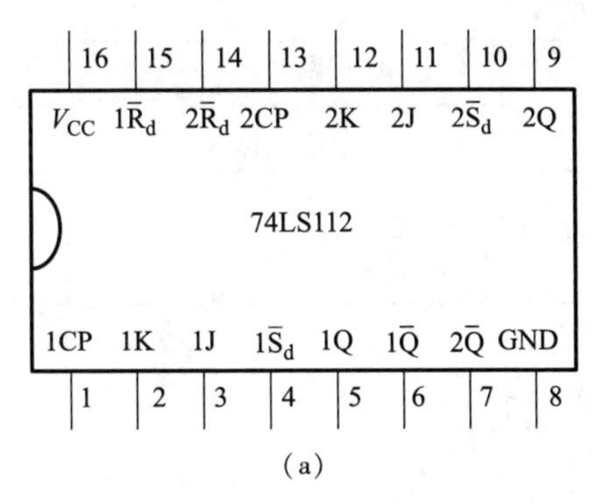

(a)

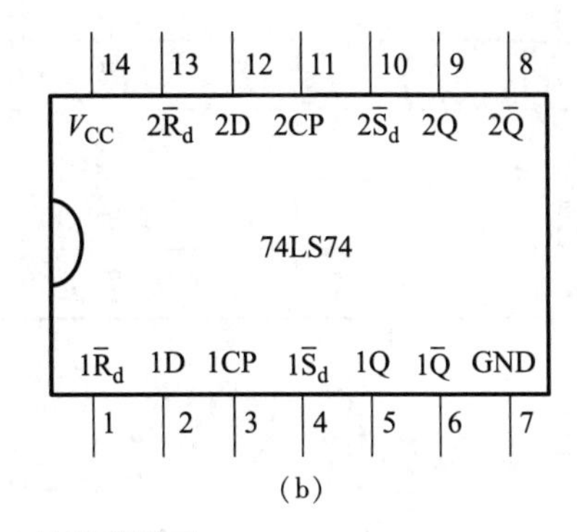

(b)

图 3.29　74LS112 与 74LS74 的引脚排列

(a) 集成边沿 JK 触发器 74LS112 引脚排列；(b) 集成边沿 D 触发器 74LS74 引脚排列

引导测试 2：试述 JK 触发器的逻辑功能。

____

____。

2. 实操准备

学生向老师领取任务，学习本任务操作注意事项，明确本任务的内容、进度要求及安全注意事项。

1）操作注意事项

(1) 利用普通的机械开关组成的数据开关所产生的信号不可作为触发器的时钟脉冲信号。因为机械开关在闭合时，由于机械开关接触点有弹性，会产生抖动，电路时通时断，输出一系列脉冲，不是单个脉冲，造成触发器状态多次变化。

(2) 单次脉冲信号源应注意使用方法，它有两种脉冲，一种信号为“¯|_|¯”，表示不按下按钮为 1，按一下为 1→0→1 单拍脉冲；另一种信号为“_|¯|_”，表示不按下按钮为 0，按一下为 0→1→0 的单拍正脉冲，应根据训练需要选用。

2）安全注意事项

(1) 在实训台上搭接电路时，应遵循正确的布线原则和操作步骤（即要先接线、后通电；做完后，先断电、再拆线的步骤）。

(2) 在实训台上接插或连接导线时要非常细心。接插时，应小心地插入，以保证插脚与插座间接触良好。实训结束时，应转动并轻轻拔下连接导线，切不可用力太猛。

(3) 切忌无目的地随意扳弄仪器面板上的开关和旋钮。

3. 仪器与器材准备

(1) 电子技术实验实训台。

(2) 74LS112、74LS74、74LS04 各一片。

(3) 导线若干。

四、任务分组

将任务分组填入表 3.24 中。

表 3.24 任务分组

班级		组号		指导老师	
组长		学号		任务分工	
组员		学号		任务分工	
组员		学号		任务分工	

五、任务实施

1. 测试集成边沿 JK 触发器 74LS112 的逻辑功能

集成边沿 JK 触发器 74LS112 的引脚排列见图 3.29（a）。

1）测试 $\overline{R}_{\mathrm{d}}$、$\overline{S}_{\mathrm{d}}$ 的复位、置位功能

任取其中一个 JK 触发器，$\overline{R}_{\mathrm{d}}$、$\overline{S}_{\mathrm{d}}$、$J$、$K$ 端接逻辑开关输出插口，CP 端接单次脉冲源，Q、$\overline{Q}$ 端接至逻辑电平显示输入插口。要求改变 $\overline{R}_{\mathrm{d}}$、$\overline{S}_{\mathrm{d}}$($J$、$K$、$CP$ 处于任意状态)，在 $\overline{R}_{\mathrm{d}}=0(\overline{S}_{\mathrm{d}}=1)$ 或 $\overline{S}_{\mathrm{d}}=0(\overline{R}_{\mathrm{d}}=1)$ 作用期间观察输出状态，并记录在表 3.25 步骤 1.1 中。

2）测试 JK 触发器的逻辑功能

在 $\overline{R}_{\mathrm{d}}=1$ 且 $\overline{S}_{\mathrm{d}}=1$ 时，按表 3.25 步骤 1.2 要求改变 J、K、CP 端状态，观察 Q、$\overline{Q}$ 状态变化，将结果记录在表 3.25 步骤 1.2 中。

2. 测试集成边沿 D 触发器 74LS74 的逻辑功能

集成边沿 D 触发器 74LS74 的引脚排列见图 3.29（b）。

1）测试 $\overline{R}_{\mathrm{d}}$、$\overline{S}_{\mathrm{d}}$ 的复位、置位功能

测试方法同上，并记录在表 3.25 步骤 2.1 中。

2）测试 D 触发器的逻辑功能

在 $\overline{R}_{\mathrm{d}}=1$ 且 $\overline{S}_{\mathrm{d}}=1$ 时，按表 3.25 步骤 2.2 要求改变 D、CP 端状态，观察 Q、$\overline{Q}$ 状态变化，将结果记录在表 3.25 步骤 2.2 中。

3. JK 触发器转换为 D 触发器

JK 触发器转换为 D 触发器的转换电路如图 3.30 所示。

按图 3.30 接好线路。在 $\overline{R}_{\mathrm{d}}=1$ 且 $\overline{S}_{\mathrm{d}}=1$ 时，按表 3.25 步骤 3 要求改变 D、CP 端状态，观察 Q、$\overline{Q}$ 状态变化，将结果记录在表 3－25 步骤 3 中。

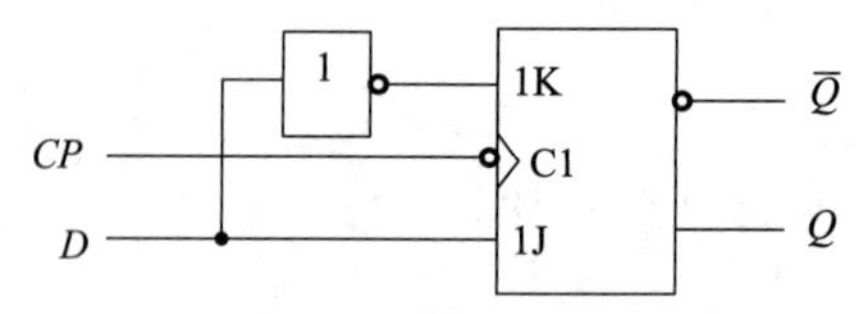

图 3.30 JK 触发器转换为 D 触发器

六、任务实施报告

集成边沿触发器的测试任务实施报告见表 3. 25。

表 3. 25　集成边沿触发器的测试任务实施报告

班级：________	姓名：________	学号：________	组号：________
步骤 1：测试集成边沿 JK 触发器 74LS112 的逻辑功能			
步骤 1. 1：测试 $\overline{R}_d$、$\overline{S}_d$ 的复位、置位功能			

序号	输入					输出		功能说明
	$\overline{R}_d$	$\overline{S}_d$	J	K	CP	Q	$\overline{Q}$	
1	0	1	×	×	×			
2	1	0	×	×	×			

注：×为任意固定 0、1 状态

步骤 1. 2：测试 JK 触发器逻辑功能

序号	输入					输出		功能说明
						Q^{n+1}		
	$\overline{R}_d$	$\overline{S}_d$	J	K	CP	$Q^n=0$	$Q^n=1$	
1	1	1	0	0	1→0			
					0→1			
2	1	1	0	1	1→0			
					0→1			
3	1	1	1	0	1→0			
					0→1			
4	1	1	1	1	1→0			
					0→1			

步骤 2：测试集成边沿 D 触发器 74LS74 的逻辑功能

步骤 2. 1：测试 $\overline{R}_d$、$\overline{S}_d$ 的复位、置位功能

序号	输入				输出		功能说明	
	$\overline{R}_d$	$\overline{S}_d$	D	CP	Q	$\overline{Q}$		
1	0	1	×	×				
2	1	0	×	×				

续表

步骤 2.2：测试 D 触发器的逻辑功能							
序号	输入				输出		功能说明
	$\overline{R}_d$	$\overline{S}_d$	D	CP	Q^{n+1}		
					$Q^n=0$	$Q^n=1$	
1	1	1	0	1→0			
				0→1			
2	1	1	1	1→0			
				0→1			
步骤 3：JK 触发器转换为 D 触发器							
序号	输入				输出		功能说明
	$\overline{R}_d$	$\overline{S}_d$	D	CP	Q^{n+1}		
					$Q^n=0$	$Q^n=1$	
1	1	1	0	1→0			
				0→1			
2	1	1	1	1→0			
				0→1			

七、测试结果分析

测试结果分析见表 3.26。

表 3.26　测试结果分析

分析步骤	测试结果分析
步骤 1	（1）集成边沿 JK 触发器 74LS112 中的 $\overline{R}_d$、$\overline{S}_d$ 端分别是________（低电平、高电平）有效的异步________（置 1 端、置 0 端）和异步________（置 1 端、置 0 端）。 （2）集成边沿 JK 触发器 74LS112 为________（下降沿、上升沿）触发的边沿触发器，它具有________、________、________和功能
步骤 2	（1）集成边沿 D 触发器 74LS74 中的 $\overline{R}_d$、$\overline{S}_d$ 端分别是________（低电平、高电平）有效的异步________（置 1 端、置 0 端）和异步________（置 1 端、置 0 端）。 （2）集成边沿 D 触发器 74LS74 为________（下降沿、上升沿）触发的边沿触发器，它具有________和________功能
步骤 3	该电路将________（JK 触发器、D 触发器）转换为________（JK 触发器、D 触发器），且 CP 端为________（下降沿、上升沿）触发

八、考核评价

班级	姓名		学号	组号		
操作项目	考核要求	分数配比	评分标准	自评	互评	老师评分
理论测试	能正确回答理论测试题，掌握实训过程中的基本理论	10	每错一处，扣2分			
仪器的使用	能正确使用直流稳压电源±5 V、逻辑电平开关、逻辑电平显示器和单次脉冲信号源	10	不能正确使用实训台、仪器仪表，每次扣2分			
电路装接	能够按逻辑电路图装接电路	20	电路连接错误，每处扣4分			
电路测试	能按步骤要求，使用仪器仪表测试电路	20	不能按步骤要求，使用仪器仪表测试电路，每次扣4分			
任务实施报告	及时、正确地做好测试数据的记录工作，按要求写好任务实施报告	10	不及时做记录，每次扣2分，任务实施报告不全面，每处扣2分			
结果分析	正确对测试数据进行分析	10	不能正确分析测试数据，每处扣2分			
安全文明操作	实训台干净整洁，遵守安全操作规程，符合管理要求	10	工作台脏乱，不遵守安全操作规程，不服从老师管理，酌情扣5～10分			
节约资源、认真负责	实训过程节约资源，按时按质完成任务	10	浪费资源、不积极参与实训活动，错误较多，酌情扣5～10分			
合计						
学生建议：						
总评成绩 老师签名：						

延伸阅读

漫谈触发器

触发器最大的作用是储存信息。最早由 1918 年英国射电物理学家 William Eccles 和 F. W. Jordan 发明并申请了专利。1919 年 12 月，《无线电评论》（*Radio Review*）杂志上发表了一篇文章让触发器普遍推广。20 年后，触发器被应用于英国的巨像计算机（Colossus Computer）进行战时德国的密码破译，以及美国的电子数字积分计算。

任务八　时序逻辑电路的分析与应用

一、任务描述

触发器是时序逻辑电路的基本单元。本任务要求装接、测试一个由 JK 触发器组成的时序逻辑电路，并将测试结果与电路分析结果进行比较。

二、任务目标

（1）掌握简单时序逻辑电路的分析方法。
（2）进一步熟悉集成边沿 JK 触发器 74LS112 的逻辑功能和引脚排列。
（3）学会用集成边沿 JK 触发器装接时序逻辑电路。
（4）学会时序逻辑电路功能的测试方法。
（5）培养学生安全、文明生产的意识。
（6）培养学生严谨、求实的科学态度。

三、任务准备

1. 知识准备

1）知识预习要点
（1）预习集成边沿 JK 触发器 74LS112 的逻辑功能和引脚排列。
（2）预习时序逻辑电路的分析方法。
2）在老师引导下完成测试
引导测试：分析图 3. 31 所示电路的逻辑功能。要求写出驱动方程、状态方程，列出状态表，检查电路的自启动功能，并画出完整的状态图。

____

____

____。

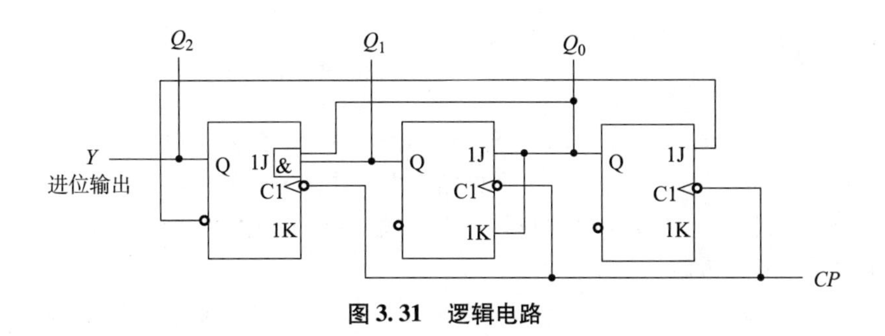

图 3.31　逻辑电路

2. 实操准备

1）操作注意事项

（1）实训中要求所有集成门电路必须同时接电源和地，极性绝对不允许接反。

（2）该电路的输出端有高低位之分，其高、低位依次为 Q_2、Q_1、Q_0，接线时要注意高位放在最前面、低位放在最后面。

（3）注意集成边沿 JK 触发器 74LS112 的 $\overline{R}_d$、$\overline{S}_d$ 端用于初始状态的预置，电路正常工作时，集成边沿 JK 触发器 74LS112 的 $\overline{R}_d$、$\overline{S}_d$ 端均应加无效信号，即 $\overline{R}_d=1$ 且 $\overline{S}_d=1$。

4）安全注意事项

（1）搭接电路前，应对仪器设备进行必要的检查校准，对所用元器件进行检测，并对集成芯片进行功能测试。

（2）实训中若有异常情况，应马上断开电源，检查线路，排除故障，经指导老师确认无误后方可重新送电。

（3）认真阅读任务实施步骤，按要求逐项逐步进行操作。不得私设实训内容，随意扩大实训范围（如乱拆元件、随意短接等）。

3. 仪器与器材准备

（1）电子技术实验实训台。

（2）集成边沿 JK 触发器 74LS112 两片、2 输入四与门 74LS08 一片。

四、任务分组

将任务分组填入表 3.27 中。

表 3.27　任务分组

班级		组号		指导老师	
组长		学号		任务分工	
组员		学号		任务分工	
组员		学号		任务分工	

五、任务实施

（1）按照逻辑电路图（见图 3. 31），选择集成边沿 JK 触发器 74LS112（引脚排列见图 3. 28）和 2 输入四与门 74LS08（引脚排列见图 3. 1）进行正确的连线。

（2）将时钟脉冲 *CP* 端接单次脉冲源，其输出端接至逻辑电平显示输入插口（注意高位放在最前面、低位放在最后面）。

（3）通过 74LS112 的 $\overline{R}_d$ 端（$\overline{R}_d=0$），将各触发器的初始状态预置为 0。初始状态预置完后，电路正常工作时应使 $\overline{R}_d=1$ 且 $\overline{S}_d=1$。

（4）接通电源并给 *CP* 脉冲端加上单次脉冲，观察输出端状态，将结果记入表 3. 28 自拟的表格中，并验证电路测试的功能是否与分析结果相同。

（5）检查电路能否自启动。在单次脉冲未加入前，先将输出置成循环状态以外的无效状态，然后再加入计数脉冲，观察电路能否进入有效循环状态。

六、任务实施报告

时序逻辑电路的分析与应用任务实施报告见表 3. 28。

表 3. 28　时序逻辑电路的分析与应用任务实施报告

班级：__________	姓名：__________	学号：__________	组号：__________

七、测试结果分析

测试结果分析见表 3. 29。

表 3. 29　测试结果分析

分析事项	结论
根据测试结果，整理真值表，并与电路分析结果进行比较	
经过电路分析及测试，该电路的逻辑功能是什么？	
该电路是否有自启动功能？	

八、考核评价

班级		姓名		学号		组号	
操作项目	考核要求	分数配比	评分标准	自评	互评	老师评分	
理论测试	能正确分析电路，掌握实训过程中的基本理论	10	每错一处，扣 2 分				
仪器的使用	能正确使用直流稳压电源 ±5 V、逻辑电平开关、逻辑电平显示器和单次脉冲信号源	10	不能正确使用的，每次扣 2 分				
电路装接	能够按逻辑电路图装接电路	20	电路连接错误，每处扣 4 分				
电路测试	能按步骤要求，使用仪器仪表测试电路	20	不能按步骤要求，使用仪器仪表测试电路，每次扣 4 分				
任务实施报告	及时、正确地做好测试数据的记录工作，按要求写好任务实施报告	10	不及时做记录，每次扣 2 分，任务实施报告不全面，每处扣 2 分				
结果分析	正确对测试数据进行分析	10	不能正确分析测试数据，每处扣 2 分				
安全文明操作	实训台干净整洁，遵守安全操作规程，符合管理要求	10	工作台脏乱，不遵守安全操作规程，不服从老师管理，酌情扣 5 ~ 10 分				
严谨求实的科学态度	实训过程认真严谨，按时按质完成任务	10	不积极参与实训活动，错误较多，酌情扣 5 ~ 10 分				
合计							
学生建议：							
总评成绩 老师签名：							

延伸阅读

循序渐进的由来

朱熹是南宋的学者、教育家。有一天，有人问他应当怎样学习，朱熹回答说："学习要按照一定的步骤循序渐进，读书不仅要熟读而且要反复思考、认真分析，能做到这些就可以取得好效果。"那人又进一步问："什么叫循序渐进呢?"朱熹说："凡是读书，先读什么后读什么，一定要有步骤。先读通一部书，然后再读其他的书，并且要从自己的水平出发，制订出切实可行的学习计划，严格遵守，持之以恒。"这就是循序渐进的由来。

任务九　集成计数器及其应用（Ⅰ）

一、任务描述

集成4位二进制同步加法计数器74LS161为常用的集成计数器。现需用74LS161及辅助门电路实现一个十进制计数器和一个六十进制计数器。

二、任务目标

（1）进一步熟悉集成计数器74LS161的逻辑功能和引脚排列。

（2）学会用集成计数器组成任意进制计数器的方法。

（3）学会集成计数器的级联。

（4）学会计数器电路功能的测试方法。

（5）培养学生安全、文明生产的意识。

（6）培养学生团队合作精神和综合性创新能力。

三、任务准备

1. 知识准备

1）知识预习要点

（1）预习集成计数器74LS161的逻辑功能和引脚排列。

（2）预习集成计数器组成任意进制计数器的方法。

（3）学习集成计数器的级联方法。

2）在老师引导下完成测试

引导测试1：集成4位二进制同步加法计数器74LS161为常用的集成计数器。图3.32（a）是74LS161的逻辑功能示意图，图3.32（b）是其引脚排列图。试述集成计数器

74LS161 的$\overline{CR}$、$\overline{LD}$的逻辑功能。

____

____。

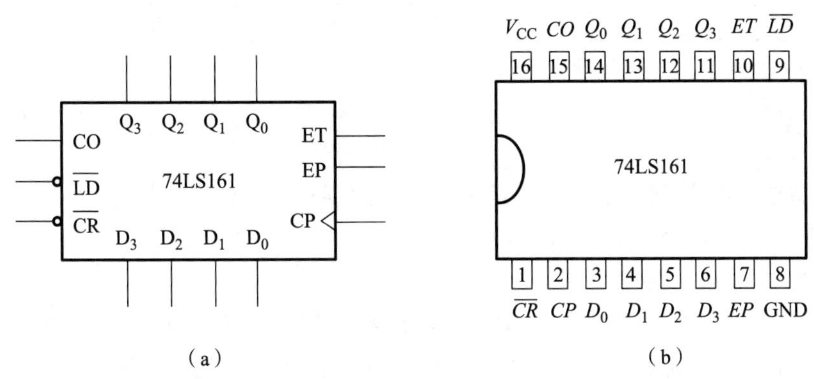

图 3.32　74LS161 的逻辑功能示意图及引脚排列图

引导测试 2：正常计数时，集成计数器 74LS161 的$\overline{CR}$、$\overline{LD}$、EP、ET 端各应接何种信号？

____。

2. 实操准备

1）操作注意事项

（1）实训中要求所有集成门电路必须同时接电源和地，极性绝对不允许接反。

（2）该电路的输出端有高、低位之分，其高、低位依次为 Q_3、Q_2、Q_1、Q_0，接线时要注意高位放在最前面、低位放在最后面。

（3）低频连续脉冲应从低位计数器的时钟脉冲端（CP 端）送入。

2）安全注意事项

（1）为了确保人身安全、防止器件损坏，在实训过程中不论是调换仪器仪表还是改接线路，都必须切断电路中的电源。

（2）认真阅读实训报告，按工艺步骤和要求逐项逐步进行操作。不得私设实训内容，随意扩大实训范围（如乱拆元件、随意短接等）。

（3）实训中若有异常情况，应马上断开电源，检查线路，排除故障，经指导老师确认无误后方可重新送电。

3. 仪器与器材准备

（1）电子技术实验实训台。

（2）集成计数器 74LS161 两片、四 2 输入与非门 74LS00 一片。

（3）导线若干。

四、任务分组

将任务分组填入表 3.30 中。

表 3.30　任务分组

班级		组号		指导老师	
组长		学号		任务分工	
组员		学号		任务分工	
组员		学号		任务分工	

五、任务实施

1. 利用集成计数器 74LS161 采用反馈归零法实现一个十进制计数器

反馈归零法：利用异步清 0 端 $\overline{CR}$实现。

（1）按图 3.33 所示装接电路。

（2）计数器的 CP 端接低频连续脉冲，输出状态接 LED 电平显示。设置计数器的初始状态为 0（将开关位置拨至“1”位置，清 0），清 0 后再将开关位置拨至“2”位置，观察计数器输出端的状态，并将计数状态填入表 3.31 步骤 1 中。

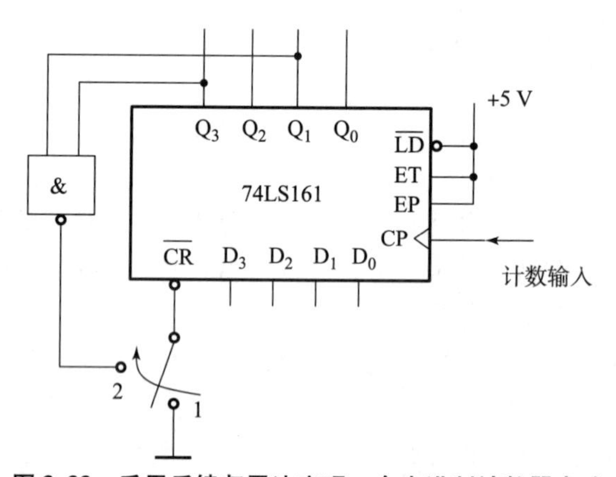

图 3.33　采用反馈归零法实现一个十进制计数器电路

74LS161 的测试

2. 利用集成计数器 74LS161 采用反馈预置法实现一个十进制计数器

反馈预置法：利用同步置数端$\overline{LD}$实现。

（1）按图 3.34 所示装接电路。

利用 74LS161 采用反馈预置法实现一个十进制计数器

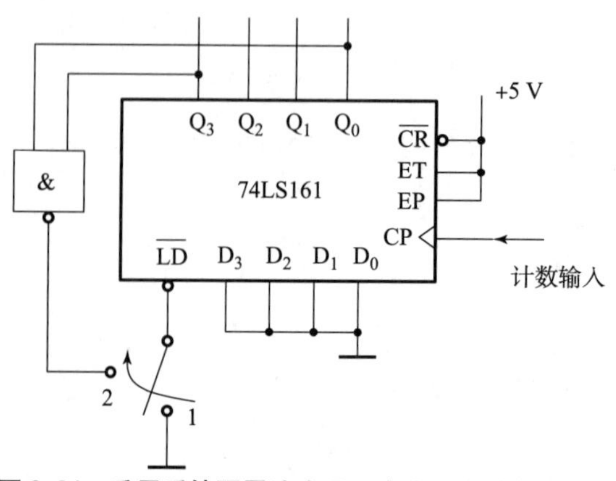

图 3.34　采用反馈预置法实现一个十进制计数器电路

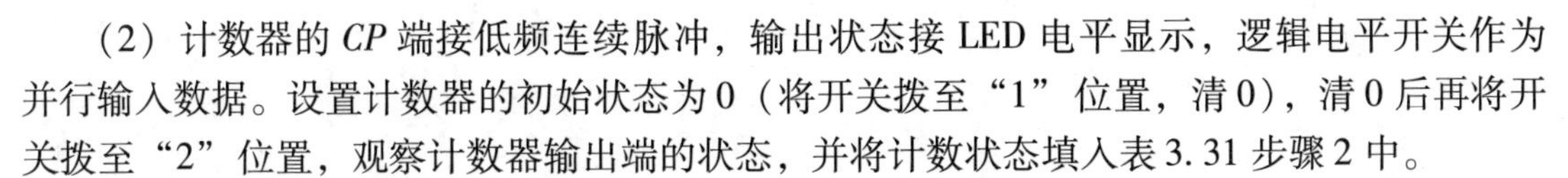

（2）计数器的 CP 端接低频连续脉冲，输出状态接 LED 电平显示，逻辑电平开关作为并行输入数据。设置计数器的初始状态为 0（将开关拨至“1”位置，清 0），清 0 后再将开关拨至“2”位置，观察计数器输出端的状态，并将计数状态填入表 3.31 步骤 2 中。

3. 用 74LS161 及辅助门电路实现一个六十进制计数器

74LS161 组成的六十进制计数器如图 3.35（a）和图 3.35（b）所示，接线时可任选其一。

（1）按图 3.35 所示装接电路。为了方便观察电路功能，可将 74LS161 的高位和低位输出端分别接电子技术实验实训台上的两个 LED 译码显示电路（注意高、低位顺序）。

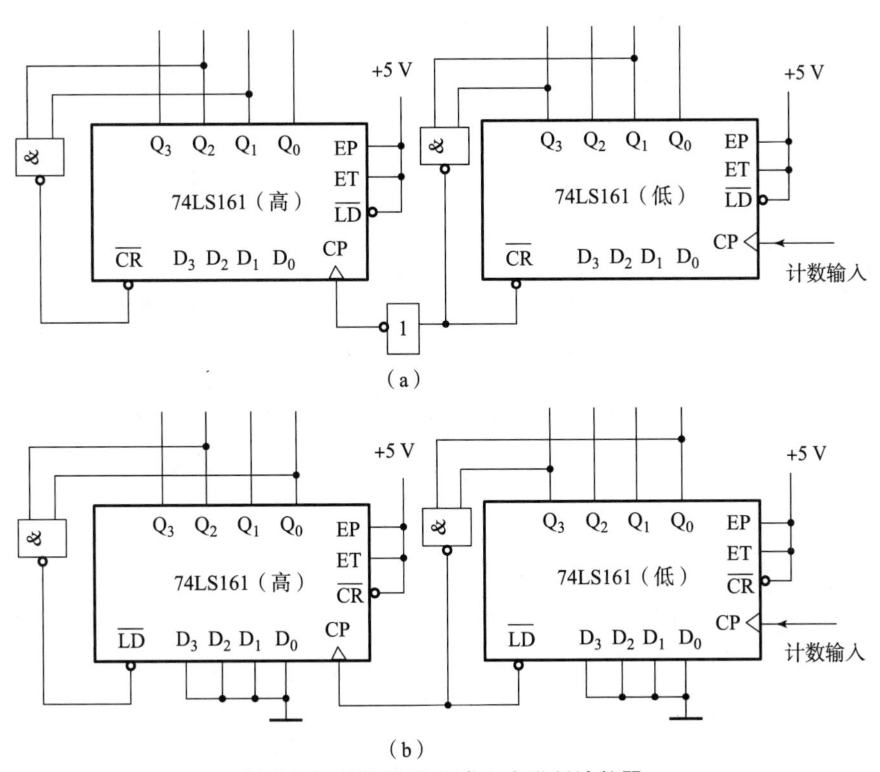

图 3.35　74LS161 组成六十进制计数器

（2）计数器的 CP 端接低频连续脉冲，用电子技术实验实训台上的低频连续脉冲（调节频率为 1～2 Hz）作为计数器的计数脉冲，通过数码管观察计数、译码、显示电路的功能。

六、任务实施报告

集成计数器及其应用（Ⅰ）任务实施报告见表 3.31。

表 3.31　集成计数器及其应用（Ⅰ）任务实施报告

班级：________	姓名：________	学号：________	组号：________	
步骤 1：利用集成计数器 74LS161 采用反馈归零法实现一个十进制计数器				
计数脉冲 *CP* 序号	输出			
	Q_3	Q_2	Q_1	Q_0
0	0	0	0	0
1				
2				
3				
4				
5				
6				
7				
8				
9				
10				
步骤 2：利用集成计数器 74LS161 采用反馈预置法实现一个十进制计数器				
计数脉冲 *CP* 序号	输出			
	Q_3	Q_2	Q_1	Q_0
0	0	0	0	0
1				
2				
3				
4				
5				
6				
7				
8				
9				
10				

七、测试结果分析

测试结果分析见表 3. 32。

表 3. 32 测试结果分析

分析步骤	测试结果分析
步骤 1	（1）经测试可知，该电路为十进制________（加法、减法）计数器。 （2）集成计数器 74LS161 的 $\overline{CR}$ 为________（异步、同步）清 0 端，在利用 74LS161 的 $\overline{CR}$ 端组成十进制计数器时，反馈置 0 所对应的计数脉冲个数为第________个脉冲，即计数状态为 $Q_3\ Q_2\ Q_1\ Q_0$ = ________。 （3）利用 74LS161 的 $\overline{CR}$ 端组成任意进制计数器时，同步置数端 $\overline{LD}$ 不起作用，所以应接________（有效信号、无效信号），也就是 $\overline{LD}$ = ________，且 74LS161 的预置数据输入端 $D_3\ D_2\ D_1\ D_0$ 可悬空
步骤 2	（1）集成计数器 74LS161 的 $\overline{LD}$ 为________（异步、同步）置数端，在利用 74LS161 的 $\overline{LD}$ 端组成十进制加法计数器时，反馈置 0 所对应的计数脉冲个数为第________个脉冲，即计数状态通常为 $Q_3\ Q_2\ Q_1\ Q_0$ = ________。 （2）利用 74LS161 的 $\overline{LD}$ 端组成任意进制加法计数器时，74LS161 的预置数据输入端 $D_3D_2D_1D_0$ 不可悬空，通常可使 $D_3D_2D_1D_0$ = ________
步骤 3	（1）经测试可知，该电路为六十进制________（加法、减法）计数器。 （2）该电路有高位和低位之分，其中高位计数器组成的是________进制计数器，低位计数器组成的是________进制计数器。 （3）级与级之间的连接称为级联，该计数电路中级联的目的是________

八、考核评价

<table>
<tr><td>班级</td><td></td><td>姓名</td><td></td><td>学号</td><td></td><td>组号</td><td colspan="2"></td></tr>
<tr><td>操作项目</td><td colspan="2">考核要求</td><td>分数配比</td><td colspan="2">评分标准</td><td>自评</td><td>互评</td><td>老师评分</td></tr>
<tr><td>理论测试</td><td colspan="2">能正确回答理论测试题，掌握实训过程中的基本理论</td><td>10</td><td colspan="2">每错一处，扣2分</td><td></td><td></td><td></td></tr>
<tr><td>仪器的使用</td><td colspan="2">能正确使用直流稳压电源±5 V、逻辑电平开关、逻辑电平显示器和连续脉冲信号源</td><td>10</td><td colspan="2">不能正确使用的，每次扣2分</td><td></td><td></td><td></td></tr>
<tr><td>电路装接</td><td colspan="2">能够按逻辑电路图装接电路</td><td>20</td><td colspan="2">电路连接错误，每处扣4分</td><td></td><td></td><td></td></tr>
<tr><td>电路测试</td><td colspan="2">能按步骤要求，使用仪器仪表测试电路</td><td>20</td><td colspan="2">不能按步骤要求，使用仪器仪表测试电路，每次扣4分</td><td></td><td></td><td></td></tr>
<tr><td>任务实施报告</td><td colspan="2">及时、正确地做好测试数据的记录工作，按要求写好任务实施报告</td><td>10</td><td colspan="2">不及时做记录，每次扣2分，任务实施报告不全面，每处扣2分</td><td></td><td></td><td></td></tr>
<tr><td>结果分析</td><td colspan="2">正确对测试数据进行分析</td><td>10</td><td colspan="2">不能正确分析测试数据，每处扣2分</td><td></td><td></td><td></td></tr>
<tr><td>安全文明操作</td><td colspan="2">实训台干净整洁，遵守安全操作规程，符合管理要求</td><td>10</td><td colspan="2">工作台脏乱，不遵守安全操作规程，不服从老师管理，酌情扣5～10分</td><td></td><td></td><td></td></tr>
<tr><td>团队合作、创新能力</td><td colspan="2">实训过程有团队合作精神及综合性创新能力。按时按质完成任务</td><td>10</td><td colspan="2">不积极参与实训活动，错误较多，酌情扣5～10分；若有一定的创新能力酌情加分</td><td></td><td></td><td></td></tr>
<tr><td colspan="6">合计</td><td></td><td></td><td></td></tr>
<tr><td colspan="9">学生建议：</td></tr>
<tr><td colspan="9">总评成绩

老师签名：</td></tr>
</table>

延伸阅读

科技自立自强是国家强盛和民族复兴的战略基石

中国共产党第二十次全国代表大会上的报告指出，实现高水平科技自立自强是国家强盛和民族复兴的战略基石。我国的电子计数器可以追溯到20世纪中叶，当时主要采用机械装置来实现。到了20世纪60年代，电子计数器采用离散元件组成，技术精度和可靠性都大幅提高。70年代开始，大规模集成电路技术成熟，计数器实现了微型化和高度集成化。80年代数字计数器取代了模拟计数器。现在，集成计数器已广泛应用于工业自动化、交通运输、医疗设备等各个行业。

任务十　集成计数器及其应用（Ⅱ）

一、任务描述

74LS192是一个双时钟集成十进制可逆计数器，其实际应用非常广泛。利用74LS192既可以制作加法计数器，又可以制作减法计数器。本任务要求用74LS192制作一个24 s倒计时器，并测试它的逻辑功能。

二、任务目标

（1）进一步熟悉集成计数器74LS192的逻辑功能和引脚排列。
（2）学会用集成计数器74LS192组成任意进制减法计数器的方法。
（3）进一步掌握集成计数器的级联方法。
（4）熟悉计数器电路功能的测试。
（5）培养学生安全、文明生产的意识。
（6）培养学生团队合作精神和综合性创新能力。

三、任务准备

1. 知识准备

1）知识预习要点
（1）预习集成计数器74LS192的逻辑功能和引脚排列。
（2）预习用集成计数器74LS192组成任意进制计数器的方法。
（3）预习集成计数器74LS192的级联方法。
2）在老师引导下完成测试
引导测试1：74LS192是集成十进制同步可逆计数器，其逻辑功能示意图和引脚排列见

图 3.36。请完成表 3.33 中集成十进制同步可逆计数器 74LS192 的功能表。

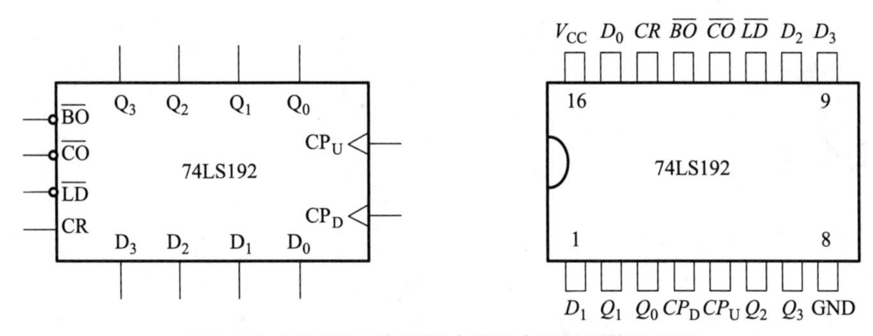

图 3.36　74LS192 的逻辑功能示意图及引脚排列图

表 3.33　74LS192 功能表

输入								输出				功能
CP_U	CP_D	CR	$\overline{LD}$	D_3	D_2	D_1	D_0	Q_3	Q_2	Q_1	Q_0	
×	×	1	×	×	×	×	×					
×	×	0	0	d_3	d_2	d_1	d_0					
↑	1	0	1	×	×	×	×	计　数				
1	↑	0	1	×	×	×	×	计　数				
1	1	0	1	×	×	×	×	保　持				

引导测试 2：试述集成十进制同步可逆计数器 74LS192 中 $\overline{CO}$、$\overline{BO}$ 在电路中的作用。

____

____

2. 实操准备

1）操作注意事项

（1）实训中要求所有集成门电路必须同时接电源和地，极性绝对不允许接反。

（2）该电路的输出端有高、低位之分，其高、低位依次为 Q_3、Q_2、Q_1、Q_0，接线时要注意高位放在最前面、低位放在最后面。

（3）该电路的初始状态为“23”，因此高、低位计数器的预置数据输入端 $D_3 \sim D_0$ 不得悬空，它们的接法必须正确。

2）安全注意事项

（1）为了确保人身安全、防止器件损坏，在实训过程中不论是调换仪器仪表还是改接线路，都必须切断电路中的电源。

（2）认真阅读实训报告，按工艺步骤和要求逐项逐步进行操作。不得私设实训内容，随意扩大实训范围（如乱拆元件、随意短接等）。

（3）实训中若有异常情况，应马上断开电源，检查线路，排除故障，经指导老师确认无误后方可重新送电。

3. 仪器与器材准备

（1）电子技术实验实训台。

（2）集成计数器 74LS192 两片、74LS20 一片。

（3）导线若干。

四、任务分组

将任务分组填入表 3.34 中。

表 3.34　任务分组

班级		组号		指导老师	
组长		学号		任务分工	
组员		学号		任务分工	
组员		学号		任务分工	

五、任务实施

74LS192 为集成十进制可逆计数器，利用两片 74LS192 反馈预置法可实现 24 s 倒计数功能，电路如图 3.37 所示。

（1）按照逻辑电路图（图 3.37）进行正确的连线。

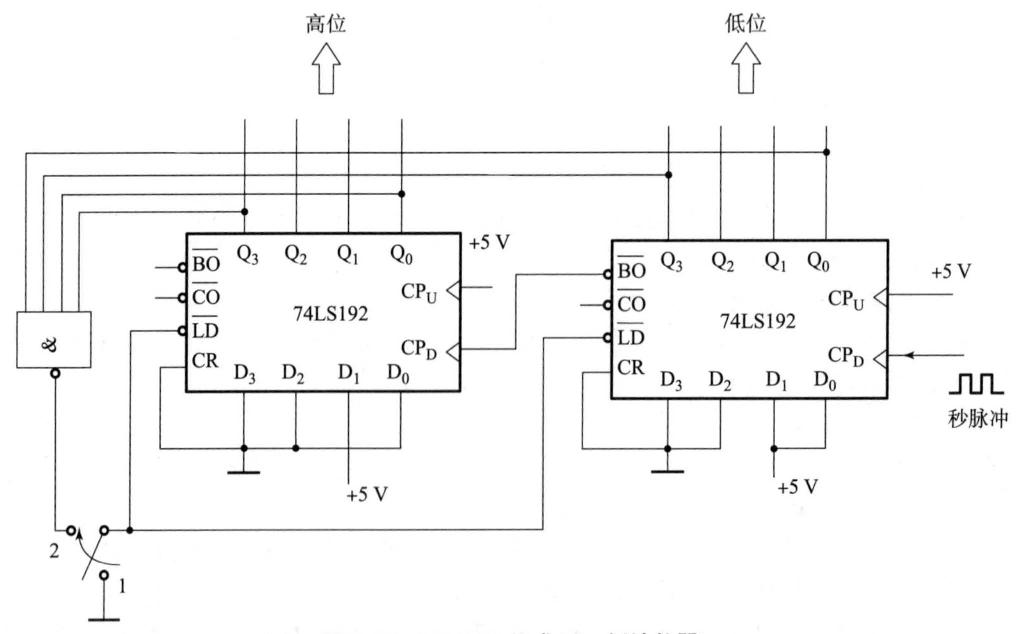

图 3.37　74LS192 组成 24 s 倒计数器

（2）将低位计数器的时钟脉冲 CP_D 端接连续脉冲源，两个计数器的输出端接至逻辑电

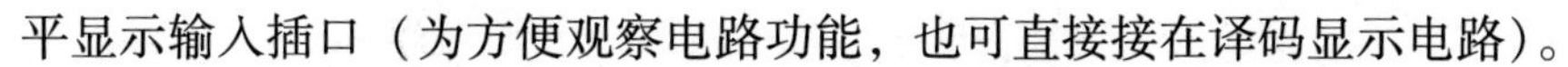

平显示输入插口（为方便观察电路功能，也可直接接在译码显示电路）。

（3）将开关位置先拨至“1”位置，设置计数器的初始值为“23”；再将开关位置拨至“2”位置。

（4）给 *CP* 脉冲端加上连续脉冲（调节频率为 1 Hz），观察输出端状态，将结果记入表 3.35 自拟的表格中，验证电路功能。

六、任务实施报告

集成计数器及其应用（Ⅱ）任务实施报告见表3.35。

表3.35　集成计数器及其应用（Ⅱ）任务实施报告

班级：________	姓名：________			学号：________		组号：________		
计数脉冲 CP 序号	高位计数器				低位计数器				数码显示器
	Q_3	Q_2	Q_1	Q_0	Q_3	Q_2	Q_1	Q_0	
0	0	0	1	0	0	0	1	1	
1									
2									
3									
4									
5									
6									
7									
8									
9									
10									
11									
12									
13									
14									
15									
16									
17									
18									
19									
20									
21									
22									
23									
24									

七、测试结果分析

测试结果分析见表 3. 36。

表 3. 36　测试结果分析

分析事项	结论
根据任务测试结果，说一说该电路的逻辑功能	
电路中初始状态的预置是通过集成十进制可逆计数器 74LS192 的哪一个引脚控制实现的?	
图 3. 37 所示电路中低位计数器的 $\overline{BO}$ 接高位计数器的 CP_{D}，其主要作用是什么?	

八、考核评价

<table>
<tr><td>班级</td><td></td><td>姓名</td><td></td><td>学号</td><td></td><td>组号</td><td colspan="2"></td></tr>
<tr><td>操作项目</td><td colspan="2">考核要求</td><td>分数配比</td><td colspan="2">评分标准</td><td>自评</td><td>互评</td><td>老师评分</td></tr>
<tr><td>理论测试</td><td colspan="2">能正确回答理论测试题，掌握实训过程中的基本理论</td><td>10</td><td colspan="2">每错一处，扣2分</td><td></td><td></td><td></td></tr>
<tr><td>仪器的使用</td><td colspan="2">能正确使用直流稳压电源±5 V、逻辑电平开关、逻辑电平显示器和连续脉冲信号源</td><td>10</td><td colspan="2">不能正确使用的，每次扣2分</td><td></td><td></td><td></td></tr>
<tr><td>电路装接</td><td colspan="2">能够按逻辑电路图装接电路</td><td>20</td><td colspan="2">电路连接错误，每处扣4分</td><td></td><td></td><td></td></tr>
<tr><td>电路测试</td><td colspan="2">能按步骤要求，使用仪器仪表测试电路</td><td>20</td><td colspan="2">不能按步骤要求，使用仪器仪表测试电路，每次扣4分</td><td></td><td></td><td></td></tr>
<tr><td>任务实施报告</td><td colspan="2">及时、正确地做好测试数据的记录工作，按要求写好任务实施报告</td><td>10</td><td colspan="2">不及时做记录，每次扣2分，任务实施报告不全面，每处扣2分</td><td></td><td></td><td></td></tr>
<tr><td>结果分析</td><td colspan="2">正确对测试数据进行分析</td><td>10</td><td colspan="2">不能正确分析测试数据，每处扣2分</td><td></td><td></td><td></td></tr>
<tr><td>安全文明操作</td><td colspan="2">实训台干净整洁，遵守安全操作规程，符合管理要求</td><td>10</td><td colspan="2">工作台脏乱，不遵守安全操作规程，不服从老师管理，酌情扣5～10分</td><td></td><td></td><td></td></tr>
<tr><td>团队合作、创新能力</td><td colspan="2">实训过程有团队合作精神及综合性创新能力。按时按质完成任务</td><td>10</td><td colspan="2">不积极参与实训活动，错误较多，酌情扣5～10分；若有一定的创新能力酌情加分</td><td></td><td></td><td></td></tr>
<tr><td colspan="6">合计</td><td></td><td></td><td></td></tr>
<tr><td colspan="9">学生建议：</td></tr>
<tr><td colspan="9">总评成绩

老师签名：</td></tr>
</table>

延伸阅读

我国最早的时钟

1088 年，北宋丞相苏颂和韩公廉等制造了世界上第一台装有操纵机构的“机械计时器”，又名“水运仪象台”，是集天文观测、天文演示和报时系统于一体的大型自动化天文仪器。它以水力作为动力来源，安装有操纵机构，高约 12 m，7 m 见方，分 3 层：上层放浑仪，进行天文观测；中层放浑象，可以模拟天体做同步演示；下层是该仪器的核心，包括计时、报时、动力源和输出。

任务十一　集成移位寄存器 74LS194 的应用

一、任务描述

74LS194 是由 4 个触发器组成的功能很强的集成移位寄存器。本任务要求测试 74LS194 的逻辑功能，并用 74LS194 制作环形计数器和扭环形计数器。

二、任务目标

（1）理解双向移位寄存器的功能含义。
（2）掌握双向移位寄存器 74LS194 的引脚排列、引脚功能和正确使用方法。
（3）学会应用双向移位寄存器构成脉冲序列发生器的方法。
（4）培养学生安全、文明生产的意识。
（5）培养学生具备节约资源、认真负责的精神。

三、任务准备

1. 知识准备

1）知识预习要点
（1）预习集成移位寄存器 74LS194 的逻辑功能和引脚排列。
（2）预习六非门 74LS04 的引脚排列。
（3）熟悉两种脉冲序列发生器的电路结构。
2）在老师引导下完成测试
引导测试 1：集成移位寄存器 74LS194 的逻辑符号及引脚排列见图 3. 38。其引脚 S_1、S_0 为工作方式控制端，当 S_1S_0 分别为 00、01、10、11 时，电路的工作方式是什么？

____

____。

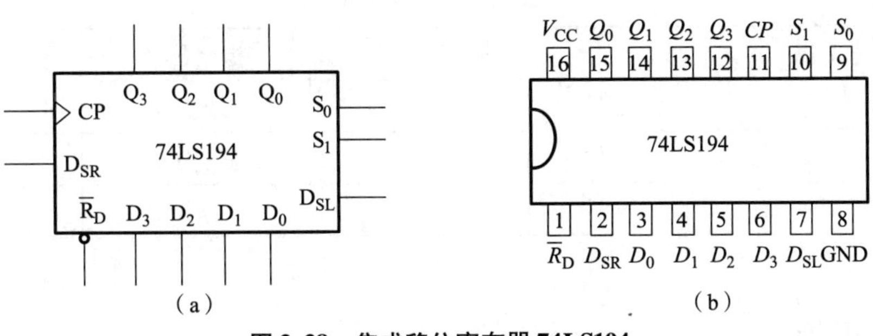

图 3.38　集成移位寄存器 74LS194

（a）逻辑功能示意图；（b）引脚排列图

引导测试 2：试述集成移位寄存器 74LS194 引脚 $\overline{R}_D$ 的功能。

____。

2. 实操准备

1）操作注意事项

（1）实训中要求所有集成门电路必须同时接电源和地，极性绝对不允许接反。

（2）实训中的 CP 时钟信号，要求频率 $f=1\sim2$ Hz，可采用低频段调节获得，不一定要求很准确，以视觉为准。

（3）在环形计数器的装接与测试过程中，也可将图 3.39 中 74LS194 的引脚 S_1 接逻辑电平开关。开关向上，相当于按下 SB 按钮，输入逻辑“1”；开关向下，相当于按钮 SB 弹起，输入逻辑“0”。

（4）在扭环形计数器的装接与测试过程中，也可将图 3.40 中 74LS194 的引脚 $\overline{R}_D$ 接逻辑电平开关。开关向下，相当于按下 SB 按钮，输入逻辑“0”；开关向上，相当于按钮 SB 弹起，输入逻辑“1”。

2）安全注意事项

（1）为了确保人身安全、防止器件损坏，在实训过程中不论是调换仪器仪表还是改接线路，都必须切断电路中的电源。

（2）认真阅读实训报告，按工艺步骤和要求逐项逐步进行操作。不得私设实训内容，随意扩大实训范围（如乱拆元件、随意短接等）。

（3）实训中若有异常情况，应马上断开电源，检查线路，排除故障，经指导老师确认无误后方可重新送电。

3. 仪器与器材准备

（1）电子技术实验实训台。

（2）双向移位寄存器 74LS194 一片、六非门 74LS04 一片、10 kΩ 电阻一个。

（3）导线若干。

四、任务分组

将任务分组填入表 3.37 中。

表 3.37　任务分组

班级		组号		指导老师	
组长		学号		任务分工	
组员		学号		任务分工	
组员		学号		任务分工	

五、任务实施

1. 74LS194 双向移位寄存器功能测试

74LS194 引脚见图 3.38（b）。

（1）将 74LS194 正确插在 16 脚的芯片插座上。

（2）将 74LS194 的 16 脚、8 脚分别与实验实训台上 +5 V 电源、接地端相连。

（3）将输入控制、输入数码端 S_1、S_0、$\overline{R}_D$、$D_0 \sim D_3$、D_{SR}、D_{SL} 共 9 个端接逻辑开关输出插口，CP 端与单相脉冲信号源相连。

（4）将 $Q_0 \sim Q_3$ 输出接至逻辑电平显示输入插口。

（5）开启电源后，按表 3.38 中步骤 1 所示序号依次逐项进行测试。

2. 脉冲序列发生器功能测试

1）环形计数器的装接与测试

（1）按图 3.39 所示装接电路，将连续脉冲输出频率调整为 1 ~ 2 Hz，然后与 CP 端进行连线。$Q_0 \sim Q_3$ 仍依次接逻辑电平显示输入插口。

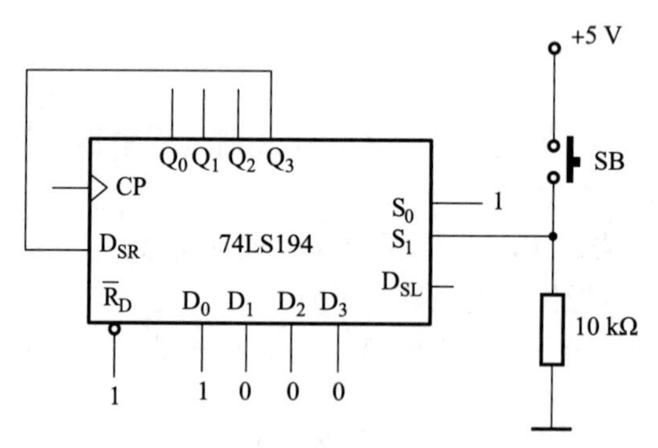

图 3.39　74LS194 组成的环形计数器

（2）开启 +5 V 电源，按下 SB 按钮，将预置数据输入端信号 $D_0D_1D_2D_3$ 置入，使 $Q_0Q_1Q_2Q_3 = D_0D_1D_2D_3$。

（3）按钮 SB 弹起后，观察在 CP 脉冲作用下 $Q_0 \sim Q_3$ 输出端状态显示灯的变化规律。

（4）将 $Q_0 \sim Q_3$ 状态变化情况记录在表 3.38 中步骤 2.1 中。

（5）实训结束后关闭稳压电源。

2）扭环形计数器的装接与测试

（1）按图 3.40 所示装接电路，将连续脉冲输出频率调整为 1 ~ 2 Hz，然后与 CP 端进行连线。$Q_0 \sim Q_3$ 仍依次接逻辑电平显示输入插口。

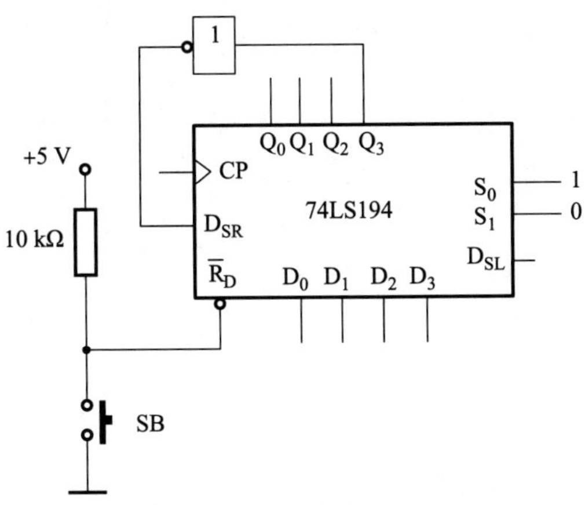

图 3.40　74LS194 组成的扭环形计数器

（2）开启 +5 V 电源，按下 SB 按钮清 0，使 $Q_0Q_1Q_2Q_3 = 0000$。

（3）按钮 SB 弹起后，观察在 CP 脉冲作用下 $Q_0 \sim Q_3$ 输出端状态显示灯的变化规律。

（4）将 $Q_0 \sim Q_3$ 状态变化情况记录在表 3.38 步骤 2.2 中。

（5）实训结束后关闭稳压电源。

六、任务实施报告

集成移位寄存器 74LS194 应用任务实施报告见表 3. 38。

表 3. 38　集成移位寄存器 74LS194 应用任务实施报告

班级：__________　　姓名：__________　　学号：__________　　组号：__________

步骤 1：74LS194 双向移位寄存器功能测试

序号	输入										输出				逻辑功能
	$\overline{R}_D$	S_1	S_0	CP	D_{SR}	D_{SL}	D_0	D_1	D_2	D_3	Q_0	Q_1	Q_2	Q_3	
1	0	×	×	×	×	×	×	×	×	×					
2	1	1	1	⎍	×	×	1	0	1	0					
3	0	×	×	×	×	×	×	×	×	×					
4	1	1	0	⎍	×	1	×	×	×	×					
	1	1	0	⎍	×	0	×	×	×	×					
	1	1	0	⎍	×	1	×	×	×	×					
	1	1	0	⎍	×	0	×	×	×	×					
5	0	×	×	×	×	×	×	×	×	×					
6	1	0	1	⎍	1	×	×	×	×	×					
	1	0	1	⎍	1	×	×	×	×	×					
	1	0	1	⎍	0	×	×	×	×	×					
	1	0	1	⎍	1	×	×	×	×	×					
7	1	0	0	×	×	×	×	×	×	×					

步骤 2：脉冲序列发生器功能测试

步骤 2. 1：环形计数器的装接与测试

计数脉冲 *CP* 序号	输出			
	Q_0	Q_1	Q_2	Q_3
0				
1				
2				
3				
4				

续表

班级：__________ 姓名：__________ 学号：__________ 组号：__________				
步骤 2.2：扭环形计数器的装接与测试				
计数脉冲 CP 序号	输出			
	Q_0	Q_1	Q_2	Q_3
0				
1				
2				
3				
4				
5				
6				
7				
8				

七、测试结果分析

测试结果分析见表 3.39。

表 3.39　测试结果分析

分析步骤	测试结果分析
步骤 2.1	（1）在本次测试中，按下 SB 按钮时 S_1S_0 = ________，74LS194 的功能为________。当 SB 按钮弹起时 S_1S_0 = ________，74LS194 的功能为________。 （2）在本次测试中，74LS194 的异步清 0 端 $\overline{R}_D$ ________（不起、起）作用
步骤 2.2	（1）在本次测试中，74LS194 的异步清 0 端 $\overline{R}_D$ ________（不起、起）作用。按下 SB 按钮时 $\overline{R}_D$ = ________，74LS194 的功能为________。 （2）在本次测试中，S_1S_0 = ________，正常工作时（SB 按钮弹起）74LS194 的功能为________

八、考核评价

班级	姓名		学号	组号		
操作项目	考核要求	分数配比	评分标准	自评	互评	老师评分
理论测试	能正确回答理论测试题，掌握实践过程中的基本理论	10	每错一处，扣2分			
仪器的使用	能正确使用直流稳压电源 ±5 V、逻辑电平开关、逻辑电平显示器和连续脉冲信号源	10	不能正确使用的，每次扣5分			
电路装接	能够按逻辑电路图装接电路	20	电路连接错误，每处扣4分			
电路测试	能按步骤要求，使用仪器仪表测试电路	20	不能按步骤要求，使用仪器仪表测试电路，每次扣4分			
任务实施报告	及时、正确地做好测试数据的记录工作，按要求写好任务实施报告	10	不及时做记录，每次扣2分，任务实施报告不全面，每处扣2分			
结果分析	正确对测试数据进行分析	10	不能正确分析测试结果，每处扣2分			
安全文明操作	实训台干净整洁，遵守安全操作规程，符合管理要求	10	工作台脏乱，不遵守安全操作规程，不服从老师管理，酌情扣5～10分			
节约资源、认真负责	实训过程节约资源，按时按质完成任务	10	浪费资源、不积极参与实训活动，错误较多，酌情扣5～10分			
合计						
学生建议：						
总评成绩 老师签名：						

延伸阅读

穷则变，变则通，通则久

集成移位寄存器在数字电路中将数据串/并转换、左移右移，实现了各种时钟信号、数据移位功能。国家也是一样，习近平总书记在中国科学院第十九次院士大会上说，今年是我国改革开放40周年。新时代全面深化改革决心不能动摇、勇气不能减弱。科技体制改革要敢于啃硬骨头，敢于涉险滩、闯难关，破除一切制约科技创新的思想障碍和制度藩篱，正所谓“穷则变，变则通，通则久”。

任务十二　集成逻辑门构成的脉冲电路

一、任务描述

CMOS六非门CC4069作为一个开关倒相器件，可用以构成各种脉冲波形产生电路。本任务要求用CMOS六非门CC4069搭建多谐振荡电路。

二、任务目标

（1）学会使用门电路构成脉冲信号产生电路的基本方法。

（2）掌握影响输出脉冲波形参数的定时元件数值的计算方法。

（3）培养学生安全、文明生产的意识。

（4）培养学生具备节约资源、认真负责的精神。

三、任务准备

1. 知识准备

1）知识预习要点

（1）预习门电路组成的自激多谐振荡器的工作原理。

（2）熟悉CC4069的引脚排列和门电路组成的自激多谐振荡器的电路结构。

2）在老师引导下完成测试

引导测试：CMOS六非门CC4069可构成多谐振荡电路，图3.41和图3.42所示为多谐振荡器的两种不同接法。请问电路输出的脉冲波形参数（频率）取决于电路中的什么元件？

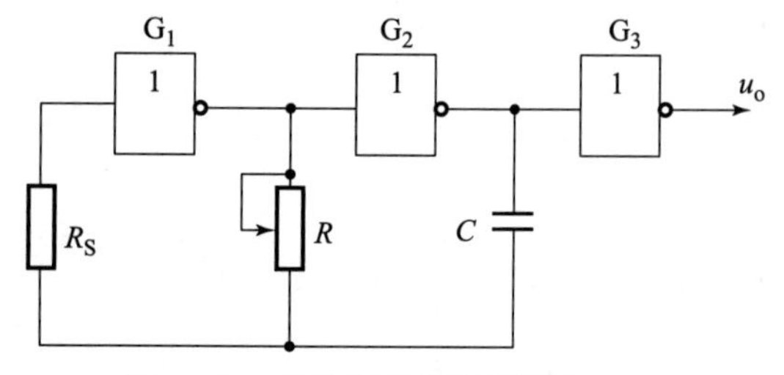

图3.41　非对称型多谐振荡器

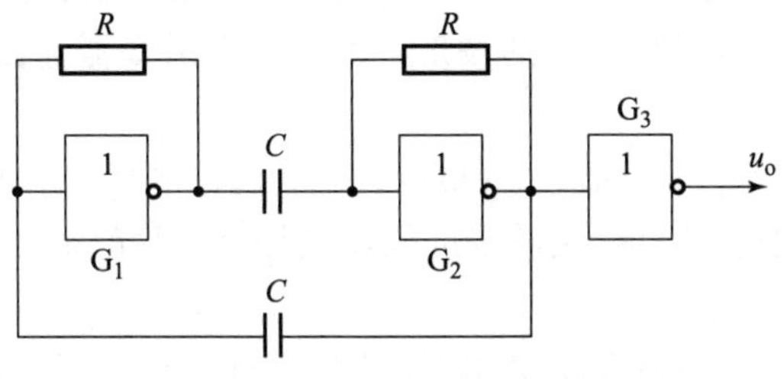

图 3.42　对称型多谐振荡器

2. 实操准备

1）操作注意事项

（1）禁止带电接线。

（2）开始接线时，需要先检测导线内部是否导通；插拔连线时，要抓住导线的插头。

（3）注意 CMOS 六非门 CC4069 的输入、输出端，不能接反。

（4）注意电位器的接法，且不能带电调节电位器。

2）安全注意事项

（1）搭接电路前，对所用元器件进行检测，并对集成芯片进行功能测试。

（2）在实训台上搭接电路时，应遵循正确的布线原则和操作步骤（即要先接线、后通电；做完后，先断电、再拆线的步骤）。

3. 仪器与器材准备

（1）电子技术实验实训台。

（2）CMOS 六非门 CC4069 一片、电位器、电阻、电容若干。

（3）双踪示波器、万用表各一台。

四、任务分组

将任务分组填入表 3.40 中。

表 3.40　任务分组

班级		组号		指导老师	
组长		学号		任务分工	
组员		学号		任务分工	
组员		学号		任务分工	

五、任务实施

1. 非对称型多谐振荡器的装接与测试

（1）用 CMOS 六非门 CC4069 按图 3.41 所示构成多谐振荡器，其中 R 为 10 kΩ 电位器，R_S 取 100 kΩ，电容 C 为 100 μF，输出端 u_o 可接到逻辑电平显示器上。

（2）电路经检查无误后，首先将电位器 R 的值调到最大值，接通电源，观察逻辑电平显示器的状态，同时用示波器观察 u_o 的波形，测出多谐振荡器输出波形的周期及频率，自拟列表记录之。

（3）将电位器 R 的值调到中间值（5 kΩ），观察逻辑电平显示器的状态，同时用示波器观察 u_o 的波形，测出多谐振荡器输出波形的周期及频率，并记录在表 3.41 中步骤 1 自拟列表中。

（4）调节电位器用示波器观察输出波形周期的变化趋势，测出上、下限频率，并记录在表 3.41 中步骤 1 自拟列表中。

2. 对称型多谐振荡器的装接与测试

（1）用 CMOS 六非门 CC4069 按图 3.42 所示构成多谐振荡器，其中 $R = 10$ kΩ，$C = 100$ μF，输出端 u_o 可接到逻辑电平显示器上。

（2）电路经检查无误后接通电源，观察逻辑电平显示器的状态，同时用示波器观察 u_o 的波形，测出多谐振荡器输出波形的周期及频率，在表 3.41 中步骤 2 自拟列表记录之。

六、任务实施报告

集成逻辑门构成的脉冲电路任务实施报告见表 3. 41。

表 3. 41　集成逻辑门构成的脉冲电路任务实施报告

班级：__________	姓名：__________	学号：__________	组号：__________
步骤 1：非对称型多谐振荡器的装接与测试			
步骤 2：对称型多谐振荡器的装接与测试			

七、测试结果分析

测试结果分析见表 3.42。

表 3.42　测试结果分析

分析步骤	测试结果分析
步骤 1	（1）用 CMOS 六非门 CC4069 组成的非对称型振荡器的振荡频率与电位器 R 的值________（有关、无关），电位器 R ________（越大、越小），则电路的振荡频率越大。 （2）经测试可知，该电路输出波形中高、低电平的宽度________（不等、相等），高电平的宽度________（大于、等于、小于）低电平的宽度
步骤 2	（1）该电路振荡频率的理论值为________，实际值为________。振荡频率的理论值和实际值________（基本相符、不符）。 （2）经测试可知，该电路输出波形中高、低电平的宽度________（不等、相等），高电平的宽度________（大于、等于、小于）低电平的宽度

八、考核评价

班级		姓名		学号		组号		
操作项目	考核要求		分数配比	评分标准		自评	互评	老师评分
理论测试	能正确回答理论测试题，掌握实训过程中的基本理论		10	每错一处，扣2分				
仪器的使用	能正确使用直流稳压电源±5 V、逻辑电平显示器、示波器、万用表		10	不能正确使用的，每次扣2分				
电路装接	能够按逻辑电路图装接电路		20	电路连接错误，每处扣4分				
电路测试	能按步骤要求，使用仪器仪表测试电路		20	不能按步骤要求，使用仪器仪表测试电路，每次扣4分				
任务实施报告	及时、正确地做好测试数据的记录工作，按要求写好任务实施报告		10	不及时做记录，每次扣2分，任务实施报告不全面，每处扣2分				
结果分析	正确对测试数据进行分析		10	不能正确分析测试数据，每处扣2分				
安全文明操作	实训台干净整洁，遵守安全操作规程，符合管理要求		10	工作台脏乱，不遵守安全操作规程，不服从老师管理，酌情扣5～10分				
节约资源、认真负责	实训过程节约资源，按时按质完成任务		10	浪费资源、不积极参与实训活动，错误较多，酌情扣5～10分				
合计								
学生建议：								
总评成绩 老师签名：								

延伸阅读

脉冲的来源与应用

脉冲是一种突发信号，其特点是持续时间短、强度高、能量大、频率高。在自然界中一般来源于闪电、地震、宇宙射线等。实际应用非常广泛，在医疗领域，脉冲被广泛应用于诊断和治疗，心脏起搏器所产生的脉冲可以帮助患者维持心跳，激光脉冲常用于眼科手术和皮肤治疗。在通信领域则作为电磁波脉冲使用，用于雷达系统和电子对抗。此外，还可用于材料加工、能源技术和半导体工艺等方面。

任务十三　555 定时器的基本应用

一、任务描述

555 定时器的应用很广泛，只要外接少部分的元器件，就可以方便地构成各种应用电路。本任务要求用 555 定时器构成施密特触发器、单稳态触发器和多谐振荡器等脉冲产生或波形变换电路。

二、任务目标

（1）进一步熟悉 555 定时器的引脚排列和逻辑功能。
（2）掌握 555 定时器组成的施密特触发器、单稳态触发器、多谐振荡器的电路组成。
（3）理解 555 定时器组成的施密特触发器、单稳态触发器、多谐振荡器的工作原理。
（4）会安装和检测由 555 定时器组成的施密特触发器、单稳态触发器、多谐振荡器。
（5）培养学生安全、文明生产的意识。
（6）培养学生团队合作能力和节约资源、工作耐心细致的工匠精神。

三、任务准备

1. 知识准备

1）知识预习要点

（1）熟悉 555 定时器的引脚排列和逻辑功能。

（2）预习由 555 定时器组成的施密特触发器、单稳态触发器及多谐振荡器的电路结构及参数设置方法。

2）在老师引导下完成测试

引导测试 1：将 555 定时器的阈值输入端 TH(6 脚）与触发输入端 $\overline{TR}$(2 脚）接在一起，作为信号的输入端，即可构成施密特触发器，如图 3.43 所示。请问该电路的上限触发电平

U_{T+}和下限触发电平U_{T-}分别是多少？

____

____。

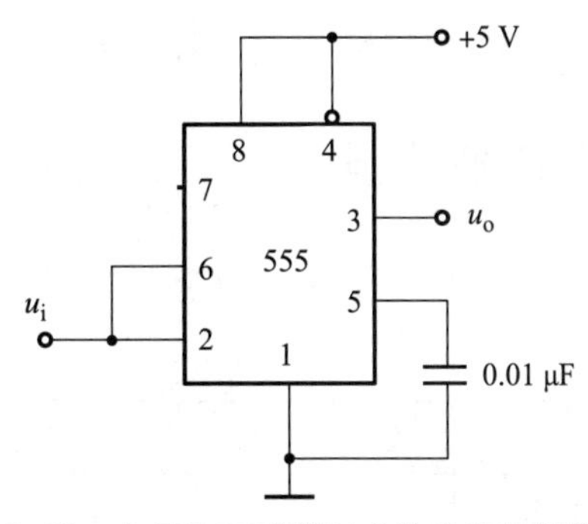

图 3.43　由 555 定时器组成的施密特触发器

引导测试2：图 3.44 是由 555 定时器构成的单稳态触发器。输入信号 u_i 加在触发输入端 $\overline{TR}$（2 脚），并将阈值输入端 *TH*（6 脚）与放电端 *DIS*（7 脚）接在一起，然后再与定时元件 *R*、*C* 相接。试问理论上该电路输出脉冲宽度为多少？

____。

引导测试3：图 3.45 是由 555 定时器构成的多谐振荡器，定时元件除电容 *C* 外，还有 R_1 和 R_2 两个电阻。将555 定时器的两个输入端（6、2 脚）短接后连到 *C* 与 R_2 的连接处，将放电端 *DIS*（7 脚）接到 R_1 和 R_2 的连接处。请回答：该电路频率由哪些元件决定？并写出其振荡周期的估算公式。

____

____。

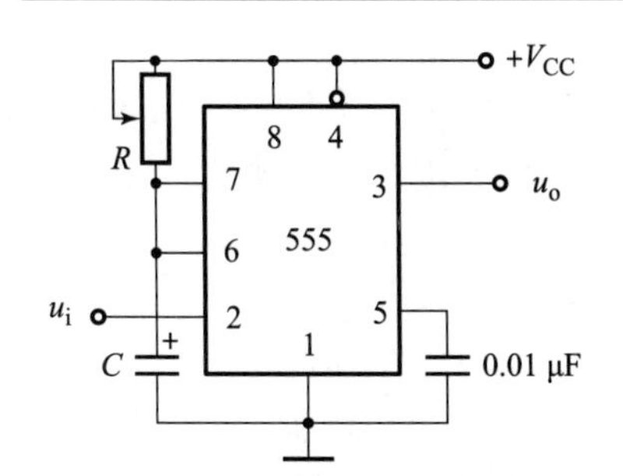

图 3.44　由 555 定时器组成的单稳态触发器

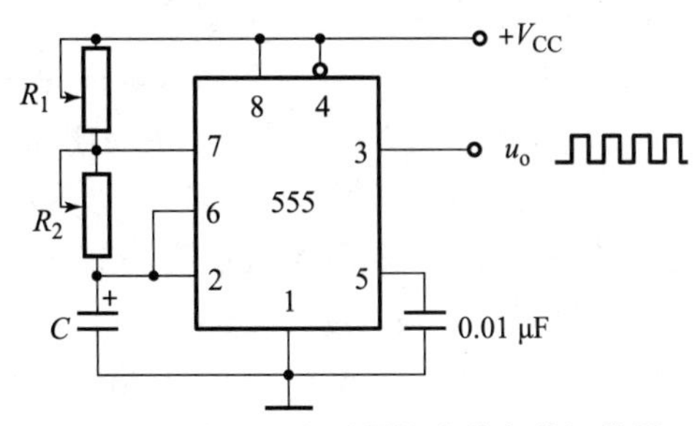

图 3.45　由 555 定时器构成的多谐振荡器

2. 实操准备

1）操作注意事项

（1）对于电路中使用的电解电容，接线时要注意极性。

（2）注意电位器的接法，且只有切断电源，才能调节并用万用表测量电位器的阻值。

（3）该实训应注意各电路的结构有何相同之处和不同之处，同时要求熟练掌握 555 定时器组成的 3 种电路的测试方法。

2）安全注意事项

（1）学生分组实训前应认真检查本组仪器、设备及电子元器件状况，若发现缺损或有异常现象，应立即报告指导老师或实训室管理人员处理。

（2）实训中若有异常情况，应马上断开电源，检查线路，排除故障，经指导老师确认无误后方可重新送电。

（3）认真阅读任务实施步骤，按要求逐项逐步进行操作。不得私设实训内容，随意扩大实训范围（如乱拆元件、随意短接等）。

3. 仪器与器材准备

（1）电子技术实验实训台。

（2）双踪示波器一台、万用表一台。

（3）NE555 定时器一片，电位器、电容若干。

四、任务分组

将任务分组填入表 3. 43 中。

表 3. 43　任务分组

班级		组号		指导老师	
组长		学号		任务分工	
组员		学号		任务分工	
组员		学号		任务分工	

五、任务实施

1. 用 555 集成定时器构成施密特触发器

（1）参照图 3. 43 所示正确接线。

（2）接通电源（+5 V），输入幅值为 5 V、频率为 10 Hz 的正弦波信号。用双踪示波器观察并描绘 u_i 和 u_o 波形。要求注明周期和幅值，并分别标出上限触发电平 U_{T+} 和下限触发电平 U_{T-}，最后将波形图画在表 3. 44 步骤 1 中。

2. 用 555 集成定时器构成单稳态触发器

（1）参照图 3. 44 所示正确接线，选择 $R = 100\ \text{k}\Omega$，$C = 100\ \mu\text{F}$。

（2）接通电源（+5 V），输入端（555 定时器 2 脚）接单次负脉冲（‾|_|‾）输出接口，输出端（555 定时器 3 脚）接实验实训台上的逻辑电平显示器。

（3）首先将电位器 R 的阻值调至最大，输入端（555 定时器 2 脚）加单次负脉冲信号，观察逻辑电平显示器（发光二极管）状态，记录暂态时间，将结果填入表 3. 44 步骤 2 自拟的表格中。

（4）改变电位器 R 的阻值（$R = 50\ \text{k}\Omega$），输入端（555 定时器 2 脚）加单次负脉冲信号，观察逻辑电平显示器（发光二极管）状态，记录暂态时间，将结果填入表 3. 44 步骤 2 自拟的表格中。

3. 用 555 集成定时器构成多谐振荡器

（1）参照图 3. 45 所示正确接线。选择 $R_1 = 10\ \text{k}\Omega$，$R_2 = 10\ \text{k}\Omega$，$C = 100\ \mu\text{F}$，输出端（555 定时器 3 脚）接实验实训台上的逻辑电平显示器。

用 555 集成定时器构成多谐振荡器

（2）首先将电位器 R_1、R_2 的阻值调至最大，接通电源（+5 V），观察逻辑电平显示器的状态，并用示波器观察 u_C、u_o 的波形，记录 u_o 的波形，并在 u_o 的波形中标出输出电压的周期、幅度和高/低电平的脉宽，最后将结果填入表 3. 44 步骤 3 自拟的表格中。

（3）改变电位器 R_1、R_2 的阻值，接通电源（+5 V），观察逻辑电平显示器的状态，将结果填入表 3. 44 步骤 3 自拟的表格中。

六、任务实施报告

555 定时器的基本应用任务实施报告见表 3.44。

表 3.44　555 定时器的基本应用任务实施报告

班级：__________	姓名：__________	学号：__________	组号：__________
步骤 1：用 555 集成定时器构成施密特触发器			
步骤 2：用 555 集成定时器构成单稳态触发器			
步骤 3：用 555 集成定时器构成多谐振荡器			

七、测试结果分析

测试结果分析见表3.45。

表3.45　测试结果分析

分析步骤	测试结果分析
步骤1	（1）施密特触发器可以将正弦波信号转换为________。 （2）本次测试由555定时器组成的施密特触发器的上限触发电平和下限触发电平分别为________、________。 （3）由波形图可知，对于施密特触发器，当$u_i > U_{T+}$时，u_o为________（高电平、低电平）；当$u_i < U_{T-}$时，u_o为________（高电平、低电平）；当$U_{T-} < u_i < U_{T+}$时，u_o状态________
步骤2	（1）图3.44中由555定时器组成的单稳态触发器的稳态为________（输出为0、输出为1），而暂态为________（输出为0、输出为1）。 （2）当电位器R的阻值调至最大时，图3.44所示电路的理论暂态时间为________，实际暂态时间为________，实际暂态时间和理论暂态时间________（基本相符、有误差）。 （3）经测试可知，电位器R的阻值越小，暂态时间________（越短、越长）
步骤3	（1）多谐振荡电路不需外接输入信号，就能够自动产生________信号。 （2）当电位器R_1、R_2的阻值调至最大时，图3.45所示电路输出信号的理论周期为________，实际周期为________，实际周期和理论周期________（基本相符、有误差）。 （3）经测试可知，图3.45所示电路中电位器R_1、R_2的阻值越小，电路输出信号的频率就________（越快、越慢）

八、考核评价

班级	姓名		学号		组号	
操作项目	考核要求	分数配比	评分标准	自评	互评	老师评分
理论测试	能正确回答理论测试题，掌握实训过程中的基本理论	10	每错一处，扣2分			
仪器的使用	能正确使用直流稳压电源±5 V、逻辑电平显示器、万用表、双踪示波器	10	不能正确使用的，每次扣2分			
电路装接	能够按逻辑电路图装接电路	20	电路连接错误，每处扣4分			
电路测试	能按步骤要求，使用仪器仪表测试电路	20	不能按步骤要求，使用仪器仪表测试电路，每次扣4分			
任务实施报告	及时、正确地做好测试数据的记录工作，按要求写好任务实施报告	10	不及时做记录，每次扣2分，任务实施报告不全面，每处扣2分			
结果分析	正确对测试数据进行分析	10	不能正确分析测试数据，每处扣2分			
安全文明操作	实训台干净整洁，遵守安全操作规程，符合管理要求	10	工作台脏乱，不遵守安全操作规程，不服从老师管理，酌情扣5～10分			
团队合作、节约资源、耐心细致	实训过程有团队合作精神，节约资源。按时按质完成任务	10	不积极参与实训活动，浪费资源，错误较多，酌情扣5～10分			
合计						
学生建议：						
总评成绩 老师签名：						

延伸阅读

科技当自强

555 定时器是美国 Signetics 公司于 1972 年研制的，应用范围从民用到火箭、导弹、卫星、航天等高科技领域，从诞生到现在销量过百亿，可以说是历史上最成功的芯片之一。芯片虽小，却是各行各业实现信息化、智能化的基础，一直是全球高科技国力较量的焦点，是名副其实的大国重器。虽然中国每年制造数以亿计的电子产品，但是长期以来却被指甲盖大小的芯片“扼住咽喉”。据统计，中国每年进口芯片的费用甚至超过石油。华为事件，凸显了日趋复杂的国际环境下，科技博弈已是明显趋势，虽然我国在信息科技领域奋力追赶，但一些尖端技术仍面临着受制于人的局面，大学生理应用责任和担当书写青春：勤学奋斗、增长才干，努力练好人生和事业的基本功，肩负时代责任，高扬理想风帆。

模块四

创新设计性实训

模块导读

电子电路设计能力是电子类专业学生必须具备的一项能力，本模块是在前面实训任务学习的基础上进一步拓展学生的电子电路创新设计能力，通过8个创新设计性实训任务，帮助学生全面、系统地掌握专业知识，发掘和培养学生的创新能力。

任务一　带过载和短路保护12 V直流稳压电源设计与制作

一、任务描述

在各种电子设备中，直流稳压电源是必不可少的组成部分，稳压电源的主要任务是将50 Hz的电网电压转换成稳定的直流电压和电流，从而满足带负载的需要。直流稳压电源接负载时，当负载过载或短路时将会烧坏直流稳压电源，现需设计一个过载和短路保护电路，能够有效避免由于负载过载或短路将直流稳压电源烧坏。

二、任务目标

（1）熟悉由集成稳压集成块组成的直流稳压电路，并能应用在实际的电路设计中。

（2）能运用三极管设计过载和短路保护电路，熟悉模拟电子技术设计的基本思想、方法和原理。

（3）熟悉电路仿真软件 Multisim 14.0 的使用。

（4）能够在电子技术实验实训台上装接并调试电路。

（5）通过查找资料、选择方案、设计电路、仿真或调试、编写实训报告等环节的训练，培养学生独立分析问题、解决问题的创新能力。

三、任务设计要求

现需设计一个能够有效避免由于负载过载或短路将直流稳压电源烧坏的稳压电源电路，可以设计温度控制电路，利用三极管饱和与截止的特点，从而达到负载过载或短路时主动切断电源与负载的连接，实现保护电源的目的。

具体设计要求如下：

（1）设计并制作一个额定输出电压 12 V、额定输出电流 1 A 的直流稳压电源，有红、绿 LED 指示输入和输出。

（2）设计过载和短路保护电路，负载过载或短路时主动切断电源与负载的连接，保护电源，并能控制负载接通电源以及停电自锁。

（3）用仿真软件（Multisim 仿真软件）对电路进行仿真。

（4）选择合适的元器件，在电子技术实验实训台上接线验证、调试电路的各个功能模块。

（5）撰写实训报告，并附上总体设计电路图（用三号图纸）。

四、任务设计提示

（一）参考选择的设备和元器件

1. 实训用设备

万用表、双踪示波器、直流电源、电子技术实验实训台。

2. 实训用参考元器件

1 A 集成稳压块 7812 一片；三极管 9012 和 9013 各 1 个；1N4007 整流二极管 4 个；轻触开关 2 个；红、绿 LED 各 1 个；1 kΩ 电阻 1 个；10 kΩ 电阻 1 个；4. 7 kΩ 可调电位器 1 个；1 000 μF/25 V 电容 1 个；0. 33 μF/16 V 电容 1 个；1 μF/16 V 电容 1 个；万能板一块；12 V 电源 1 个。

（二）设计提示

根据实训任务和要求，带过载和短路保护直流稳压电源电路设计框图参考如图 4. 1 所示。

图 4. 1 所示电路采用 12 V 集成稳压块，过载和短路保护电路采用三极管电路，负载过载或短路时主动切断电源与负载的连接，保护电源，并能控制负载接通电源以及停电自锁。

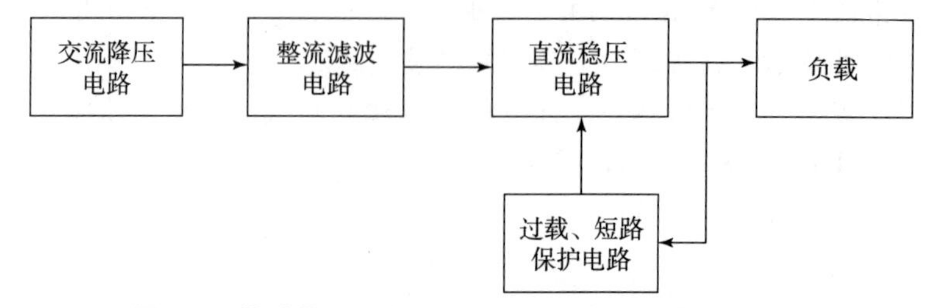

图 4. 1　带过载和短路保护直流稳压电源电路设计框图

五、任务准备

知识预习要点：

1. 预习教材中模拟电路相关知识

（1）熟悉半导体二极管的结构、特性及参数选择知识。

（2）复习整流电路、滤波电路及稳压电路的组成及工作原理。

（3）熟悉如何选用变压器、整流二极管、滤波电容及三端稳压器来设计制作直流稳压电源。

2. 在老师引导下完成测试

（1）在单相桥式整流电路中，在无滤波和有滤波时输出电压的平均值 U_o 与变压器副边电压有效值 U_2 各应满足什么关系？

（2）在单相桥式整流电容滤波电路中，若发生下列情况之一时，对电路正常工作有什么影响？

①负载开路；②滤波电容短路；③滤波电容断路；④整流桥中一只二极管断路；⑤整流桥中一只二极管极性接反。

（3）根据稳压管稳压电路和串联型稳压电路的特点，试分析这两种电路各适用于什么场合。

六、任务分组

将任务分组填入表4.1中。

表4.1　任务分组

班级		组号		指导老师	
组长		学号		任务分工	
组员		学号		任务分工	
组员		学号		任务分工	

七、任务设计与实施

各小组成员根据工作任务的设计要求，进行认真学习，并将学习过程的内容（要点）进行记录，同时通过小组分析与讨论，形成设计方案、绘制电路原理图、完成电路搭建与调试，填写表4.2。

表4.2　任务设计与实施记录

设计结果记录	
设计方案的选择与比较	（考虑过哪些方案，分别画出框图，说明原理和优、缺点，经比较后选择了哪个方案）
单元电路设计及参数计算	（根据设计要求和已选定的总体设计方案，分别设计各单元电路的结构形式，并选择元器件和计算参数）
总体电路初步设计及仿真分析	（根据单元电路图设计绘制出总体电路图，并利用 Multisim 仿真软件进行仿真验证，在仿真的基础上对电路结构和元器件参数作出相应的修改）

续表

任务实施过程记录	
元器件领用及检测	（根据仿真成功后的电路列出所需元器件清单，核对数量并检测结果）
电路搭建与调试	（在电子技术实验实训台上对电路进行搭建与调试，记录在实际搭建过程中电路结构是否需要调整、元器件参数的选择是否有调整等问题及解决方式，最终版电路图另外附上图纸）
收获、体会及建议	（本任务设计、实施的收获、体会和建议）

八、考核评价

班级	姓名		学号	组号		
操作项目	考核要求	分数配比	评分标准	自评	互评	老师评分
理论测试	能正确回答理论测试题，掌握实践过程中的基础理论	6	每错一处，扣2分			
设计方案选择	方案选择合理，目的明确	10	选择设计方案不合理，不得分			
单元电路设计	单元电路设计合理，过程完整、清晰	20	单元电路的结构形式不合理，元器件参数选择不正确，每处扣2分			
电路仿真	能熟练使用Multisim仿真软件	10	Multisim仿真软件使用不熟练，达不到辅助设计的作用，酌情扣2~5分			
仪器仪表的使用	能正确使用电子技术实验实训台、万用表及示波器	10	不能正确使用电子技术实验实训台、仪器仪表，每次扣2分			
元器件识别检测	能正确识读和检测元器件的好坏	10	不能正确识读和检测元器件，每处扣2分			
电路装接调试	元器件布局合理，调试方法规范，电路功能演示正确、醒目、直观	20	元器件布局不合理，调试方法有误，电路功能演示不正确，每处扣2分			
整体电路设计记录	整体电路设计方案正确、表达清楚、能实现任务设计所需的功能，图、表、文字表达准确、规范	10	设计结果记录不全面，每处扣2分；电路图布局不美观，图、表、文字表达不准确、不规范，每处扣2分			
素质评价	职业素养与安全意识，遵守教学场所规章纪律	4	实训时不符合安全操作规程，工作现场工具及物品摆放脏乱，不遵守劳动纪律，不爱惜设备与器材，酌情扣1~2分			
合计						
学生建议：						
总评成绩 老师签名：						

延伸阅读

直流稳压电路的类型

直流稳压电路按调整器件的工作状态可分为两大类：线性直流稳压电路和开关型直流稳压电路。

线性直流稳压电路的特点是调整管工作在线性区，靠调整管之间的电压降来稳定输出。由于调整管静态损耗大，需要安装散热器解决散热问题，这必然会增大电源设备的体积和重量。该类电源的优点是稳定性高、纹波小、可靠性高，易做成输出连续可调的成品。但缺点是体积大、较笨重、转换效率低。

开关型直流稳压电路的特点是调整管工作在开关状态。当其截止时，电流很小，因而管耗很小；当其饱和时，管压降很小，因而管耗也很小。这样使得开关型稳压电路的优点是体积小、质量轻，转换效率高，稳定可靠；缺点是纹波较大，控制电路较复杂。

两种类型的稳压电路各有优缺点，在实际电路设计过程中，可根据设计需求进行选择。

任务二　被保护物体移动探测报警电路的设计与制作

一、任务描述

贵重物品常常要保证其安全，未经许可不能移动它，做一个移动探测报警电路就能保证物品的安全。现需自行设计一个被保护物体移动探测报警电路，当贵重物品被移动时，能自动报警。参考相关资料，完成电路的设计、搭建及测试工作。

二、任务目标

（1）熟悉三极管放大电路，并能应用在实际的电路设计中。

（2）学会小功率三极管设计放大电路设计的基本思想、方法和原理。

（3）熟悉电路仿真软件 Multisim 14.0 的使用。

（4）能够在电子技术实验实训台上装接并调试电路。

（5）通过查找资料、选择方案、设计电路、仿真或调试、编写实训报告等环节的训练，培养学生独立分析问题、解决问题的创新能力。

三、任务设计要求

设计被保护物体移动探测报警电路，采用磁检测技术和三极管放大电路，从而达到被保护物品未经许可移动报警。

具体设计要求如下：

（1）运用磁生电技术，将物体移动变成电信号。

（2）三极管放大电路将该电信号放大并最终驱动蜂鸣器发出报警声。

（3）用仿真软件（Multisim 14.0 仿真软件）对电路进行仿真。

（4）选择合适的元器件，在电子技术实验实训台上接线验证、调试电路的各个功能模块。

（5）撰写实训报告，并附上总体设计电路图（用三号图纸）。

四、任务设计提示

（一）参考选择的设备和元器件

1. 实训用设备

万用表、双踪示波器、直流电源、电子技术实验实训台、面包板及连接线、计算机等。

2. 实训用参考元器件

永磁铁 1 块、三极管（9013）6 个；三极管（9015）2 个；电感自制；蜂鸣器 1 个；1 kΩ 电阻 5 个；10 kΩ 电阻 5 个；100 kΩ 电阻 7 个；10 μF/16 V 电容 5 个；100 μF/16 V 电容 6 个；470 μF/16 V 电容 5 个；万能板 1 块；12 V 电源 1 个。

（二）设计提示

根据实训任务和要求，移动探测报警电路设计框图参考如图 4.2 所示。

图 4.2 所示电路采用磁生电原理，将磁场变化转变成电压信号，检测到的电压信号在放大电路中放大，通过执行电路推动蜂鸣器报警。

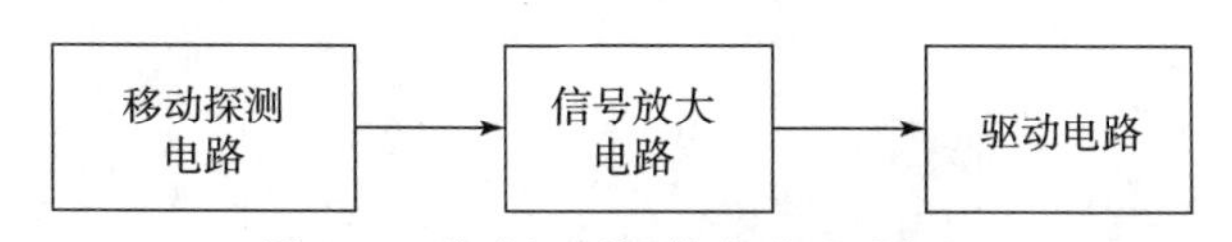

图 4.2　移动探测报警电路设计框图

五、任务准备

知识预习要点：

1. 预习教材中模拟电路相关知识

（1）熟悉磁生电的工作原理。

（2）熟悉三极管放大电路的工作原理及其应用。

2. 在老师引导下完成测试

（1）三极管处于截止、放大、饱和状态的条件各是什么？

（2）某处于放大状态的三极管，测得 3 个电极的对地电位为 $V_1 = -9$ V，$V_2 = -6$ V，$V_3 = -6.2$ V，则电极________为基极，________为发射极，此为________型管。

（3）分压式射极偏置放大电路若要稳定静态工作点，应满足什么条件？

六、任务分组

将任务分组填入表 4.3 中。

表 4.3　任务分组

班级		组号		指导老师	
组长		学号		任务分工	
组员		学号		任务分工	
组员		学号		任务分工	

七、任务设计与实施

各小组成员根据工作任务的设计要求，进行认真学习，并将学习过程的内容（要点）进行记录，同时通过小组分析与讨论，形成设计方案、绘制电路原理图、完成电路搭建与调试，填写表4.4。

表4.4　任务设计与实施记录

设计结果记录	
设计方案的选择与比较	（考虑过哪些方案，分别画出框图，说明原理和优、缺点，经比较后选择了哪个方案）
单元电路设计及参数计算	（根据设计要求和已选定的总体设计方案，分别设计各单元电路的结构形式，并选择元器件和计算参数）
总体电路初步设计及仿真分析	（根据单元电路图设计绘制出总体电路图，并利用Multisim仿真软件进行仿真验证，在仿真的基础上对电路结构和元器件参数作出相应的修改）

续表

任务实施过程记录	
元器件领用及检测	（根据仿真成功后的电路列出所需元器件清单，核对数量并检测结果）
电路搭建与调试	（在电子技术实验实训台上对电路进行搭建与调试，记录在实际搭建过程中电路结构是否需要调整、元器件参数的选择是否有调整等问题及解决方式，最终版电路图另外附上图纸）
收获、体会及建议	（本任务设计、实施的收获、体会和建议）

八、考核评价

班级	姓名		学号		组号	
操作项目	考核要求	分数配比	评分标准	自评	互评	老师评分
理论测试	能正确回答理论测试题，掌握实践过程中的基本理论	6	每错一处，扣2分			
设计方案选择	方案选择合理，目的明确	10	选择设计方案不合理，不得分			
单元电路设计	单元电路设计合理，过程完整、清晰	20	单元电路的结构形式不合理，元器件参数选择不正确，每处扣2分			
电路仿真	能熟练使用Multisim仿真软件	10	Multisim仿真软件使用不熟练，达不到辅助设计的作用，酌情扣2～5分			
仪器仪表的使用	能正确使用电子技术实验实训台、万用表及示波器	10	不能正确使用电子技术实验实训台、仪器仪表，每次扣2分			
元器件识别检测	能正确识读和检测元器件的好坏	10	不能正确识读和检测元器件，每处扣2分			
电路装接调试	元器件布局合理，调试方法规范，电路功能演示正确、醒目、直观	20	元器件布局不合理，调试方法有误，电路功能演示不正确，每处扣2分			
整体电路设计记录	整体电路设计方案正确、表达清楚、能实现任务设计所需的功能，图、表、文字表达准确、规范	10	设计结果记录不全面，每处扣2分；电路图布局不美观，图、表、文字表达不准确、不规范，每处扣2分			
素质评价	职业素养与安全意识，遵守教学场所规章纪律	4	实训时不符合安全操作规程，工作现场工具及物品摆放脏乱，不遵守劳动纪律，不爱惜设备与器材，酌情扣1～2分			
合计						
学生建议：						
总评成绩 老师签名：						

延伸阅读

110 报警服务电话的来历

1 月 10 日是我国的“中国人民警察节”，警察节的设立，是对人民警察工作的高度肯定。而 1 月 10 日这个日子对应的就是报警服务电话 110 这 3 个数字，为什么会选用 110 这 3 个数字作为报警服务电话呢？

由于旧式电话是转盘拨号，拨 1 时间是最短的，0 是最长的，所以打完两个 1，要确定你的确要报警，所以打 0，让你不会打错，且拨完还有时间挂断。所以，当初把简单易拨又不容易出错的“110”3 个数字作为报警电话号码。

在 1986 年 1 月 10 日，由广州市公安局系统建立起我国第一个报警服务台，并于次年由公安部在全国推广，要求两年内全国各大中城市建立 110 报警服务台。从此，110 成为中国老百姓最信赖、使用最广泛的公共服务电话号码。

任务三　集成温度传感器温控电路的设计与制作

一、任务描述

在家禽孵化、发酵等设备上常要用到温度控制。一般的热敏电阻作温度传感器线性度差，要做到控温精度高则电路复杂。采用集成温控传感器 AD590 和集成运放设计电路，具有控温范围宽、精度高且结构简单等特点。现需利用集成温控传感器 AD590 设计一个温度控制电路，实现控温范围宽和测温准确的要求。

二、任务目标

（1）熟悉由集成运放组成的比较器电路，并能应用在实际的电路设计中。

（2）认识集成温控传感器 AD590，并能运用 AD590 和集成运放设计电路。

（3）熟悉电路仿真软件 Multisim 14. 0 的使用。

（4）能够在电子技术实验实训台上装接并调试电路。

（5）通过查找资料、择选方案、设计电路、仿真或调试、编写实训报告等环节的训练，培养学生独立分析问题、解决问题的创新能力。

三、任务设计要求

具体设计要求如下：

（1）采用集成温控传感器 AD590 测量温度。

（2）采用集成运放设计比较电路，对集成温控传感器 AD590 测量的温度进行比较，温度控制范围在 20～120 ℃内可调，控温精度为 ±1℃。

（3）用三极管开关电路控制继电器的吸合，控制 220 V 负载。

（4）用仿真软件（Multisim 14.0 仿真软件）对电路进行仿真。

（5）选择合适的元器件，在电子技术实验实训台上接线验证、调试电路的各个功能模块。

（6）撰写实训报告，并附上总体设计电路图（用三号图纸）。

四、任务设计提示

（一）参考选择的设备和元器件

1. 实训用设备

万用表、双踪示波器、直流电源、电子技术实验实训台。

2. 实训用参考元器件

集成控温传感器 AD590、集成运放 LM358 各 1 片；12 V 直流继电器 1 个；三极管（3DG12）1 个；稳压二极管（2DW7C）1 个；1 kΩ 电阻 1 个；6.8 kΩ 电阻 1 个；10 kΩ 电阻 1 个；20 kΩ 电阻 1 个；27 kΩ 电阻 1 个；100 kΩ 电阻 2 个；10 kΩ 电位器 1 个；万能板 1 块；12 V 电源 1 个。

（二）设计提示

根据实训任务和要求，温控电路设计框图参考如图 4.3 所示。

图 4.3 所示电路采用集成温控传感器检测温度，将检测到的温度与比较控制电路中的基准电压做比较，结果通过执行电路推动负载。

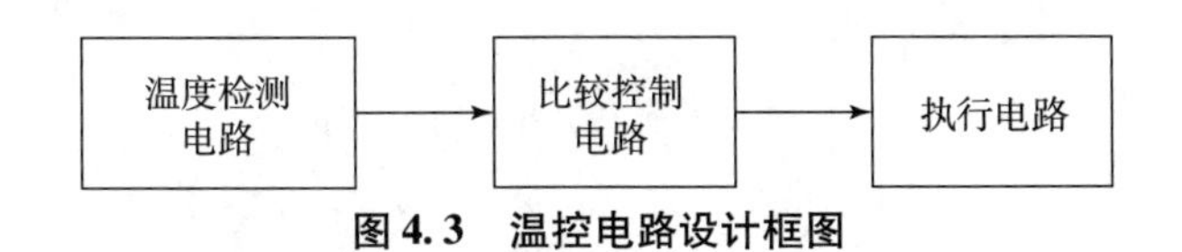

图 4.3　温控电路设计框图

五、任务准备

知识预习要点：

1. 预习教材中模拟电路相关知识

（1）复习集成运放电路的结构及工作原理。

（2）熟悉集成温控传感器 AD590 的工作原理。

（3）熟悉由集成运放构成的电压比较电路的组成及工作原理。

2. 在老师引导下完成测试

（1）集成运放由哪几部分组成？各部分的作用如何？

（2）理想集成运算放大器的特点有哪些？

（3）非线性应用时是否也具有“虚短”和“虚断”两个基本特性？为什么？

六、任务分组

将任务分组填入表4.5中。

表4.5　任务分组

班级		组号		指导老师	
组长		学号		任务分工	
组员		学号		任务分工	
组员		学号		任务分工	

七、任务设计与实施

各小组成员根据工作任务的设计要求，进行认真学习，并将学习过程的内容（要点）进行记录，同时通过小组分析与讨论，形成设计方案、绘制电路原理图、完成电路搭建与调试，填写表4.6。

表4.6　任务设计与实施记录

设计结果记录	
设计方案的选择与比较	（考虑过哪些方案，分别画出框图，说明原理和优、缺点，经比较后选择了哪个方案）
单元电路设计及参数计算	（根据设计要求和已选定的总体设计方案，分别设计各单元电路的结构形式，并选择元器件和计算参数）
总体电路初步设计及仿真分析	（根据单元电路图设计绘制出总体电路图，并利用 Multisim 仿真软件进行仿真验证，在仿真的基础上对电路结构和元器件参数作出相应的修改）

续表

任务实施过程记录	
元器件领用及检测	（根据仿真成功后的电路列出所需元器件清单，核对数量并检测结果）
电路搭建与调试	（在电子技术实验实训台上对电路进行搭建与调试，记录在实际搭建过程中电路结构是否需要调整、元器件参数的选择是否有调整等问题及解决方式，最终版电路图另外附上图纸）
收获、体会及建议	（本次任务设计、实施的收获、体会和建议）

八、考核评价

<table>
<tr><td>班级</td><td></td><td>姓名</td><td></td><td>学号</td><td></td><td>组号</td><td colspan="2"></td></tr>
<tr><td>操作项目</td><td colspan="2">考核要求</td><td>分数配比</td><td colspan="2">评分标准</td><td>自评</td><td>互评</td><td>老师评分</td></tr>
<tr><td>理论测试</td><td colspan="2">能正确回答理论测试题，掌握实践过程中的基础理论</td><td>6</td><td colspan="2">每错一处，扣2分</td><td></td><td></td><td></td></tr>
<tr><td>设计方案选择</td><td colspan="2">方案选择合理，目的明确</td><td>10</td><td colspan="2">选择设计方案不合理，不得分</td><td></td><td></td><td></td></tr>
<tr><td>单元电路设计</td><td colspan="2">单元电路设计合理，过程完整、清晰</td><td>20</td><td colspan="2">单元电路的结构形式不合理，元器件参数选择不正确，每处扣2分</td><td></td><td></td><td></td></tr>
<tr><td>电路仿真</td><td colspan="2">能熟练使用Multisim仿真软件</td><td>10</td><td colspan="2">Multisim仿真软件使用不熟练，达不到辅助设计的作用，酌情扣2~5分</td><td></td><td></td><td></td></tr>
<tr><td>仪器仪表的使用</td><td colspan="2">能正确使用电子技术实验实训台、万用表及示波器</td><td>10</td><td colspan="2">不能正确使用电子技术实验实训台、仪器仪表，每次扣2分</td><td></td><td></td><td></td></tr>
<tr><td>元器件识别检测</td><td colspan="2">能正确识读和检测元器件的好坏</td><td>10</td><td colspan="2">不能正确识读和检测元器件，每处扣2分</td><td></td><td></td><td></td></tr>
<tr><td>电路装接调试</td><td colspan="2">元器件布局合理，调试方法规范，电路功能演示正确、醒目、直观</td><td>20</td><td colspan="2">元器件布局不合理，调试方法有误，电路功能演示不正确，每处扣2分</td><td></td><td></td><td></td></tr>
<tr><td>整体电路设计记录</td><td colspan="2">整体电路设计方案正确、表达清楚，能实现任务设计所需的功能，图、表、文字表达准确、规范</td><td>10</td><td colspan="2">设计结果记录不全面，每处扣2分；电路图布局不美观，图、表、文字表达不准确、不规范，每处扣2分</td><td></td><td></td><td></td></tr>
<tr><td>素质评价</td><td colspan="2">职业素养与安全意识，遵守教学场所规章纪律</td><td>4</td><td colspan="2">实训时不符合安全操作规程，工作现场工具及物品摆放脏乱，不遵守劳动纪律，不爱惜设备与器材，酌情扣1~2分</td><td></td><td></td><td></td></tr>
<tr><td colspan="6">合计</td><td></td><td></td><td></td></tr>
<tr><td colspan="9">学生建议：</td></tr>
<tr><td colspan="9">总评成绩
老师签名：</td></tr>
</table>

延伸阅读

温控器的发展阶段

温控器属于信息技术的前沿产品，被广泛应用于工农业生产、科学研究和生活等领域，数量日渐上升。近年来，温控器的发展大致经历了以下阶段。

1. 模拟、集成温度控制器阶段

模拟温度控制器主要包括温控开关、可编程温度控制器，典型产品有 LM56、AD22105 和 MAX6509。某些增强型集成温度控制器（如 TC652/TC653）中还包含了 A/D 转换器以及固化好的程序，这与智能温控器有某些相似之处。但它自成系统，工作时并不受微处理器的控制，这是两者的主要区别。

2. 智能温控器阶段

智能温控器是在 20 世纪 90 年代中期问世的。它是微电子技术、计算机技术和自动测试技术（ATE）的结晶。智能温控器内部都包含温度传感器、A/D 转换器、信号处理器、存储器（或寄存器）和接口电路。有的产品还带多路选择器、控制器（CPU）、随机存取存储器（RAM）和只读存储器（ROM）。智能温控器的特点是能输出温度数据及相关的温度控制量，适配各种微控制器（MCU）；并且它是在硬件的基础上通过软件来实现测试控制功能的，其智能化程度也取决于软件的开发水平。

任务四　声光控制节能开关电路的设计

一、任务描述

电是文明之光，节约用电是我们提倡的传统美德，随着公共场所和公共楼道夜间照明需求的增加，时常会出现灯泡点亮长明的现象，造成电力资源的浪费。那么设计研究一种白天熄灭、晚上有声音时点亮的声光双控节能自动开关显得相当有必要。

二、任务目标

（1）学会运用三极管或集成运放设计声控电路和光控电路。

（2）学会选用光敏元件、驻极体话筒和单向晶闸管。

（3）会运用仿真软件 Multisim 14.0 对电路进行仿真。

（4）能够在电子技术实验实训台上装接并调试电路。

（5）通过查找资料、选择方案、设计电路、仿真或调试、编写实训报告等环节的训练，培养学生独立分析问题、解决问题的创新能力。

三、任务设计要求

设计声光控制节能开关电路的具体要求如下：

（1）运用光敏元件和三极管（或集成运放）设计检测有无光源照射电路。

（2）运用驻极体话筒和三极管（或集成运放）设计检测有无声音信号电路。

（3）用整流桥和单向晶闸管组成负载控制电路，控制220 V负载与电源的通、断。

（4）用仿真软件（Multisim 14.0仿真软件）对电路进行仿真。

（5）选择合适的元器件，在电子技术实验实训台上接线验证、调试电路的各个功能模块。

（6）撰写实训报告，并附上总体设计电路图（用三号图纸）。

四、任务设计提示

（一）参考选择的设备和元器件

1. 实训用设备

万用表、双踪示波器、直流电源、电子技术实验实训台。

2. 实训用主要元器件

三极管（9013）5个；驻极体话筒1个；光敏电阻（5506）1个；整流二极管（1N4007）5个；整流二极管（1N4001）2个；单向晶闸管（MCR100-6）1个；10 V稳压二极管1个；3.6 kΩ电阻5个；10 kΩ电阻5个；68 kΩ电阻5个；100 kΩ电阻5个；2.2 MΩ电阻1个；4.7 μF/25 V电容2个；220 μF/25 V电容1个；灯座1个；万能板1块；10 V电源1个。

（二）设计提示

根据实训任务和要求，声光控制节能开关电路设计框图参考如图4.4所示。

图4.4　声光控制节能开关电路设计框图

图4.4所示电路采用驻极体话筒拾取声音并转变成电信号，光电检测电路检测到无光后，该电信号经多级放大电路放大后送入控制电路控制晶闸管导通，同时向电容充电。当声音消失后，电容放电，晶闸管延时一段时间关闭。

五、任务准备

知识预习要点：

1. 预习教材中模拟电路相关知识

（1）复习驻极体话筒、光敏电阻和三极管的基础知识。

（2）熟悉三极管放大电路的组成和工作原理。

（3）熟悉晶闸管的基本结构及工作原理。

2. 在老师引导下完成测试

（1）三极管处于截止、放大、饱和状态的条件各是什么？

（2）晶闸管导通的条件是什么？已经导通的可控硅在什么条件下才能从导通转为截止？

（3）晶闸管是否有放大作用？它与晶体三极管的放大有何不同？

六、任务分组

将任务分组填入表 4.7 中。

表 4.7 任务分组

班级		组号		指导老师	
组长		学号		任务分工	
组员		学号		任务分工	
组员		学号		任务分工	

七、任务设计与实施

各小组成员根据工作任务的设计要求，进行认真学习，并将学习过程的内容（要点）进行记录，同时通过小组分析与讨论，形成设计方案、绘制电路原理图、完成电路搭建与调试，填写表4.8。

表4.8　任务设计与实施记录

设计结果记录	
设计方案的选择与比较	（考虑过哪些方案，分别画出框图，说明原理和优、缺点，经比较后选择了哪个方案）
单元电路设计及参数计算	（根据设计要求和已选定的总体设计方案，分别设计各单元电路的结构形式，并选择元器件和计算参数）
总体电路初步设计及仿真分析	（根据单元电路图设计绘制出总体电路图，并利用 Multisim 仿真软件进行仿真验证，在仿真的基础上对电路结构和元器件参数作出相应的修改）

续表

任务实施过程记录	
元器件领用及检测	（根据仿真成功后的电路列出所需元器件清单，核对数量并检测结果）
电路搭建与调试	（在电子技术实验实训台上对电路进行搭建与调试，记录在实际搭建过程中电路结构是否需要调整、元器件参数的选择是否有调整等问题及解决方式，最终版电路图另外附上图纸）
收获、体会及建议	（本次任务设计、实施的收获、体会和建议）

八、考核评价

班级	姓名		学号		组号	
操作项目	考核要求	分数配比	评分标准	自评	互评	老师评分
理论测试	能正确回答理论测试题，掌握实践过程中的基本理论	6	每错一处，扣2分			
设计方案选择	方案选择合理，目的明确	10	选择设计方案不合理，不得分			
单元电路设计	单元电路设计合理，过程完整、清晰	20	单元电路的结构形式不合理，元器件参数选择不正确，每处扣2分			
电路仿真	能熟练使用Multisim仿真软件	10	Multisim仿真软件使用不熟练，达不到辅助设计的作用，酌情扣2~5分			
仪器仪表的使用	能正确使用电子技术实验实训台、万用表及示波器	10	不能正确使用电子技术实验实训台、仪器仪表，每次扣2分			
元器件识别检测	能正确识读和检测元器件的好坏	10	不能正确识读和检测元器件，每处扣2分			
电路装接调试	元器件布局合理，调试方法规范，电路功能演示正确、醒目、直观	20	元器件布局不合理，调试方法有误，电路功能演示不正确，每处扣2分			
整体电路设计记录	整体电路设计方案正确、表达清楚、能实现任务设计所需的功能，图、表、文字表达准确、规范	10	设计结果记录不全面，每处扣2分；电路图布局不美观，图、表、文字表达不准确、不规范，每处扣2分			
素质评价	职业素养与安全意识，遵守教学场所规章纪律	4	实训时不符合安全操作规程，工作现场工具及物品摆放脏乱，不遵守劳动纪律，不爱惜设备与器材，酌情扣1~2分			
合计						
学生建议：						
总评成绩 老师签名：						

延伸阅读

节能减排·倡导绿色生活

什么是节能减排?

《中华人民共和国节约能源法》所称节约能源（简称节能），是指加强用能管理，采取技术上可行、经济上合理以及环境和社会可以承受的措施，从能源生产到消费的各个环节，降低消耗、减少损失和污染物排放、制止浪费，有效、合理地利用能源。节能减排就是节约能源、降低能源消耗、减少污染物排放。

节约资源是我国的基本国策。国家实施节约与开发并举，把节约放在首位的能源发展战略。它是建设资源节约型、环境友好型社会的必然选择；是推进经济结构调整，转变增长方式的必由之路；是维护中华民族长远利益的必然要求。

任务五　生日彩灯电路的设计

一、任务描述

1949 年 10 月 1 日是祖国母亲的生日，为了给祖国庆生，现需设计一个生日彩灯电路，利用控制电路使发光二极管按一定的规律循环点亮，从而达到一种流水显示的效果，同时数码显示器上要能依次显示祖国的生日。参考相关资料，完成电路的设计、搭建及测试工作。

二、任务目标

（1）熟悉常用集成数字芯片的引脚排列及逻辑功能，并能应用在实际电路设计中。

（2）通过生日彩灯电路的设计，初步掌握数字电子技术设计的基本思想、方法和原理。

（3）熟悉电路仿真软件 Multisim 14.0 的使用。

（4）能够在实训台上装接并调试生日彩灯电路。

（5）通过查找资料、选择方案、设计电路、仿真或调试、编写实训报告等环节的训练，培养学生独立分析问题、解决问题的创新能力。

（6）通过小组合作讨论方式，培养学生团结协作的能力。

三、任务设计要求

具体设计要求如下：

（1）以 10 个发光二极管作为控制器的显示元件，它们能如流水般循环点亮，周而复始，不断循环。从接通电源时刻起，LED0 发光二极管首先点亮，然后是 LED1 、LED2、…依次点亮。

（2）用二极管构成编码器，译码数显器显示寿星的生日（循环）。

（3）彩灯循环点亮时间和数码管上生日数字显示的时间要求设置合适，既要有彩灯流水的效果，又要能清晰显示寿星的生日。

（4）用仿真软件（Multisim 14.0 仿真软件）对电路进行仿真。

（5）选择合适的元器件，在电子技术实验实训台上接线验证、调试电路的各个功能模块。

（6）撰写实训报告，并附上总体设计电路图（用三号图纸）。

四、任务设计提示

（一）参考选择的设备和元器件

1. 实训用设备

万用表、双踪示波器、直流电源、电子技术实验实训台、面包板及连接线、计算机等。

2. 实训用参考元器件

CD4017、NE555、CD4511、74LS160、74LS138、CD4001 各 1 片；74LS194 两片；LC5011 数码管 1 个；发光二极管 20 个；二极管（1N4148）20 个；电阻、电位器、电解电容、瓷片电容若干；万能板 1 块。

（二）设计提示

根据实训任务和要求，生日彩灯电路设计框图参考如图 4.5 所示。

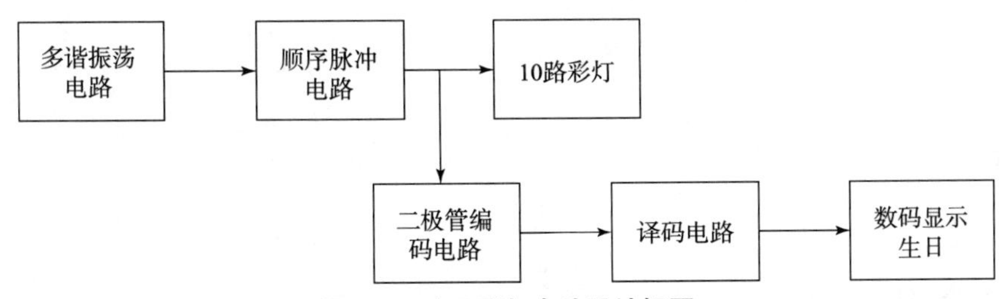

图 4.5　生日彩灯电路设计框图

图 4.5 中多谐振荡电路产生计数脉冲信号，在脉冲信号作用下，顺序脉冲电路依次输出高电平信号，驱动 10 个发光二极管依次点亮，形成流水的效果。二极管编码电路是利用二极管的单向导电性，为译码器提供二进制代码，从而使数码管依次显示寿星的生日。

五、任务准备

知识预习要点：

1. 预习教材中数字电路相关知识

（1）熟悉多谐振荡电路的结构、工作原理及参数计算。

（2）熟悉二极管编码电路及顺序脉冲电路的工作原理。

（3）复习译码显示电路的组成及连接方法。

2. 在老师引导下完成测试

（1）请绘制出由555定时器组成的多谐振荡电路图，并写出输出信号的频率计算公式。

（2）CD4511显示译码器正常译码的工作条件是什么？

（3）请绘制出利用74LS160和门电路构成的八进制电路图。

六、任务分组

将任务分组填入表4.9中。

表4.9 任务分组

班级		组号		指导老师	
组长		学号		任务分工	
组员		学号		任务分工	
组员		学号		任务分工	

七、任务设计与实施

各小组成员根据工作任务的设计要求，进行认真学习，并将学习过程的内容（要点）进行记录，同时通过小组分析与讨论，形成设计方案、绘制电路原理图、完成电路搭建与调试，填写表4.10。

表4.10　任务设计与实施记录

设计结果记录	
设计方案的选择与比较	（考虑过哪些方案，分别画出框图，说明原理和优、缺点，经比较后选择了哪个方案）
单元电路设计及参数计算	（根据设计要求和已选定的总体设计方案，分别设计各单元电路的结构形式，并选择元器件和计算参数）
总体电路初步设计及仿真分析	（根据单元电路图设计绘制出总体电路图，并利用Multisim仿真软件进行仿真验证，在仿真的基础上对电路结构和元器件参数作出相应的修改）

续表

任务实施过程记录	
元器件领用及检测	（根据仿真成功后的电路列出所需元器件清单，核对数量并检测结果）
电路搭建与调试	（在电子技术实验实训台上对电路进行搭建与调试，记录在实际搭建过程中电路结构是否需要调整、元器件参数的选择是否有调整等问题及解决方式，最终版电路图另外附上图纸）
收获、体会及建议	（本次任务设计、实施的收获、体会和建议）

八、考核评价

班级		姓名		学号		组号	
操作项目	考核要求		分数配比	评分标准	自评	互评	老师评分
理论测试	能正确回答理论测试题，掌握实践过程中的基本理论		6	每错一处，扣2分			
设计方案选择	方案选择合理，目的明确		10	选择设计方案不合理，不得分			
单元电路设计	单元电路设计合理，过程完整、清晰		20	单元电路的结构形式不合理，元器件参数选择不正确，每处扣2分			
电路仿真	能熟练使用Multisim仿真软件		10	Multisim仿真软件使用不熟练，达不到辅助设计的作用，酌情扣2~5分			
仪器仪表的使用	能正确使用电子技术实验实训台、万用表及示波器		10	不能正确使用电子技术实验实训台、仪器仪表，每次扣2分			
元器件识别检测	能正确识读和检测元器件的好坏		10	不能正确识读和检测元器件，每处扣2分			
电路装接调试	元器件布局合理，调试方法规范，电路功能演示正确、醒目、直观		20	元器件布局不合理，调试方法有误，电路功能演示不正确，每处扣2分			
整体电路设计记录	整体电路设计方案正确、表达清楚，能实现任务设计所需的功能，图、表、文字表达准确规范		10	设计结果记录不全面，每处扣2分；电路图布局不美观，图、表、文字表达不准确、不规范，每处扣2分			
素质评价	职业素养与安全意识，遵守教学场所规章纪律		4	实训时不符合安全操作规程，工作现场工具及物品摆放脏乱，不遵守劳动纪律，不爱惜设备与器材，酌情扣1~2分			
合计							
学生建议：							
总评成绩 老师签名：							

延伸阅读

“中国电光源之父”蔡祖泉

蔡祖泉，复旦大学电光源研究所原所长，复旦大学教授、原副校长。

他是中国电光源事业的开拓者，一生勇攀科技高峰，为中国电光源事业奉献了毕生精力。他的发明填补了国内电光源多项空白，并为新中国培养出第一批国内知名电光源专家。

60 多年前的中国尚不能自主生产灯泡，电光源研究领域更是一片空白。20 世纪 60 年代，蔡祖泉创建了我国第一个电光源实验室，开始了该领域的系统研究。1961 年，蔡祖泉着手研制国内的第一盏新型电光源——高压汞灯。同年，复旦大学电光源小组成立。

蔡祖泉克服种种困难，带着科研人员硬是用打铁的方式，把厚钼片一层一层地敲薄。就是靠这种“土办法”，使得试制工作向前跨进了一大步。他开发的新光源、新灯，让中国人的生活从此得以改变。

“我听党的话，灯听我的话”是他的名言，他被誉为“中国的爱迪生”“中国的照明之父”“中国电光源之父”。他是无私奉献的“电光源事业开拓者”！

任务六　篮球 24 s 倒计时电路的设计

一、任务描述

随着信息时代的到来，电子技术在社会生活中发挥着越来越重要的作用，运用模电和数电知识设计的电子产品成为社会生活中不可缺少的一部分，特别是在各种竞技运动中，定时器成为检验运动员成绩的一个重要工具。在篮球比赛中，规定了球员的持球时间不能超过 24 s，否则就犯规了。

现学校要组织一场篮球赛，需要本班同学为其设计一款“篮球竞赛 24 s 倒计时器”电路，用于对球员持球时间作 24 s 限制。一旦球员的持球时间超过了 24 s，它就自动报警，从而判定此球员犯规。

二、任务目标

（1）熟悉可逆集成计数器的引脚排列及逻辑功能，并能应用在实际的电路设计中。

（2）通过篮球 24 s 倒计时电路的设计，基本掌握电子设计的一般方法，提高设计能力和实际动手能力。

（3）熟悉电路仿真软件 Multisim 14.0 的使用。

（4）能够在电子技术实验实训台上装接并调试篮球 24 s 倒计时电路。

（5）通过查找资料、选择方案、设计电路、仿真调试、电路装接及调试、编写实训报告等环节的训练，培养学生独立分析问题、解决问题的创新能力。

（6）通过小组合作讨论方式，培养学生团结协作的能力。

三、任务设计要求

用中小规模集成芯片设计篮球竞赛 24 s 倒计时器，具体要求如下：

（1）设计一个篮球竞赛 24 s 倒计时器，具备显示 24 s 计时功能。

（2）设置外部操作开关，控制计数器的直接置数（只要按下置数键，显示器立即显示“24”）、启动和停止功能。

（3）计数器为 24 s 递减计时，计时间隔为 1 s。

（4）计时器递减到 00 时，数码显示器不能灭灯，并立刻发出报警声“嘀——”，且该声音时间不能太长，也不能太短，只能是 0.5 s 左右，在 3 m 外可以听到清晰的报警声。

（5）用仿真软件（Multisim 14.0 仿真软件）对电路进行仿真。

（6）选择合适的元器件，在电子技术实验实训台上接线验证、调试电路的各个功能模块。

（7）撰写实训报告，并附上总体设计电路图（用三号图纸）。

四、任务设计提示

（一）参考选择的设备和元器件

1. 实训用设备

万用表、双踪示波器、直流电源、电子技术实验实训台、面包板及连接线、计算机等。

2. 实训用参考元器件

CD40192、CD4511、74LS48、CD40160、CD4011、CD4071、CD4081、CD4069 各两片；LM358、NE555 各 1 片；LC5011 数码管 2 个；蜂鸣器 1 个；开关/按键若干个；电阻、电位器、电解电容、瓷片电容、9013 三极管、发光二极管若干；T73 继电器 1 个；万能板 1 块。

（二）设计提示

篮球竞赛 24 s 倒计时电路的参考设计框图如图 4.6 所示。它是由秒脉冲发生器、计数器、译码显示电路、报警电路和控制电路等 5 个部分组成。其中计数器和控制电路是系统的核心部分。计数器完成 24 s 倒计时功能；控制电路完成计数器的直接置数、启动计数、停止计数功能，其中控制电路（一）手动置数计数器，控制电路（二）控制秒脉冲发生器脉冲信号的输出，实现计数器的启动计数、停止计数功能；译码驱动和数码显示电路完成数字显示功能；报警电路实现声音报警功能；秒脉冲发生器产生时钟脉冲信号，这个信号作为电路的定时标准，其电路可采用由 555 集成电路或门电路组成的多谐振荡器构成。

五、任务准备

知识预习要点：

1. 预习教材中数字电路相关知识

（1）熟悉报警电路的工作原理及参数计算。

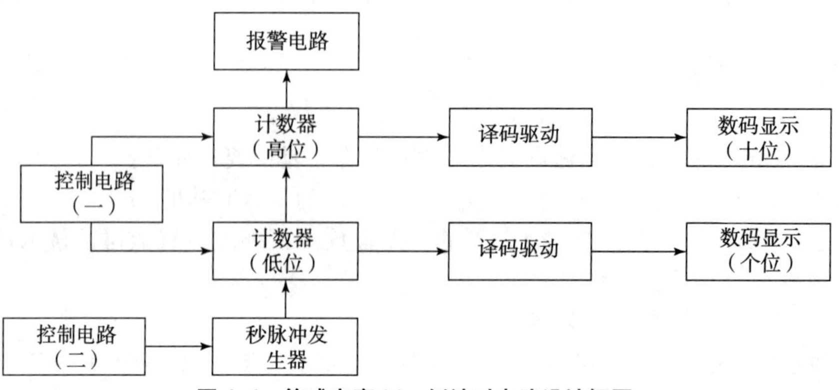

图 4.6　篮球竞赛 24 s 倒计时电路设计框图

（2）掌握可逆集成计数器的引脚排列及逻辑功能。

2. 在老师引导下完成测试

（1）CD40192 分别在什么情况下进行加计数和减计数？

（2）CD4511 显示译码器正常译码的工作条件是什么？

（3）请绘制出利用 74LS160 和门电路构成的八进制电路图。

六、任务分组

将任务分组填入表 4.11 中。

表 4.11　任务分组

班级		组号		指导老师	
组长		学号		任务分工	
组员		学号		任务分工	
组员		学号		任务分工	

七、任务设计与实施

各小组成员根据工作任务的设计要求，进行认真学习，并将学习过程的内容（要点）进行记录，同时通过小组分析与讨论，形成设计方案、绘制电路原理图、完成电路搭建与调试，填写表4.12。

表4.12　任务设计与实施记录

设计结果记录	
设计方案的选择与比较	（考虑过哪些方案，分别画出框图，说明原理和优、缺点，经比较后选择了哪个方案）
单元电路设计及参数计算	（根据设计要求和已选定的总体设计方案，分别设计各单元电路的结构形式，并选择元器件和计算参数）
总体电路初步设计及仿真分析	（根据单元电路图设计绘制出总体电路图，并利用Multisim仿真软件进行仿真验证，在仿真的基础上对电路结构和元器件参数作出相应的修改）

续表

任务实施过程记录	
元器件领用及检测	（根据仿真成功后的电路列出所需元器件清单，核对数量并检测结果）
电路搭建与调试	（在电子技术实验实训台上对电路进行搭建与调试，记录在实际搭建过程中电路结构是否需要调整、元器件参数的选择是否有调整等问题及解决方式，最终版电路图另外附上图纸）
收获、体会及建议	（本次任务设计、实施的收获、体会和建议）

八、考核评价

<table>
<tr><td>班级</td><td colspan="2">姓名</td><td></td><td>学号</td><td>组号</td><td colspan="2"></td></tr>
<tr><td>操作项目</td><td>考核要求</td><td>分数配比</td><td>评分标准</td><td>自评</td><td>互评</td><td>老师评分</td></tr>
<tr><td>理论测试</td><td>能正确回答理论测试题，掌握实践过程中的基本理论</td><td>6</td><td>每错一处，扣2分</td><td></td><td></td><td></td></tr>
<tr><td>设计方案选择</td><td>方案选择合理，目的明确</td><td>10</td><td>选择设计方案不合理，不得分</td><td></td><td></td><td></td></tr>
<tr><td>单元电路设计</td><td>单元电路设计合理，过程完整、清晰</td><td>20</td><td>单元电路的结构形式不合理，元器件参数选择不正确，每处扣2分</td><td></td><td></td><td></td></tr>
<tr><td>电路仿真</td><td>能熟练使用Multisim仿真软件</td><td>10</td><td>Multisim仿真软件使用不熟练，达不到辅助设计的作用，酌情扣2～5分</td><td></td><td></td><td></td></tr>
<tr><td>仪器仪表的使用</td><td>能正确使用电子技术实验实训台、万用表及示波器</td><td>10</td><td>不能正确使用电子技术实验实训台、仪器仪表，每次扣2分</td><td></td><td></td><td></td></tr>
<tr><td>元器件识别检测</td><td>能正确识读和检测元器件的好坏</td><td>10</td><td>不能正确识读和检测元器件，每处扣2分</td><td></td><td></td><td></td></tr>
<tr><td>电路装接调试</td><td>元器件布局合理，调试方法规范，电路功能演示正确、醒目、直观</td><td>20</td><td>元器件布局不合理，调试方法有误，电路功能演示不正确，每处扣2分</td><td></td><td></td><td></td></tr>
<tr><td>整体电路设计记录</td><td>整体电路设计方案正确、表达清楚、能实现任务设计所需的功能，图、表、文字表达准确、规范</td><td>10</td><td>设计结果记录不全面，每处扣2分；电路图布局不美观，图、表、文字表达不准确、不规范，每处扣2分</td><td></td><td></td><td></td></tr>
<tr><td>素质评价</td><td>职业素养与安全意识，遵守教学场所规章纪律</td><td>4</td><td>实训时不符合安全操作规程，工作现场工具及物品摆放脏乱，不遵守劳动纪律，不爱惜设备与器材，酌情扣1～2分</td><td></td><td></td><td></td></tr>
<tr><td colspan="4">合计</td><td></td><td></td><td></td></tr>
<tr><td colspan="7">学生建议：</td></tr>
<tr><td colspan="7">总评成绩
老师签名：</td></tr>
</table>

延伸阅读

火箭发射为什么要倒计时

2023年5月30日9时31分，搭载“神舟”16号载人飞船的“长征”2号F遥十六运载火箭在酒泉卫星发射中心点火发射，“3、2、1点火！”随着一声令下，火箭尾部喷出一股火焰腾空而起飞向遥远的宇宙。为何火箭发射前要倒计时呢？

火箭发射倒计时并不仅仅是为了制造气氛或者吸引观众的注意力，它还有着非常重要的实用意义——火箭发射时使用倒计时，真正的作用在于确认火箭发射的时间零点。

火箭发射的时间零点，也就是我们常说的T_0时刻，是指火箭从地面起飞的那一刻，这个时刻对于火箭发射来说至关重要，因为它决定了火箭的轨道参数、飞行时间、燃料消耗、目标位置等，如果T_0时刻出现误差，就可能导致火箭偏离预定轨道，甚至无法进入轨道。

为了保证T_0时刻的准确性，火箭发射前需要进行一系列的准备工作，包括检查火箭和卫星的状态、调整发射台和测控站的角度、同步各个系统的时间、预报天气和风速等，这些工作都需要按照一个严格的时间表来进行，不能有任何差错或延误。

为了方便组织和指挥这些工作，负责火箭发射的所有部门就从T_0倒推各项工序和部件的完结时间，并按照这个时间表来执行，随后火箭发射的各个部门从数月、数周、数天开始不断归结倒推，到发射前的数小时、一小时、半小时、一刻钟、五分钟、一分钟、……直至指令员宣读T_0之前的最后10个数，将全体工作人员的任务以最极端、最为具象的方式表现出来——这才是火箭发射倒计时的最完整体现。

任务七　数字钟电路设计

一、任务描述

数字钟已经成为人们日常生活中不可缺少的必需品，广泛应用于家庭及办公室等公共场所，给我们生活、学习、工作、娱乐带来了极大的方便。由于数字集成电路技术的发展和采用了先进的石英技术，使数字钟具有走时准确、性能稳定、携带方便等优点。现需为班级设计一个具有6位显示的简易数字钟，并具有时间校准和报时功能。

二、任务目标

（1）培养学生根据实训任务需要自学参考书籍，查阅手册、图表和文献资料的能力。

（2）通过数字钟电路的设计，能较全面地巩固和应用课程中所学的基本理论和基本方法。

（3）熟悉电路仿真软件 Multisim 14.0 的使用，学会用 Multisim 14.0 仿真软件辅助设计电路。

（4）掌握常用仪器设备的正确使用方法，学会电路的调试和整机指标测试方法，提高动手能力。

（5）通过实际电路方案的分析比较、设计计算、元件选取、安装调试等环节，初步掌握中规模实用电路的分析方法和工程设计方法。

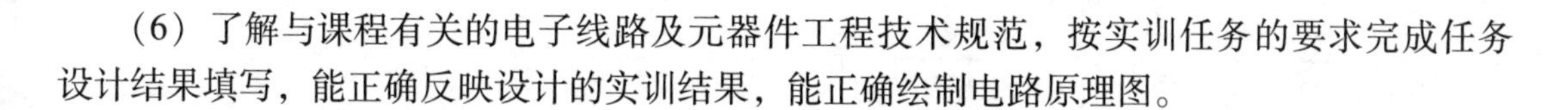

（6）了解与课程有关的电子线路及元器件工程技术规范，按实训任务的要求完成任务设计结果填写，能正确反映设计的实训结果，能正确绘制电路原理图。

三、任务设计要求

具体设计要求如下：

（1）该电路可显示 60 s、60 min、24 h。

（2）该电路具有时间校准功能。可以对小时和分钟单独校时，校时时钟源可以手动输入或借用电路中的时钟脉冲。

（3）计时过程具有报时功能，当时间到达整点前 10 s 开始，蜂鸣器响 1 s、停 1 s 地响 5 次。

（4）为了保证计时的稳定及准确，须有晶体振荡器提供时间基准信号。

（5）用仿真软件（Multisim 14.0 仿真软件）对电路进行仿真。

（6）选择合适的元器件，在电子技术实验实训台上接线验证、调试电路的各个功能模块。

（7）撰写实训报告，并附上总体设计电路图（用二号图纸）。

四、任务设计提示

（一）参考选择的设备和元器件

1. 实训用设备

万用表、双踪示波器、直流电源、电子技术实验实训台、面包板及连接线、计算机等。

2. 实训用参考元器件

CD40160、CC4518、CD4511、74LS48 各 6 片；LC5011 数码管 6 个；CD4060、CC4013、CD4023、CD4011、CD4012、CD4017、CD4069、CD4073、CD4081 各 2 片；NE555 1 片；电阻、电位器、电解电容、瓷片电容、9013 三极管若干；32 768 Hz 石英晶体 1 个；蜂鸣器 1 个；开关/按键若干；万能板 1 块。

（二）设计提示

数字电子钟是一个将“时”“分”“秒”显示于人的视觉器官的计时装置。它的计时周期为 24 h，显示满刻度为 23h59min59s。因此，一个基本的数字钟电路主要由译码显示器、“时”“分”“秒”计数器、校时电路和振荡器组成。图 4.7 所示为数字钟电路设计参考框图。

在图 4.7 中，主电路系统由秒脉冲发生器、“时”“分”“秒”计数器、译码器及显示器、校时电路、整点报时控制电路组成。秒脉冲发生器是整个系统的时基信号，它直接决定计时系统的精度，一般用石英晶体振荡器加分频器来实现。将标准秒脉冲送入秒计数器，秒计数器采用 60 进制计数器，每累计 60 s 发出一个“分脉冲”信号，该信号将作为分计数器的时钟脉冲；分计数器也采用 60 进制计数器，每累计 60 min 发出一个“时脉冲”信号，该信号将被送到时计数器；时计数器采用 24 进制计时器，可实现对一天 24 h 的计时。译码显示电路将“时”“分”“秒”计数器的输出状态用七段显示译码器译码，通过七段显示器显示出来。校时电路用来对“时”“分”显示数字进行校对调整。最后由分计数器、秒计数器的结果及秒脉冲信号控制整点报时电路。

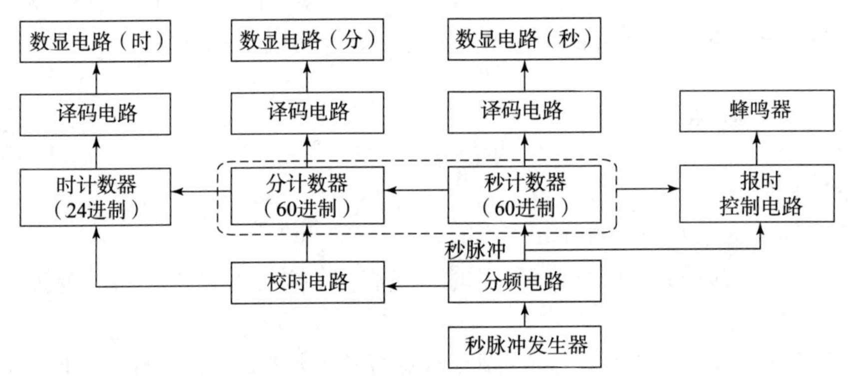

图 4.7　数字钟电路设计框图

五、任务准备

知识预习要点：

1. 预习教材中数字电路相关知识

（1）熟悉构成 N 进制计数器的连接方法。

（2）熟悉秒脉冲发生电路和分频电路的工作原理。

（3）复习译码显示电路的组成及连接方法。

2. 在老师引导下完成测试

（1）请用 CD40160 集成芯片和门电路绘制出 60 进制计数器电路。

（2）CD4511 显示译码器正常译码的工作条件是什么？

（3）请绘制出利用 74LS160 和门电路构成的八进制电路图。

六、任务分组

将任务分组填入表 4.13 中。

表 4.13　任务分组

班级		组号		指导老师	
组长		学号		任务分工	
组员		学号		任务分工	
组员		学号		任务分工	

七、任务设计与实施

各小组成员根据工作任务的设计要求，进行认真学习，并将学习过程的内容（要点）进行记录，同时通过小组分析与讨论，形成设计方案、绘制电路原理图、完成电路搭建与调试，填写表4.14。

表4.14　任务设计与实施记录

设计结果记录	
设计方案的选择与比较	（考虑过哪些方案，分别画出框图，说明原理和优、缺点，经比较后选择了哪个方案）
单元电路设计及参数计算	（根据设计要求和已选定的总体设计方案，分别设计各单元电路的结构形式，并选择元器件和计算参数）
总体电路初步设计及仿真分析	（根据单元电路图设计绘制出总体电路图，并利用Multisim仿真软件进行仿真验证，在仿真的基础上对电路结构和元器件参数作出相应的修改）

续表

任务实施过程记录	
元器件领用及检测	（根据仿真成功后的电路列出所需元器件清单，核对数量并检测结果）
电路搭建与调试	（在电子技术实验实训台上对电路进行搭建与调试，记录在实际搭建过程中电路结构是否需要调整、元器件参数的选择是否有调整等问题及解决方式，最终版电路图另外附上图纸）
收获、体会及建议	（本次任务设计、实施的收获、体会和建议）

八、考核评价

<table>
<tr><td>班级</td><td></td><td>姓名</td><td></td><td>学号</td><td></td><td>组号</td><td colspan="2"></td></tr>
<tr><td>操作项目</td><td colspan="2">考核要求</td><td>分数配比</td><td colspan="2">评分标准</td><td>自评</td><td>互评</td><td>老师评分</td></tr>
<tr><td>理论测试</td><td colspan="2">能正确回答理论测试题，掌握实践过程中的基本理论</td><td>6</td><td colspan="2">每错一处，扣2分</td><td></td><td></td><td></td></tr>
<tr><td>设计方案选择</td><td colspan="2">方案选择合理，目的明确</td><td>10</td><td colspan="2">选择设计方案不合理，不得分</td><td></td><td></td><td></td></tr>
<tr><td>单元电路设计</td><td colspan="2">单元电路设计合理，过程完整、清晰</td><td>20</td><td colspan="2">单元电路的结构形式不合理，元器件参数选择不正确，每处扣2分</td><td></td><td></td><td></td></tr>
<tr><td>电路仿真</td><td colspan="2">能熟练使用Multisim仿真软件</td><td>10</td><td colspan="2">Multisim仿真软件使用不熟练，达不到辅助设计的作用，酌情扣2～5分</td><td></td><td></td><td></td></tr>
<tr><td>仪器仪表的使用</td><td colspan="2">能正确使用电子技术实验实训台、万用表及示波器</td><td>10</td><td colspan="2">不能正确使用电子技术实验实训台、仪器仪表，每次扣2分</td><td></td><td></td><td></td></tr>
<tr><td>元器件识别检测</td><td colspan="2">能正确识读和检测元器件的好坏</td><td>10</td><td colspan="2">不能正确识读和检测元器件，每处扣2分</td><td></td><td></td><td></td></tr>
<tr><td>电路装接调试</td><td colspan="2">元器件布局合理，调试方法规范，电路功能演示正确、醒目、直观</td><td>20</td><td colspan="2">元器件布局不合理，调试方法有误，电路功能演示不正确，每处扣2分</td><td></td><td></td><td></td></tr>
<tr><td>整体电路设计</td><td colspan="2">整体电路设计正确、布局合理，能实现任务设计所需的功能</td><td>10</td><td colspan="2">元器件选择错误，每处扣2分；电路图布局不美观、不规范，每处扣2分</td><td></td><td></td><td></td></tr>
<tr><td>素质评价</td><td colspan="2">职业素养与安全意识，遵守教学场所规章纪律</td><td>4</td><td colspan="2">实训时不符合安全操作规程，工作现场工具及物品摆放脏乱，不遵守劳动纪律，不爱惜设备与器材，酌情扣1～2分</td><td></td><td></td><td></td></tr>
<tr><td colspan="6">合计</td><td></td><td></td><td></td></tr>
<tr><td colspan="9">学生建议：</td></tr>
<tr><td colspan="9">总评成绩
老师签名：</td></tr>
</table>

延伸阅读

古代计时方法

在科技发达的今天，人们可以通过查看手机、手表等方式查看时间，在古代没有那么先进的技术和仪器是怎么知道时间的呢？主要有以下几种计时方式。

1. 十二地支计时法

从汉代开始，分一天为十二段，用“子、丑、寅、卯、辰、巳、午、未、申、酉、戌、亥”十二地支来表示，今天的半夜十一时至次日一时为子时，一至三时为丑时，其余类推。

2. 五更计时法

古人把一夜分成五更，每更两小时，这就是流传至今的五更，如李煜的“罗衾不耐五更寒”中的“五更”便为例证。因为打更时击鼓报更，所以几更又称为几鼓。

3. 刻漏计时法

除了采用上述的计时方法外，古人还采用刻漏的计时方法。古人把一昼夜均分为一百刻，刻的名称来自测定刻的仪器——刻漏。历代刻漏的种类很多，比如有一种是用4个铜壶由上而下叠置构成的，上边的3只铜壶底部都有小孔，这样，当最上边一只铜壶装满水后，水就通过底部的小孔逐渐流入下边的各个铜壶。在最下一个铜壶中，装有一个直立的浮标，上面标有刻度，浮标随水位的升高而逐渐上升，每一刻上升一个刻度，所以一个刻度所表示的时间就叫一刻。也有的刻漏不是用水，而是用沙子，因此称“沙漏”。

4. 日晷计时法

古代还有一种测定时刻的仪器是日晷，日晷是由一只斜放的有刻度的巨大“表盘”和位于“表盘”中心的一根垂直竖立的“表针”构成的，在有太阳的时候，随着太阳的移动，“表针”在“表盘”不同的刻度上留下阴影，这样就可以知道时刻了。

任务八　乒乓球游戏机电路的设计

一、任务描述

随着科学技术的发展，现代电子产品的发展越来越快，各种新型电子元器件和智能化的电子产品已经在国民经济的各个领域和人民生活的各个方面得到了日益广泛的应用，其中电子玩具的发展也日益成熟。乒乓球游戏机控制电路是由甲、乙双方参赛的乒乓球游戏机构成，它能完成自动裁判和自动计分，是一个带数字显示的模拟游戏机。其结构简单、成本低、易操作、安全性强，还能在娱乐的同时提高我们的应变能力。现需本班同学设计出一个甲、乙双方参赛的乒乓球比赛游戏模拟机。

二、任务目标

（1）培养学生根据实训需要自学参考书籍，查阅手册、图表和文献资料的能力。

（2）加深对双向移位寄存器、双D触发器及逻辑门电路的一些实际用途的了解，并将理论与实践相结合。

（3）熟悉电路仿真软件 Multisim 14.0 的使用，学会用 Multisim 14.0 仿真软件辅助设计电路。

（4）掌握常用仪器设备的正确使用方法，学会电路的调试和整机指标测试方法，提高动手能力。

（5）通过课程设计，使学生在设计方案选择、理论参数计算、电路布局布线、各元器件的使用、实训报告编写等方面的能力得到训练和提高，从而培养学生独立分析问题、解决问题的创新能力。

（6）培养学生正确的设计思想，理论联系实际的工作作风，严肃认真、实事求是的科学态度和勇于探索的创新精神。

三、任务设计要求

现需设计一个甲、乙双方参赛的乒乓球比赛游戏模拟机，具体要求如下：

（1）用8个发光二极管排成一条直线，以中点为界，两边各代表参赛双方的位置，其中点亮的发光二极管代表“乒乓球”的当前位置，点亮的发光二极管依次由左向右或由右向左移动，“乒乓球”移动速度能由时钟电路调节。

（2）当球运动到某方的中间位置时，参赛者应立即按下自己一方的按钮，即表示击球，若击中，则“球”向相反方向运动；若未击中，则对方得1分。

（3）设置自动计分电路，双方各用两位数码管来显示计分，每局11分。到达11分时产生报警信号。

（4）计满11分后，重新开局时可通过一个按钮对数码显示器进行清零。

（5）用仿真软件（Multisim 14.0 仿真软件）对电路进行仿真。

（6）选择合适的元器件，在电子技术实验实训台上接线验证、调试电路的各个功能模块。

（7）要求撰写实训报告，并附上总体设计电路图（用二号图纸）。

四、任务设计提示

（一）参考选择的设备和元器件

1. 实训用设备

万用表、双踪示波器、直流电源、电子技术实验实训台、面包板及连接线、计算机等。

2. 实训用参考元器件

74LS112、74LS74、74LS194、74LS04、74LS08、74LS00、74LS02、74LS11、74LS20、

74LS32 各两片；CD4511、74LS48、74LS160、74LS192 各 6 片；NE555 1 片；数码管 LC5011 6 个；电阻、电位器、电解电容、瓷片电容、9013 三极管若干；T73 继电器 1 个；发光二极管 10 个；蜂鸣器 1 个；按键开关若干个；万能板 1 块。

（二）设计提示

分析系统的逻辑功能，得到如图 4.8 所示的乒乓球游戏机电路设计参考框图。

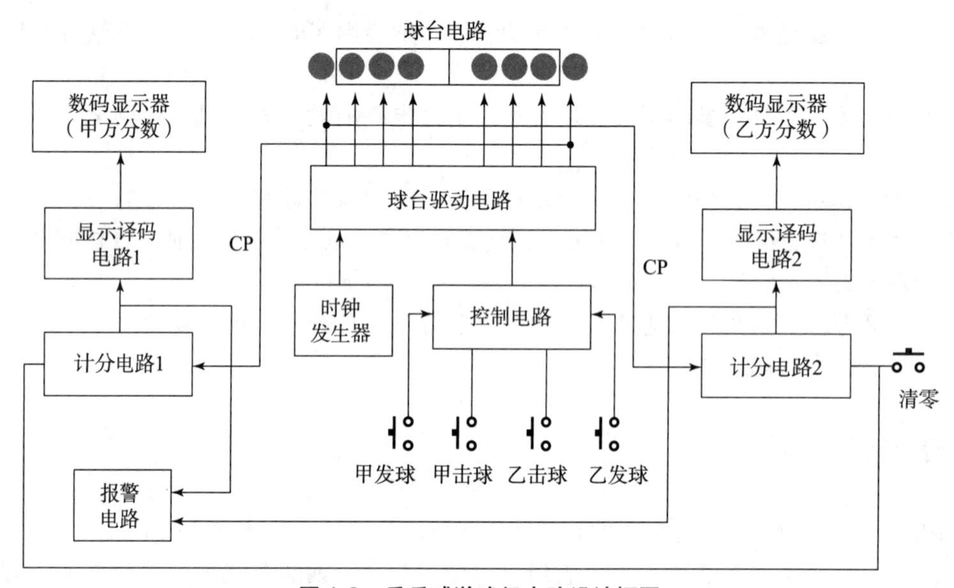

图 4.8　乒乓球游戏机电路设计框图

乒乓球游戏机电路主要由控制电路、球台驱动电路、计分电路、译码显示电路和报警电路组成。

（1）控制电路。通过此电路的输出信号来控制并且实现球台灯的左右移位，即实现“乒乓球”的运动。

（2）球台驱动电路。“乒乓球”的移动可采用双向移位寄存器的功能实现，由发光二极管作光点模拟乒乓球移动的轨迹。

（3）计分电路。使用十进制计数器、BCD 译码器和数码管来组成计分电路。

（4）报警电路。当某一方达到 11 分时，产生报警信号提示这一局结束。

（5）时钟发生器。采用时钟发生器产生的脉冲信号作为球台驱动电路的移位脉冲，其移动速度可由时钟发生器进行调节。

五、任务准备

知识预习要点：

1. 预习教材中数字电路相关知识

（1）熟悉双向移位寄存器的工作原理及应用电路。

（2）熟悉双 D 触发器及逻辑门电路的工作原理及应用电路。

（3）复习常见控制电路的实现方法。

2. 在老师引导下完成测试

（1）请绘制出 74LS194 的引脚图，并写出在什么情况下实现右移操作？什么情况下实现左移操作？流向分别是什么？

（2）请绘制出利用 JK 触发器和门电路构成 D 触发器电路图。

六、任务分组

将任务分组填入表 4.15 中。

表 4.15　任务分组

班级		组号		指导老师	
组长		学号		任务分工	
组员		学号		任务分工	
组员		学号		任务分工	

七、任务设计与实施

各小组成员根据工作任务的设计要求，进行认真学习，并将学习过程的内容（要点）进行记录，同时通过小组分析与讨论，形成设计方案、绘制电路原理图、完成电路搭建与调试，填写表 4.16。

表 4.16　任务设计与实施记录

设计结果记录	
设计方案的选择与比较	（考虑过哪些方案，分别画出框图，说明原理和优、缺点，经比较后选择了哪个方案）
单元电路设计及参数计算	（根据设计要求和已选定的总体设计方案，分别设计各单元电路的结构形式，并选择元器件和计算参数）
总体电路初步设计及仿真分析	（根据单元电路图设计绘制出总体电路图，并利用 Multisim 仿真软件进行仿真验证，在仿真的基础上对电路结构和元器件参数作出相应的修改）

续表

任务实施过程记录	
元器件领用及检测	（根据仿真成功后的电路列出所需元器件清单，核对数量并检测结果）
电路搭建与调试	（在电子技术实验实训台上对电路进行搭建与调试，记录在实际搭建过程中电路结构是否需要调整、元器件参数的选择是否有调整等问题及解决方式，最终版电路图另外附上图纸）
收获、体会及建议	（本次任务设计、实施的收获、体会和建议）

八、考核评价

<table>
<tr><td>班级</td><td></td><td>姓名</td><td></td><td>学号</td><td></td><td>组号</td><td colspan="2"></td></tr>
<tr><td>操作项目</td><td colspan="2">考核要求</td><td>分数配比</td><td colspan="2">评分标准</td><td>自评</td><td>互评</td><td>老师评分</td></tr>
<tr><td>理论测试</td><td colspan="2">能正确回答理论测试题，掌握实践过程中的基础理论</td><td>6</td><td colspan="2">每错一处，扣 2 分</td><td></td><td></td><td></td></tr>
<tr><td>设计方案选择</td><td colspan="2">方案选择合理，目的明确</td><td>10</td><td colspan="2">选择设计方案不合理，不得分</td><td></td><td></td><td></td></tr>
<tr><td>单元电路设计</td><td colspan="2">单元电路设计合理，过程完整、清晰</td><td>20</td><td colspan="2">单元电路的结构形式不合理，元器件参数选择不正确，每处扣 2 分</td><td></td><td></td><td></td></tr>
<tr><td>电路仿真</td><td colspan="2">能熟练使用 Multi-sim 仿真软件</td><td>10</td><td colspan="2">Multisim 仿真软件使用不熟练，达不到辅助设计的作用，酌情扣 2 ~ 5 分</td><td></td><td></td><td></td></tr>
<tr><td>仪器仪表的使用</td><td colspan="2">能正确使用电子技术实验实训台、万用表及示波器</td><td>10</td><td colspan="2">不能正确使用电子技术实验实训台、仪器仪表，每次扣 2 分</td><td></td><td></td><td></td></tr>
<tr><td>元器件识别检测</td><td colspan="2">能正确识读和检测元器件的好坏</td><td>10</td><td colspan="2">不能正确识读和检测元器件，每处扣 2 分</td><td></td><td></td><td></td></tr>
<tr><td>电路装接调试</td><td colspan="2">元器件布局合理，调试方法规范，电路功能演示正确、醒目、直观</td><td>20</td><td colspan="2">元器件布局不合理，调试方法有误，电路功能演示不正确，每处扣 2 分</td><td></td><td></td><td></td></tr>
<tr><td>整体电路设计</td><td colspan="2">整体电路设计正确、布局合理、能实现任务设计所需的功能</td><td>10</td><td colspan="2">元器件选择错误，每处扣 2 分；电路图布局不美观、不规范，每处扣 2 分</td><td></td><td></td><td></td></tr>
<tr><td>素质评价</td><td colspan="2">职业素养与安全意识，遵守教学场所规章纪律</td><td>4</td><td colspan="2">实训时不符合安全操作规程，工作现场工具及物品摆放脏乱，不遵守劳动纪律，不爱惜设备与器材，酌情扣 1 ~ 2 分</td><td></td><td></td><td></td></tr>
<tr><td colspan="6">合计</td><td></td><td></td><td></td></tr>
<tr><td colspan="9">学生建议：</td></tr>
<tr><td colspan="9">总评成绩
老师签名：</td></tr>
</table>

延伸阅读

什么是“乒乓精神”？

1979年在平壤第35届世乒赛上，中国运动员虽然获得4项锦标，但是匈牙利队从中国男队手中夺走了斯韦思林杯，南斯拉夫男队夺得男双冠军。由于3个男子项目全部失利，相比之前的比赛成绩，这次比赛算得上是一次惨败。作为男队主教练的李富荣，除了深刻反省和总结不足外，更多的是思考如何带领队员在下一届世乒赛上夺取冠军。为了激励自己，他特意把第35届世乒赛男子团体赛发奖的照片夹在随身携带的小本子里面，照片上别尔切克率领匈牙利选手正满面春风地捧着闪闪发光的斯韦思林杯。两年里他不知发下多少次誓言，一定要把斯韦思林杯重新夺回来！

1981年4月14—26日，第36届世界乒乓球锦标赛在南斯拉夫的诺维萨德举行。中国乒乓球队一举夺得锦标赛的全部7项冠军和全部5个单项亚军，开创了世界乒乓球赛的新纪录，这是世乒赛史上空前的奇迹。

1981年5月，首都人民欢迎中国乒乓球队胜利归来的大会上，李富荣汇报了中国选手在这届比赛中顽强拼搏的事迹后，万里同志代表党中央、国务院讲话，他说中国乒乓球队具有“胸怀祖国、放眼世界、为国争光的精神；发奋图强、自力更生、艰苦奋斗的实干精神；不屈不挠、勤学苦练、不断钻研、不断创新的精神；同心同德、团结战斗的集体主义精神；胜不骄、败不馁的革命乐观主义和革命英雄主义精神”。万里同志还把上述各点概括为“乒乓精神”。

中国乒乓人代代传承下来的“乒乓精神”，是敢于拼搏、勇于创新，以“乒乓精神”为代表的中国体育精神与时俱进、历久弥新。这些强大的精神力量，与中华人民共和国一起共同成长、共同发展至今。

模块五

Multisim 14.0 软件介绍及应用

模块导读

电子电路设计完成后，其功能能否实现，可首先通过仿真软件对电路进行仿真验证。目前电子技术教学中常用的仿真软件是Multisim，其界面简单、功能丰富、易学易用，在教学和工程设计中均可大量应用。在电子技术教学中引入Multisim仿真软件，可将枯燥的电子电路工作过程通过动画、波形，形象、直观地展现在学生面前，辅助教学效果很好。

学习单元一　Multisim 14.0 简介

一、Multisim 14.0 概述

Multisim 14.0是美国NI（国家仪器有限公司）推出的以Windows为基础的仿真工具，适用于板级的模拟/数字电路板的设计工作，Multisim是一款完整的设计工具系统，提供了一个非常大的元件数据库，并提供原理图输入接口、全部的数模Spice仿真功能、VHDL/Verilog HDL设计接口与仿真功能、FPGA/CPLD综合、RF设计能力和后处理功能，还可以实现从原理图到PCB布线工具包的无缝隙数据传输。

Multisim 14.0版本具有更加形象、直观的人机交互界面，包含了Source库、Basic库、Diodes库等15个元件库，提供了我们日常常见的各种建模精确的元器件，如电阻、电容、电感、三极管、二极管、继电器、可控硅、数码管等。模拟集成电路方面有各种运算放大器、其他常用集成电路。采用图形方式创建电路，再结合软件中提供的虚拟仪器，即数字万用表、函数信号发生器、四踪示波器等对电路的工作状态进行仿真和测试，设计者可以轻松地拥有一个元件设备非常完善的虚拟电子实验室。

二、Multisim 14.0 的特点

Multisim 14.0仿真软件自20世纪80年代产生以来，经过数个版本的升级，除保持操作界面直观、操作方便、易学易用等优良传统外，电路仿真功能也得到不断完善。目前，其版

本 NI Multisim 14.0 主要有以下特点。

1. 直观的图形界面

NI Multisim 14.0 保持了原 EWB 图形界面直观的特点，其电路仿真工作区就像一个电子实验工作台，元件和测试仪表均可直接拖放到屏幕上，可通过单击鼠标用导线将它们连接起来，虚拟仪器操作面板与实物相似，甚至完全相同。可方便选择仪表测试电路波形或特性，可以对电路进行 20 多种分析，以帮助设计人员分析电路的性能。

2. 丰富的元件

自带元件库中的元件数量更多，基本可以满足工科院校电子技术课程的要求。NI Multisim 14.0 的元件库不但收入有大量的虚拟分离元件、集成电路，还含有大量的实物元件模型，包括一些著名制造商等，用户可以编辑这些元件参数，并利用模型生成器及代码模式创建自己的元件。

3. 众多的虚拟仪表

从最早的 EWB 5.0 含有 7 个虚拟仪表到 NI Multisim 14.0 提供 20 多种虚拟仪器，这些仪器的设置和使用与真实仪表一样，能动态交互显示。通过全新的电压、电路、功率和数字探针工具，实现在线可视化交互仿真结果，同时用户还可以创建 LabVIEW 的自定义仪器，在图形环境中灵活地进行仿真测试。

4. 完备的仿真分析

以 SPICE 3F5 和 XSPICE 的内核作为仿真引擎，能够进行 SPICE 仿真、RF 仿真、MCU 仿真和 VHDL 仿真。通过 NI Multisim 14.0 自带的增强设计功能优化数字和混合模式的仿真性能，利用集成 LabVIEW 和 Signalexpress 可快速进行原型开发和测试设计，具有符合行业标准的交互式测量和分析功能。

5. 独特的虚实结合

在 NI Multisim 14.0 电路仿真的基础上，NI 公司推出教学实验室虚拟仪表套件(ELVIS)，用户可以在 NI ELVIS 平台上搭建实际电路，利用 NI ELVIS 仪表完成实际电路的波形测试和性能指标分析。用户可以在 NI Multisim 14.0 电路仿真环境中模拟 NI ELVIS 的各种操作，为在 NI ELVIS 平台上搭建、测试实际电路打下良好的基础。NI ELVIS 仪表允许用户自定制并进行灵活的测量，还可以在 NI Multisim 14.0 虚拟仿真环境中调用，以此完成虚拟仿真数据和实际测试数据的比较。

延伸阅读

Multisim 的作用

传统的电子线路设计开发，通常需要制作一块试验板或者在面包板上进行模拟试验，不仅耗时长，还会增加试验成本。现在工程师们可以利用 Multisim 提供的虚拟电子器件和仪器、仪表搭建、仿真和调试电路，避免实际电路搭建过程中元件易损耗、检测设备昂贵的弊端，从而减少电路的设计成本和研发周期。

虚拟仿真技术是科技创新的结果，不仅大大提高了电路设计效率，还能避免资源浪费且绿色环保。

学习单元二　Multisim 14.0 用户界面介绍

启动 Multisim 14.0 以后，出现图 5.1 所示的用户界面。它包含菜单栏、标准工具栏、视图工具栏、主工具栏、元器件工具栏、仿真开关、电路窗口、虚拟仪器工具栏、设计工具栏、状态栏等，此操作界面就相当于一个虚拟电子实验平台，各部分介绍如下。

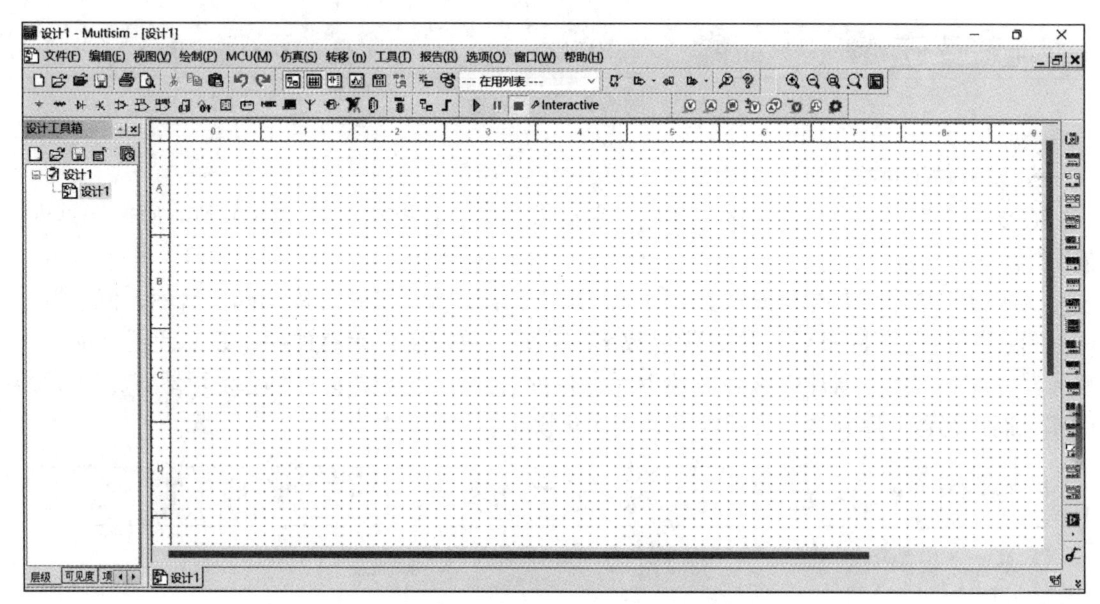

图 5.1　Multisim 14.0 用户界面

1. 菜单栏

Multisim 14.0 的菜单栏中提供了文件操作、文本编辑、放置元器件等菜单项，如图 5.2 所示。

文件(F)　编辑(E)　视图(V)　绘制(P)　MCU(M)　仿真(S)　转移(n)　工具(T)　报告(R)　选项(O)　窗口(W)　帮助(H)

图 5.2　菜单栏

2. 标准工具栏和视图工具栏

标准工具栏包含了常用的基本功能按钮（见图 5.3），和视图工具栏（见图 5.4）一样，与 Windows 应用程序的基本功能相同，这里不再详细叙述。

图 5.3　标准工具栏

图 5.4　视图工具栏

3. 主工具栏

主工具栏如图 5.5 所示，利用该工具栏可以把有关电路设计的原理图、PCB 板图、相关文件、电路的各种统计报告分类进行管理，还可以观察分层电路的层次结构。

该工具栏从左至右按钮分别是设计工具箱、电子表格视图、SPICE 网表查看器、图示仪、后处理器、母电路图、元器件向导、数据库管理器、当前所使用的元器件列表、电气法则查验、转移到 Ultiboard、从文件反向注解到 Ultiboard、正向注解到 Ultiboard、查找范例和帮助信息。

图 5.5　主工具栏

4. 元器件工具栏

在标准工具栏下边是元器件工具栏，它提供了用户在电路仿真中所用到的所有元器件，如图 5.6 所示。

该工具栏从左至右按钮分别为电源库、基本元器件库、二极管库、晶体管库、模拟器件库、TTL 器件库、CMOS 器件库、集成数字芯片库、数模混合元器件库、显示元器件库、功率元器件库、其他元器件库、高级外围元器件库、射频元器件库、机电类元件库、NI 元器件库、连接元器件库、微处理器模块、层次化模块和总线模块。

图 5.6　元器件工具栏

5. 虚拟仪器工具栏

在窗口的最右边一栏是仪表工具栏，提供了 20 多种仪表，用户所用到的仪器仪表都可以在此栏中找到，如图 5.7 所示。该工具栏通常放在电路窗口的右边，也可以将其拖至菜单栏的下方，呈水平状。

图 5.7　虚拟仪器工具栏

该工具栏从左至右分别为万用表、函数发生器、瓦特计、示波器、4 通道示波器、波特测试仪、频率计数器、字发生器、逻辑变换器、逻辑分析仪、IV 分析仪、失真分析仪、光谱分析仪、网络分析仪、Agilent 函数发生器、Agilent 万用表、Agilent 示波器、Tektronix 示波器、测量探针、LabVIEW 仪器。

6. 设计工具栏

设计工具栏见图 5.8。

图 5.8　设计工具栏

7. 电路窗口

电路窗口用来进行创建或编辑电路图、仿真分析以及波形显示的地方。

延伸阅读

Multisim 对元器件的管理

Multisim 以库的形式管理元器件，通过菜单“工具”→“数据库”→“数据库管理”命令打开数据库管理窗口，可对元器件库进行管理。

在主数据库中有实际元器件和虚拟元器件，它们之间的根本差别在于：一种是与实际元器件的型号、参数值以及封装都相对应的元器件，在设计中选用此类器件，不仅可以使设计仿真与实际情况有良好的对应性，还可以直接将设计导出到 Ultiboard 中进行 PCB 的设计。另一种器件的参数值是该类器件的典型值，不与实际器件相对应，用户可以根据需要改变器件模型的参数值，这类器件只能用于仿真，故称为虚拟器件。它们在工具栏和对话窗口中的表示方法也不同。在元器件工具栏中，虽然代表虚拟器件的按钮图标与该类实际器件的图标形状相同，但虚拟器件的按钮有底色，而实际器件没有。

学习单元三　Multisim 14.0 仿真基本操作

下面将以创建桥式整流电路为例来引导大家建立并仿真一个简单电路，熟悉 Multisim 电路原理图的绘制方法和电路的仿真分析。

1. 建立电路文件

运行 Multisim 14.0 后，会自动打开名为“设计 1”的电路图，也可以通过菜单栏中“文件”→“设计”命令、单击标准工具栏中的快捷按钮 或者是按“Ctrl”+“N”组合键 3 种方式来新建一个电路文件，该文件可以在保存时再重新命名。

2. 放置元器件

放置元器件的方法一般包括：利用元器件工具栏放置元器件；通过单击“绘制”→“元器件”菜单命令放置元器件；在绘制电路窗口空白处右击，在弹出的快捷菜单中单击“放置元器件”命令以及按“Ctrl”+“W”组合键放置元器件 4 种途径。第 1 种方法适合已知元器件在元器件库的哪一类中，其他 3 种方式需打开元器件库对话框，然后进行分类查找。

1）放置电源和接地端

单击元器件工具栏中的“电源库”按钮 ，弹出图 5.9 所示对话框，单击“POWER_SOURCES”→“AC_POWER”，再单击“确认”按钮，在电路绘制窗口中会出现一个交流电源器件随鼠标指针移动。将鼠标指针移至适当位置后，单击鼠标左键即可将该元器件放置于此，右击可取消本次操作。

双击电源符号，弹出相应的属性对话框，修改“电压（RMS）”值（即有效值）为 220 V，单击“确认”按钮，修改成功，如图 5.10 所示。

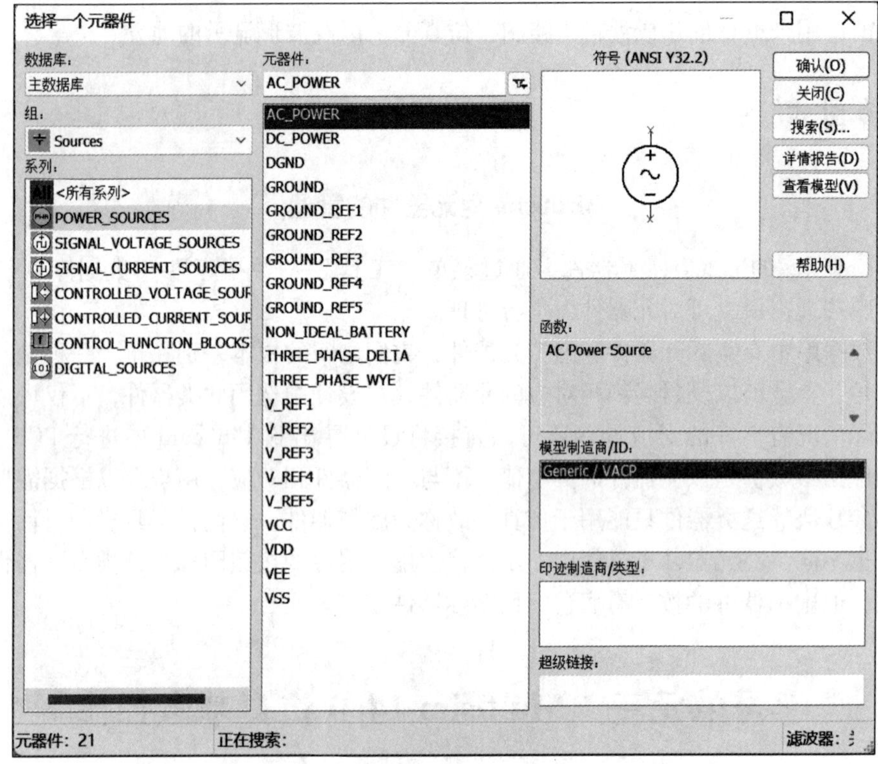

图 5.9　放置电源

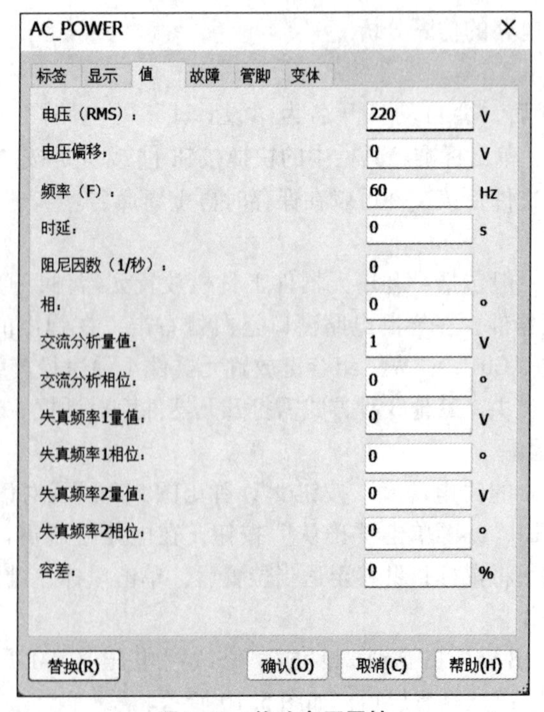

图 5.10　修改电压属性

同理单击“电源库”按钮 ，选择“GROUND”选项，再单击“确认”按钮，如图5.11所示，移动鼠标选择合适位置单击左键即可放入接地端。对于一个电路来说，接地端就是一个公共参考点，这个参考点的电位是0 V。一般来说，一个电路必须有一个公共参考点，而且只能有一个。在同一电路中，不管放置多少个接地端，它们的电位值都是0 V，实质上属于同一点。如果一个电路中没有接地端，通常不能有效地进行仿真分析。

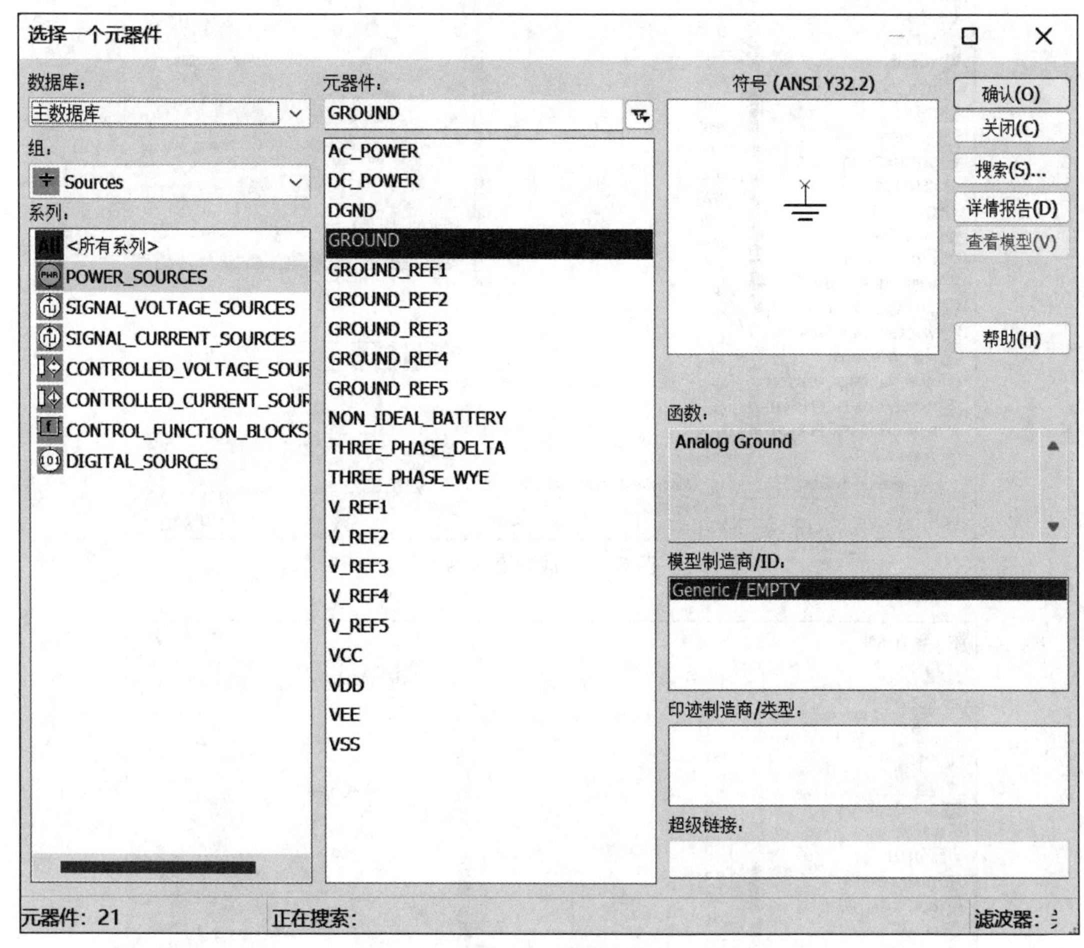

图5.11　放置地线

2）放置变压器

在元器件工具栏中单击“基本元器件库”按钮 ，弹出“选择一个元器件”对话框，在“系列”列表框中单击“TRANSFORMER”，选择“元器件”列表框中的“1P1S”项，单击“确认”按钮，如图5.12所示，变压器变比默认为10∶1。

3）放置电阻元件

在元器件工具栏中单击“基本元器件库”按钮 ，弹出“选择一个元器件”对话框，在“系列”列表框中单击“RESISTOR”，在“元器件”值列表框中选择“240”，如图5.13所示，单击“确认”按钮。在电路窗口中出现一个电阻符号，将鼠标指针移至适当位置后单击，即可将240 Ω电阻放置于此，右击可取消本次操作。

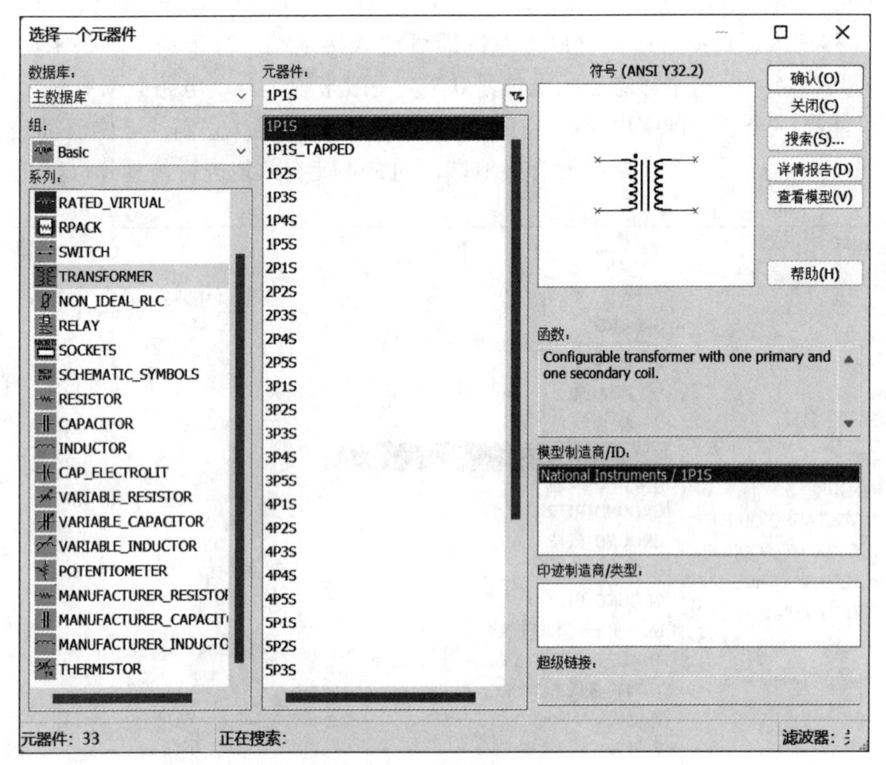

图 5.12　放置变压器

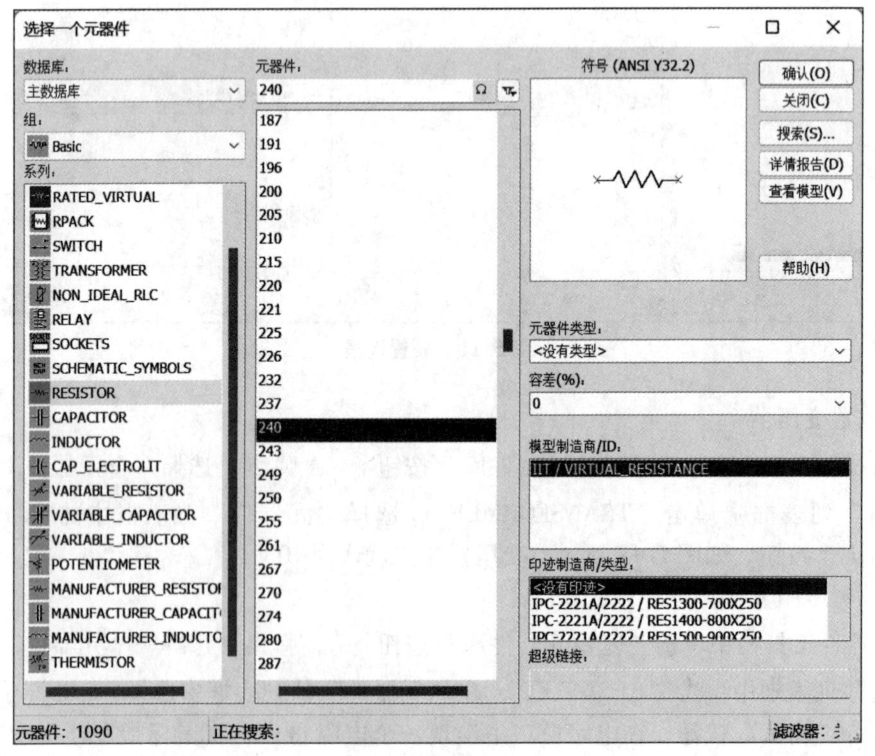

图 5.13　放置电阻元件

4）放置全波桥式整流器

在元器件工具栏中单击“二极管库”按钮，在弹出的图 5. 14 所示对话框中单击“FWB”全波桥式整流器，在“元器件”列表框中选择“1B4B42”型号，单击“确认”按钮，在合适位置即可放置由 4 个二极管组成的全波桥式整流器。

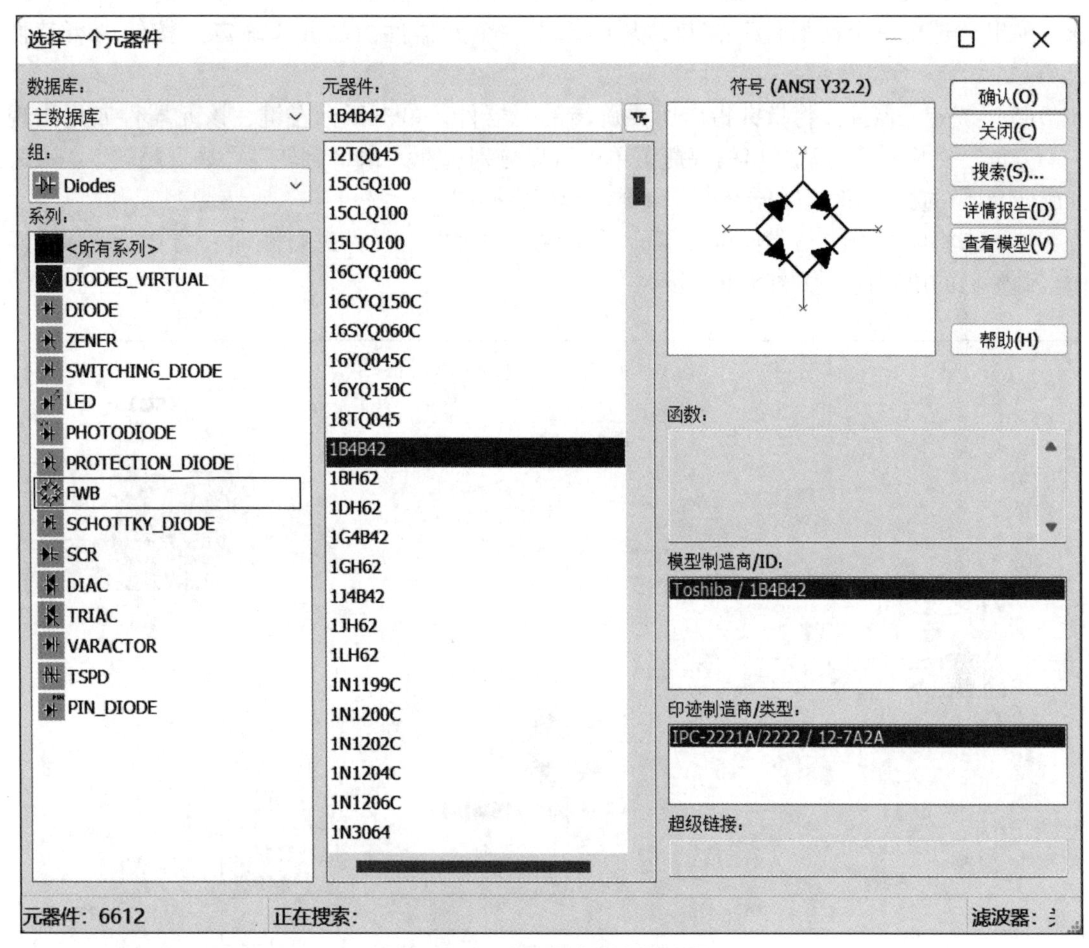

图 5. 14　放置全波桥式整流器

5）放置双踪示波器

在虚拟仪器工具栏中单击“示波器”按钮，在窗口中就会出现示波器图标随鼠标指针移动。将鼠标指针移至适当位置后，单击鼠标左键即可将该器件放置于此，右击可取消本次操作。

3. 对元器件的进一步操作

放置元器件后有时需要对其进行移动、旋转、删除、复制、粘贴等操作，操作方式如下。

（1）移动元器件。将指针指到所要移动的元器件上，单击鼠标左键则在该元器件周围出现一个方框，按住鼠标左键并移动，拖动其到目标地后松开鼠标即可。

（2）删除元器件。将指针指向所要删除的元器件，单击鼠标左键，该元件四周出现一个方框，然后右击，从弹出的快捷菜单中选择“删除”命令，或者选中要删除的元器件后按“Delete”键即可。

（3）复制、剪切和粘贴元器件。选中要编辑的元器件并右击，从弹出的快捷菜单中选择相应的菜单命令。

（4）替换元器件。双击元器件打开相应的“元器件属性”对话框，单击“替换”按钮，弹出“选中一个元器件”窗口，从中选中一个元器件，单击“确定”按钮即可替换成功。

（5）旋转元器件。将指针指向所要旋转的元器件，单击鼠标左键，该元器件四周出现一个方框，然后右击，从弹出的快捷菜单中可以分别选择“水平翻转”“垂直翻转”“顺时针旋转90°”或“逆时针旋转90°”命令进行旋转操作。

接下来将电路中的元器件调整至合适位置，并对电阻元件进行顺时针方向旋转90°操作。调整后的电路窗口如图5.15所示。

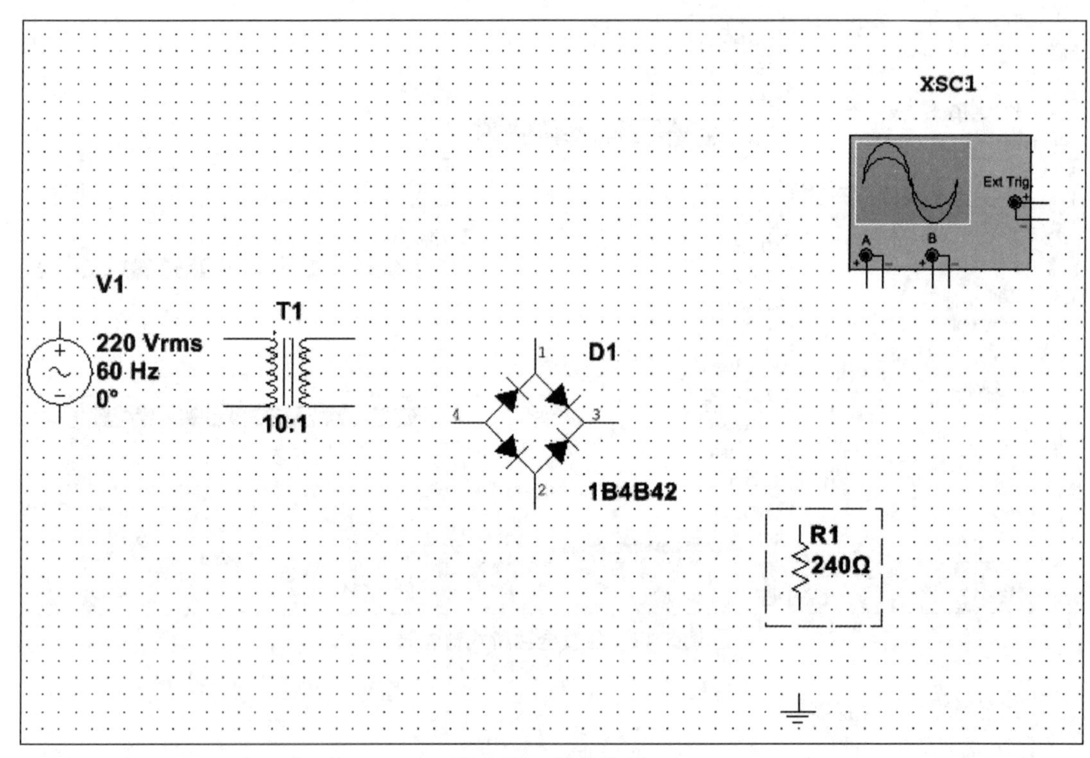

图5.15　元件布局

4. 对元器件做进一步编辑

双击元器件打开相应的“元器件属性”对话框，选择“标签”选项卡，可在“RefDes(D)”文本框内改变元器件序号。例如，在图5.16中将电阻元件的序号设置为“R1”，元器件序号是元器件唯一的识别码，必须设置且不允许重复。选择“值”选项卡可以查看或者修改元器件的参数值。

右击元器件，从弹出的快捷菜单中可以选择“颜色”或“字体”命令选择合适的颜色和字体。

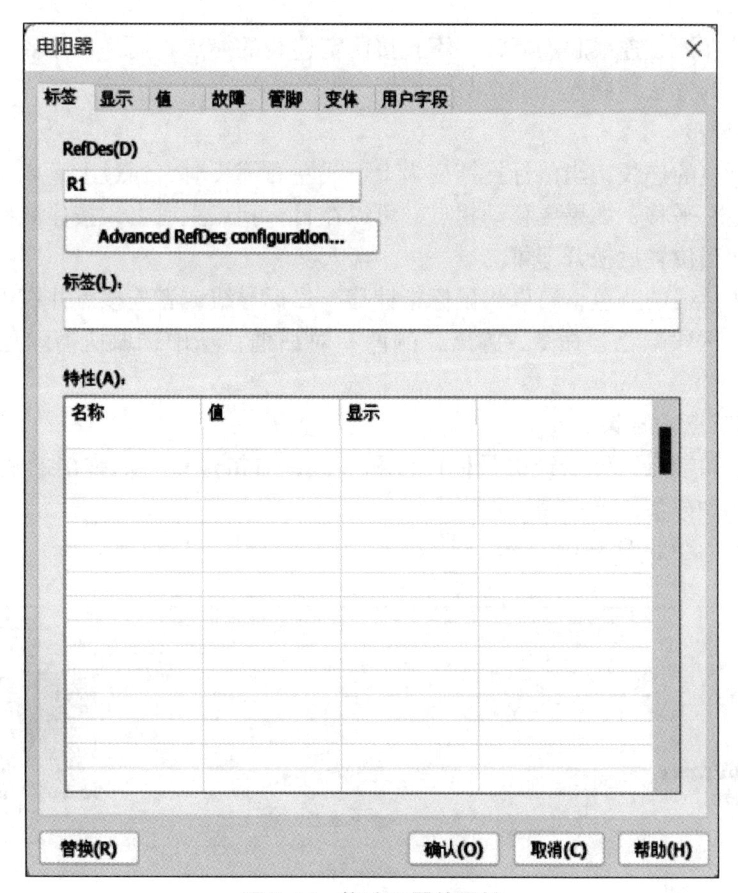

图 5.16　修改元器件属性

5. 连接线路

1）自动连线

将鼠标指针移至起点元器件的引脚一端，指针变成十字形状，单击确定连线的起点，将鼠标指针移至另一元器件的引脚或者所要连接的线路时，再次单击，系统自动连接完成，如图 5.17 所示。当元器件与线路相连接时，系统不但自动连接，还会在所连接线路的交叉点上自动放置一个连接点，如图 5.18 所示。如果两条线只是交叉而过，不会产生连接点，表示两条交叉线并不相连接。

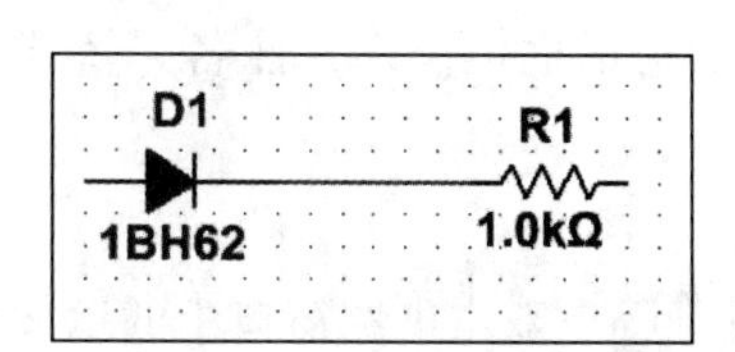

图 5.17　元器件连接示意图

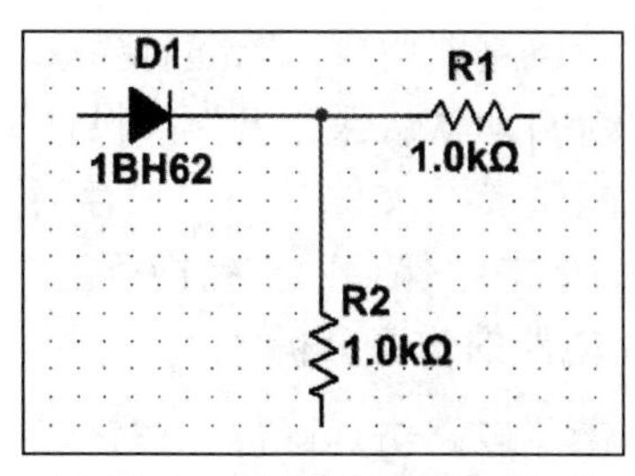

图 5.18　交叉线相连接示意图

2）手动连线

手动连线是在固定连线起点后，并不直接固定连线的终点，而是在需要拐弯处单击固定拐点，通过这样的方法控制连线的走势。

3）连线的调整

先选中欲调整的连线，当鼠标指针变为上下或左右箭头时，通过上下或左右移动鼠标可将连线上下或左右平移；如果要移动拐点，可以在目标拐点上右击，按住鼠标左键拖动拐点上的小方块至适当位置后松开即可。

如果要改变导线的颜色，可以将鼠标指针移至目标导线或者连接点并右击，在弹出的快捷菜单中选择“区段颜色”命令，弹出“颜色”对话框，从中选取所需颜色，再单击“确定”按钮即可。

4）连线和节点的删除

要删除连线和节点，可以选中目标连线和节点，右击连线，从弹出的快捷菜单中选择“删除”命令或者按“Delete”键即可。

最后完成的电路如图 5. 19 所示。

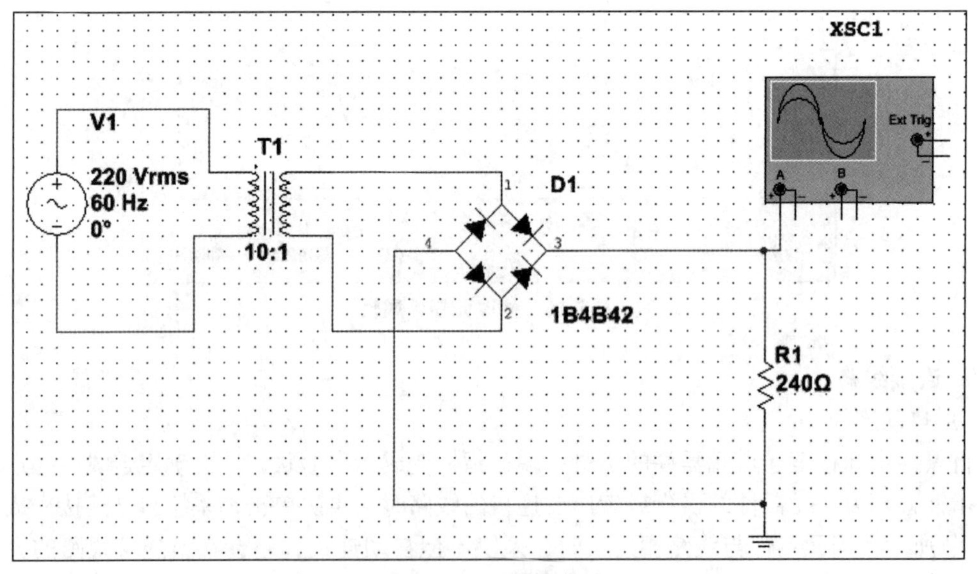

图 5. 19　桥式整流电路

6. 保存电路

编辑电路图后要注意随时存盘，养成随时保存文件的习惯是非常必要的。对于本电路，原来系统自动默认保存名为“设计 1. ms14”，现将其命名为“桥式整流电路 . ms14”，操作步骤为：选择“文件”→“另存为”菜单命令，在弹出的对话框中输入文件名“桥式整流电路”，单击“保存”按钮即可。

7. 电路的仿真分析

单击“电路仿真运行”按钮 ▷ ，或者按仿真开关，双击电路窗口中的示波器图标，即可启动示波器面板，查看仿真波形，如图 5. 20 所示。单击“反向”按钮，可以改变显示框的背景颜色，适当调节示波器界面上的时基标度和 A 通道中的刻度值，可以看到较清晰的波形，这里设置“时基”的“刻度”值为“20 V/Div”。

若要停止仿真，单击“停止仿真”按钮 ■ ，或者按仿真开关 即可。

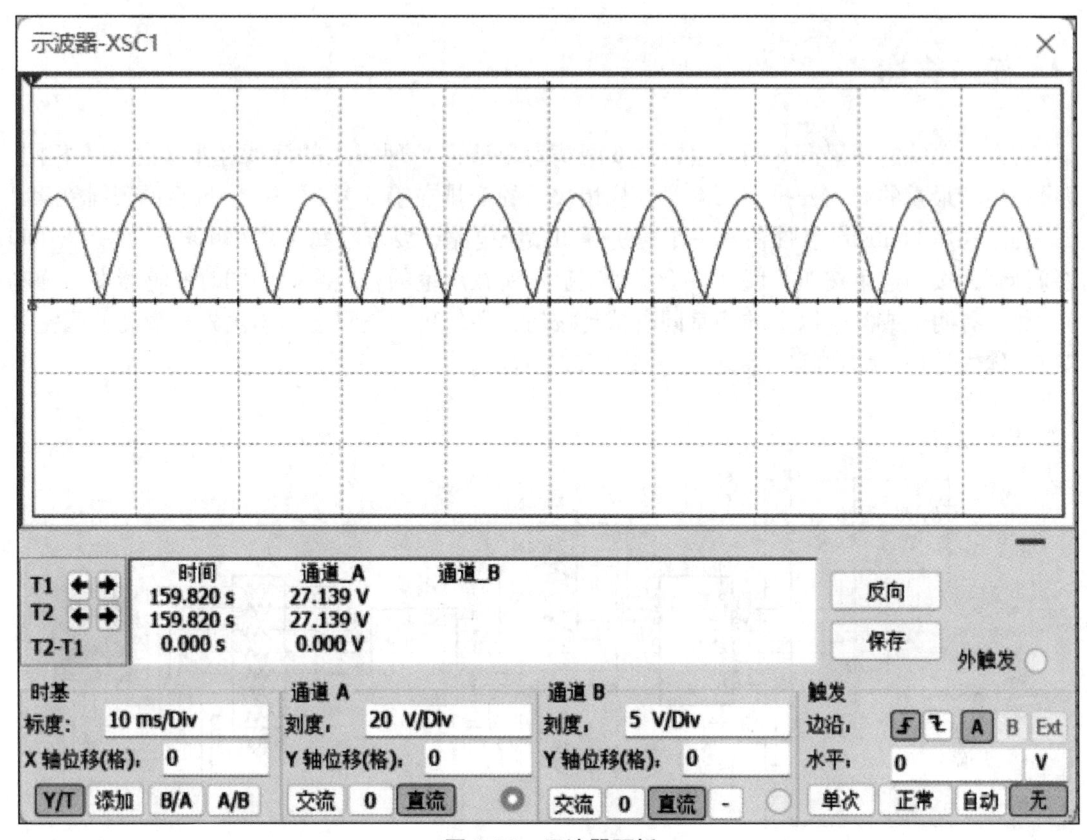

图 5.20　示波器面板

延伸阅读

Multisim 仿真错误常见问题及解决方法

在使用 Multisim 进行电路仿真时，常会出现以下几种错误情况。

（1）原本电路图是可以成功仿真的，但是修改电路中某些电路参数后仿真失败（原理正确）。

（2）在原文件中仿真成功，但是复制、粘贴到另一个文件后仿真错误。

（3）各个电路单独仿真成功，但是合并在一起后仿真一直不出波形或者提示错误。

遇到上述问题时，可以通过以下几个方面解决：首先检查电路连接是否正确，有无漏连接的地方，如 GND、信号线等；其次耐心等待，有些模块在单独仿真时可以很快显示仿真结果，但与其他电路模块合并时，仿真需要计算的数据变大，速度变慢，输出波形的速度也变慢，所以耐心等待一段时间也许就可以输出波形了。

任务一　病房呼叫系统电路的绘制与仿真

一、任务描述

现有一医院病房里有 6 间病室，这 6 间病室里所需护理病人的病情轻重缓急各不相同。假设把病情最重的病人安排在第 6 号，病情次重的安排在第 5 号，……，最轻的安排在第 1 号。现需利用 Multisim 软件仿真一个病房呼叫系统电路，要求在每个病房里各设置一个呼叫按钮，病人按动这个按钮，就在护士值班室显示所在病室的相应号码，同时蜂鸣器发出蜂鸣声。如果有两个或两个以上的病室同时按动按钮，在值班室里只显示出优先权最高的病室号码以便优先处理。病房呼叫系统电路如图 5. 21 所示。

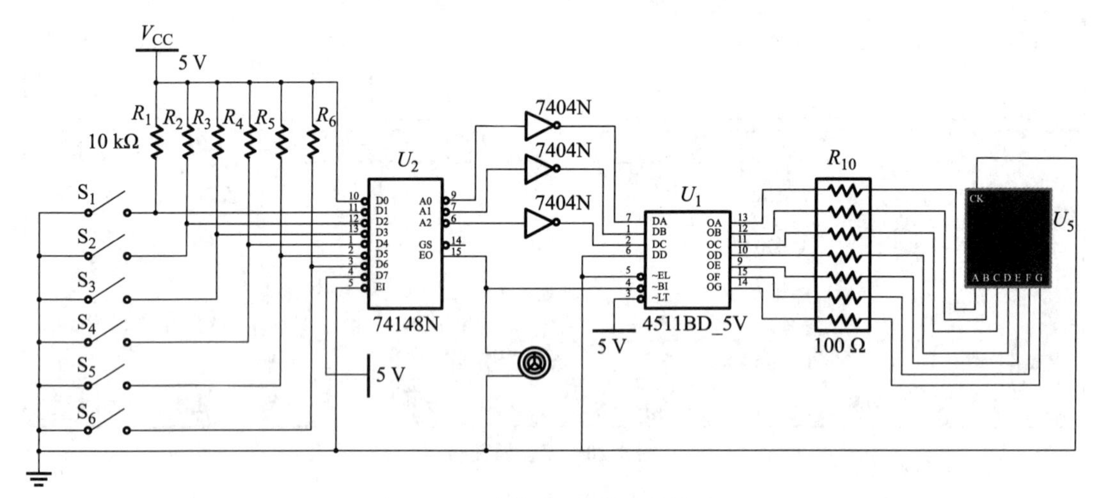

图 5. 21　病房呼叫系统电路原理

二、任务目标

（1）进一步熟悉优先编码器的工作原理。

（2）能正确调用元件并对电路进行连接。

（3）能利用软件对电路进行仿真及分析。

（4）培养学生分析问题和解决问题的能力。

三、任务准备

（一）知识准备

1. 知识预习要点

1）预习教材中译码器、编码器和 Multisim 仿真软件操作的相关知识

（1）熟悉 8 线 -3 线优先编码器 74LS148 的引脚排列和工作原理。

（2）通过预习，熟悉七段显示译码器 CD4511 的工作原理。

（3）熟悉利用 Multisim 仿真软件进行电路绘制及仿真的相关操作。

2）在老师引导下完成以下测试

引导测试 1：优先编码器中“优先”二字如何理解？并说出“8 线 -3 线”代表什么意思？

引导测试 2：译码器和编码器的主要区别在哪里？

引导测试 3：Multisim 14. 0 仿真软件提供了哪些仿真仪表？

（二）**实操准备**

学生向老师领取任务，学习本任务操作注意事项，明确本任务的内容、进度要求及安全注意事项。

（1）学生分组实训前应认真检查本组计算机设备状况，若发现计算机不能正常启动或者设备有故障，应立即报告指导老师或实训室管理人员处理。

（2）学生必须按老师的要求使用计算机，未经老师许可，不得随意开关计算机电源，并应按正确方法开关机。

（三）**仪器与器材准备**

计算机、Multisim 14. 0 软件。

四、任务分组

将任务分组填入表 5. 1 中。

表 5. 1　任务分组

班级		组号		指导老师	
组长		学号		任务分工	
组员		学号		任务分工	
组员		学号		任务分工	

五、任务实施

1. 建立电路文件

新建一电路文件，将文件保存并命名为“病房呼叫系统电路”，然后将文件保存界面截图记入表 5. 2 中。

2. 放置元器件

（1）从“Sources”电源库中调出电压源“VCC”和地“GROUND”。

（2）从 TTL 器件库中调出 74148N 和 7404N。

（3）从 CMOS 器件库中调出 4511BD_5V。

（4）从“Basic”基本元器件库中选择“SWITCH”，调出开关 DIPSW1，选择“RESISTOR”调出电阻元件。可连续放置多个，放完后单击鼠标右键退出即可；选择“RPACK”调出 7 脚排阻。

（5）从“Indicators”显示元器件库中选择“HEX_ DESPLAY”，调出七段数码管；选择“BUZZER”，调出蜂鸣器。

各元器件放置完成后，按照图 5. 21 要求将各个元件调整到合适的位置，将放置好的界面截图记入表 5. 2 中。

3. 设置元器件参数

按照图 5. 21 中要求，修改元器件序号和参数值，并将设置完成后的界面截图记入表 5. 2 中。

4. 连接电路

按照图 5. 21 所示连接电路，保存，并将连接完成后的界面截图记入表 5. 2 中。

5. 电路仿真

打开仿真开关，对电路进行仿真，当 $S_1 \sim S_6$ 分别按下时，对应的数码管显示相应的数字，蜂鸣器响；如果有两个按键同时按下，优先显示优先权最高的号码。

六、任务实施报告

病房呼叫系统电路的绘制与仿真任务实施报告见表 5.2。

表 5.2　病房呼叫系统电路的绘制与仿真任务实施报告

班级：＿＿＿＿＿	姓名：＿＿＿＿＿	学号：＿＿＿＿＿	组号：＿＿＿＿＿
步骤 1：建立电路文件			
步骤 2：放置元器件			
步骤 3：设置元器件参数			
步骤 4：连接线路			
步骤 5：电路仿真			

七、考核评价

<table>
<tr><td>班级</td><td></td><td>姓名</td><td></td><td>学号</td><td></td><td>组号</td><td colspan="2"></td></tr>
<tr><td>操作项目</td><td colspan="2">考核要求</td><td>分数配比</td><td colspan="2">评分标准</td><td>自评</td><td>互评</td><td>老师评分</td></tr>
<tr><td>理论测试</td><td colspan="2">能正确回答理论测试题，掌握实践过程中的基础理论</td><td>10</td><td colspan="2">每错一处，扣3分</td><td></td><td></td><td></td></tr>
<tr><td>仿真软件的使用</td><td colspan="2">能熟练使用Multisim仿真软件，能正确取出所需元器件和修改元器件参数，能正确绘制节点和连线</td><td>30</td><td colspan="2">不能按步骤要求完成，每错一处扣2分</td><td></td><td></td><td></td></tr>
<tr><td>电路仿真调试</td><td colspan="2">能按照要求正确调用仪器仪表并进行电路仿真调试</td><td>20</td><td colspan="2">不能按步骤要求使用仪器仪表调试电路，每次扣3分</td><td></td><td></td><td></td></tr>
<tr><td>任务实施报告</td><td colspan="2">及时、正确地做好仿真数据的记录工作，按要求完成任务实施报告</td><td>15</td><td colspan="2">不及时做记录，每次扣2分，任务实施报告不全面，每处扣3分</td><td></td><td></td><td></td></tr>
<tr><td>安全文明操作</td><td colspan="2">操作台干净、整洁，遵守安全操作规程，符合管理要求</td><td>10</td><td colspan="2">操作台脏乱，不遵守安全操作规程，不服从老师管理，酌情扣5～10分</td><td></td><td></td><td></td></tr>
<tr><td>团队合作</td><td colspan="2">小组成员之间应互帮互助，分工合理</td><td>15</td><td colspan="2">有成员未参与实践，每人扣5分</td><td></td><td></td><td></td></tr>
<tr><td colspan="6">合计</td><td></td><td></td><td></td></tr>
<tr><td colspan="9">学生建议：</td></tr>
<tr><td colspan="9">总评成绩

老师签名：</td></tr>
</table>

延伸阅读

以科技创新推动医疗发展

党的二十大报告中指出："推进健康中国建设。人民健康是民族昌盛和国家强盛的重要标志。把保障人民健康放在优先发展的战略位置，完善人民健康促进政策。"

随着科技的进步，科技创新与医疗卫生联系得更加紧密，远程医疗、移动医疗、精准医疗、智慧医疗等医疗模式快速发展。不断推进卫生与健康科技创新，才能更好建设健康中国和科技强国，更好满足人民群众的健康需求。

习近平总书记强调："健康是幸福生活最重要的指标，健康是1，其他是后面的0，没有1，再多的0也没有意义。"只有加强前沿科技领域创新，提升关键核心技术自主创新能力，才能抢占未来医疗发展的前沿高地，为建设健康中国和科技强国、保障人民健康提供有力支撑。

任务二　小区车位计数电路的绘制与仿真

一、任务描述

随着人民生活水平的提高，私家车的数量越来越多，小区停车难的问题日益突出，需要对现有的小区车位进行合理分配和计数管理。现需利用 Multisim 软件仿真一个小区车位计数电路，要求车辆进入小区时，停车泊位数减 1，车辆驶出小区时，停车泊位数加 1。小区车位计数电路如图 5.22 所示。

二、任务目标

（1）进一步熟悉计数电路的工作原理。

（2）能正确从所需的元器件库中调用元器件并对电路进行连接。

（3）培养学生具有良好的心理素质和克服困难的能力。

三、任务准备

（一）知识准备

1. 知识预习要点

1）预习教材中关于集成计数器和 Multisim 仿真软件操作的相关知识

（1）熟悉计数器 CD40192 的引脚排列和工作原理。

（2）熟悉红外发射接收对管的工作原理。

（3）掌握利用 Multisim 仿真软件进行电路绘制及仿真的相关操作。

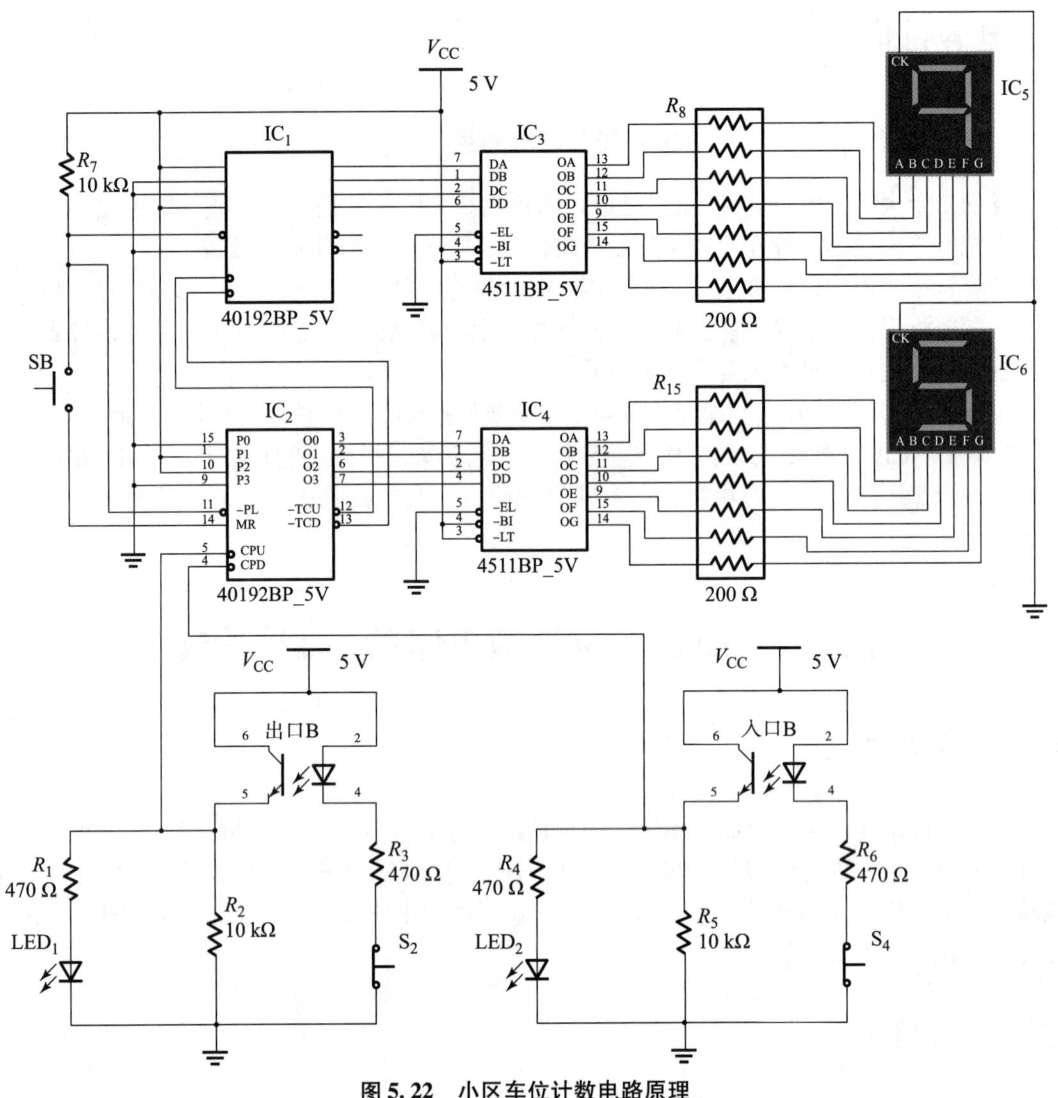

图 5.22　小区车位计数电路原理

2）在老师引导下完成测试

引导测试 1：请写出 CD40192 在什么情况下进行加计数和减计数?

引导测试 2：如何用万用表判断红外发射管的正负极?

引导测试 3：Multisim 仿真软件主要有哪些特点?

（二）实操准备

学生向老师领取任务，学习本任务操作注意事项，明确本任务的内容、进度要求及安全注意事项。

（1）学生分组实训前应认真检查本组计算机设备状况，若发现计算机不能正常启动或者设备有故障，应立即报告指导老师或实训室管理人员处理。

（2）学生必须按老师的要求使用计算机，未经老师许可，不得随意开关计算机电源，并应按正确方法开关机。

（三）仪器与器材准备

计算机、Multisim 14.0 软件。

四、任务分组

将任务分组填入表 5.3 中。

表 5.3　任务分组

班级		组号		指导老师	
组长		学号		任务分工	
组员		学号		任务分工	
组员		学号		任务分工	

五、任务实施

1. 建立电路文件

新建一电路文件，将文件保存并命名为“小区车位计数电路”，并将文件保存界面截图记入表 5.4 中。

2. 放置元器件

（1）从“Sources”电源库中调出电压源“VCC”和地“GROUND”。

（2）从 CMOS 器件库中调出 40192BP_5V 和 4511BP_5V。

（3）从“Basic”基本元器件库中选择“RPACK”调出 7 脚排阻，选择“RESISTOR”调出电阻元件，可连续放置多个，放完后单击鼠标右键退出即可。

（4）从“Indicators”显示元器件库中选择“HEX_DESPLAY”，调出七段数码管。

（5）从“Diodes”二极管库中选择“LED”调出发光二极管。

（6）从“Misc”其他元器件库中选择“OPTOCOUPLER”调出 MOCD213。

（7）从“Electro_Mechanical”机电类元器件库中选择“SUPPLEMENTARY_SWITCHES”调出按钮 PB_NO。

各元器件放置完成后，按照图 5.22 要求将各个元器件调整到合适的位置，将放置好的界面截图记入表 5.4 中。

3. 设置元器件参数

按照图 5.22 中的要求，修改元器件序号和参数值，并将设置完成后的界面截图记入表 5.4 中。

4. 连接电路

按照图 5.22 所示连接电路，保存，并将连接完成后的界面截图记入表 5.4 中。

5. 电路仿真

打开仿真开关，对电路进行仿真。按下 SB 开关，数码管显示预置数“96”，断开开关 SB，每按下 S_2 按钮，电路进行加计数，LED_1 发光；每按下 S_4 按钮，电路进行减计数，LED_2 发光。将电路仿真结果界面截图记入表 5.4 中。

六、任务实施报告

小区车位计数电路的绘制与仿真任务实施报告见表 5.4。

表 5.4　小区车位计数电路的绘制与仿真任务实施报告

班级：__________	姓名：__________	学号：__________	组号：__________
步骤 1：建立电路文件			
步骤 2：放置元器件			
步骤 3：设置元器件参数			
步骤 4：连接电路			
步骤 5：电路仿真			

七、考核评价

班级		姓名		学号		组号		
操作项目	考核要求		分数配比	评分标准		自评	互评	老师评分
理论测试	能正确回答理论测试题，掌握实践过程中的基本理论		10	每错一处，扣3分				
仿真软件的使用	能熟练使用Multisim仿真软件，能正确取出所需元器件和修改元器件参数，能正确绘制节点和连线		30	不能按步骤要求完成，每错一处扣2分				
电路仿真调试	能按照要求正确调用仪器仪表并进行电路仿真调试		20	不能按步骤要求使用仪器仪表调试电路，每次扣3分				
任务实施报告	及时、正确地做好仿真数据的记录工作，按要求完成任务实施报告		15	不及时做记录，每次扣2分，任务实施报告不全面，每处扣3分				
安全文明操作	操作台干净、整洁，遵守安全操作规程，符合管理要求		10	操作台脏乱，不遵守安全操作规程，不服从老师管理，酌情扣5~10分				
团队合作	小组成员之间应互帮互助，分工合理		15	有成员未参与实践，每人扣5分				
合计								
学生建议：								
总评成绩 老师签名：								

延伸阅读

智慧停车场管理系统构成

智慧停车场管理系统集感应式智能卡技术、计算机网络、视频监控、图像识别与处理及自动控制技术于一体，对停车场内的车辆进行自动化管理，包括车辆身份判断、出入控制、车牌自动识别、车位检索、车位引导、会车提醒、图像显示、车型校对、时间计算、费用收取及核查、语音对讲、自动取（收）卡等系列科学、有效的操作。这些功能可根据用户需要和现场实际灵活删减或增加，形成不同规模与级别的豪华型、标准型、节约型停车场管理系统和车辆管制系统。

（1）车位查找功能。用户在使用智慧停车 App 的时候会有自动定位的功能，为用户显示并推荐附近的空闲车位信息情况，快速查找附近的车位信息。

（2）地图导航服务。查找到合适的停车场停车地点，可以直接单击停车场的位置，实现线上地图导航到达线下的目的地。

（3）停车预约功能。直接通过手机 App 软件可以线上预约停车服务，在线选择好停车的位置信息，可以根据自己的需求预定车位，不需要时应提前取消预约。

（4）在线支付功能。现在很多的停车场缴费都可以直接通过支付宝或者是微信的方式线上支付完成，智慧停车 App 也可以通过 App 软件自助缴费。

（5）其他服务功能。其他的服务功能，如汽车美容门店、汽车行业资讯、充电桩位置查找功能。

（6）车友社区功能。车友社区服务就是一些用户可以在这个社区论坛中发布一些自己的信息，如关于汽车的保养或者是汽车的停车资讯，以及平时的有关行业信息资讯等。

附录 A

半导体器件命名方法及参数

1. 半导体器件的型号命名

根据国标《半导体器件命令方法》（GB 249—1974）的规定，半导体二极管、三极管的型号由 5 部分组成，详见表 A. 1。

第 1 部分：用数字“2”表示二极管，用数字“3”表示三极管。

第 2 部分：材料和极性，用字母表示。

第 3 部分：类型，用字母表示。

第 4 部分：序号，用数字表示。

第 5 部分：规格，用字母表示。

表 A. 1　国产半导体器件的命名方法

<table>
<tr><th colspan="2">第 1 部分</th><th colspan="2">第 2 部分</th><th colspan="4">第 3 部分</th><th>第 4 部分</th><th>第 5 部分</th></tr>
<tr><td colspan="2">用数字表示器件的电极数目</td><td colspan="2">用汉语拼音字母表示器件的材料和极性</td><td colspan="4">用汉语拼音字母表示器件的类型</td><td rowspan="2">用数字表示器件的序号</td><td rowspan="2">用汉语拼音字母表示规格号</td></tr>
<tr><td>符号</td><td>意义</td><td>符号</td><td>意义</td><td>符号</td><td>意义</td><td>符号</td><td>意义</td></tr>
<tr><td>2</td><td>二极管</td><td>A
B
C
D</td><td>N 型锗材料
P 型锗材料
N 型硅材料
P 型硅材料</td><td rowspan="2">P
V
W
C
Z
L
S
N
U
T
B
J</td><td rowspan="2">普通管
微波管
稳压管
参量管
整流管
整流堆
隧道管
阻尼管
光电器件
场效应器件
雪崩管
阶跃恢复管</td><td rowspan="2">X
D
G
A
CS
BT
FH
PIN
JG</td><td rowspan="2">低频小功率管
低频大功率管
高频小功率管
高频大功率管
场效应器件
半导体特殊器件
复合管
PIN 型管
激光管</td><td rowspan="2">反映了极限参数、直流参数和交流参数等的差别</td><td rowspan="2">反映了承受反向击穿电压的程度。如规格号 A、B、C、D、…，其中 A 承受的反向击穿电压最低，B 次之……</td></tr>
<tr><td>3</td><td>三极管</td><td>A
B
C
D
E</td><td>PNP 型锗材料
NPN 型锗材料
PNP 型硅材料
NPN 型硅材料
化合物材料</td></tr>
</table>

例如，2AX51A，表示二极管，N 型锗材料，低频小功率管；3DG201B，表示三极管，NPN 型，高频小功率硅管。

2. 二极管参数

二极管的类型很多，按材料可分为硅二极管、锗二极管和砷化镓二极管等。以硅二极管和锗二极管较为常见，硅二极管的导通压降为 0.6 ~ 0.7 V，锗二极管的导通压降为 0.2 ~ 0.3 V。按用途可分为整流二极管、稳压二极管、发光二极管、变容二极管、开关二极管、混频二极管和检波二极管等。

整流二极管主要用作整流，其主要参数有最大整流电流和最高反向工作电压；稳压二极管用于稳压，其主要参数有稳定电压、稳定电流、动态电阻等；发光二极管用作发光指示。对于用作频率调谐和稳频的变容二极管、用作信号检波的检波二极管等，这里不再赘述。整流二极管的参数见表 A.2。

表 A.2　整流二极管的参数

型号	最高反向工作电压/V	额定正向平均电流/A	正向压降/V	反向电流常温平均值/μA	不重复正向浪涌电流/A
2CZ50 ×	*	0.03	≤1.2	5	0.6
2CZ51 ×	*	0.05	≤1.2	5	1
2CZ52 ×	*	0.1	≤1.0	5	2
2CZ53 ×	*	0.3	≤1.0	5	6
2CZ54 ×	*	0.5	≤1.0	10	10
2CZ55 ×	*	1	≤1.0	10	20
2CZ56 ×	*	3	≤0.8	≤20	65
2CZ57 ×	*	5	≤0.8	≤20	105
2CZ58 ×	*	10	≤0.8	≤30	210
2CZ59 ×	*	20	≤0.8	≤40	420
2CZ60 ×	*	50	0.8	≤50	900
lN4001 ~ 4007	*	1	1.1	5	30
lN5391 ~ 5399	*	1.5	1.4	10	50

注：* 指整流二极管的最高反向工作电压值，其中 2CZ50 × ~ 2CZ60 × 中的“ × ”表示 A ~ X 的某一个字母，其意义标志硅半导体整流二极管最高反向工作电压，其规定如表 A.3 所示。

表 A.3　二极管耐压的分挡标志

分挡标志	A	B	C	D	E	F	G	H	l	K	L
代表电压/V	25	50	100	200	300	400	500	600	700	800	900
分挡标志	M	N	P	Q	R	S	T	U	V	W	X
代表电压/V	1 000	1 200	1 400	1 600	1 800	2 000	2 200	2 400	2 600	2 800	3 000

常用稳压二极管的参数如表 A. 4 所示。

表 A. 4 常用稳压二极管参数

型号	稳压值 U_z/V	动态电阻 r_Z/Ω	测试电流/mA	国外参考型号
2CW50 - 2V4	2. 4	40	10	1N5985 A, B, C, D
2CW50 - 2V7	2. 7	40	10	1N5986 A, B, C, D
2CW51 - 3V	3. 0	42	10	1N5987 A, B, C, D
2CW51 - 3V3	3. 3	42	10	1N5988 A, B, C, D
2CW51 - 3V6	3. 6	42	10	1N5989 A, B, C, D
2CW52 - 3V9	3. 9	45	10	1N5990 A, B, C, D
2CW52 - 4V3	4. 3	45	10	1N5991 A, B, C, D
2CW53 - 4V7	4. 7	40	10	1N5992 A, B, C, D
2CW53 - 5V1	5. 1	40	10	1N5993 A, B, C, D
2CW53 - 5V6	5. 6	40	10	1N5994 A, B, C, D
2CW54 - 6V2	6. 2	20	10	1N5995 A, B, C, D
2CW54 - 6V8	6. 8	20	10	1N5996 A, B, C, D
2CW55 - 7V5	7. 5	10	10	1N5997 A, B, C, D
2CW56 - 8V2	8. 2	10	10	1N5998 A, B, C, D
2CW57 - 9V1	9. 1	15	5	1N5999 A, B, C, D
2CW58 - 10V	10	20	5	1N6000 A, B, C, D
2CW59 - 11V	11	25	5	1N6001 A, B, C, D
2CW60 - 12V	12	30	5	1N6002 A, B, C, D
2CW61 - 13V	13	40	3	1N6003 A, B, C, D
2CW62 - 15V	15	50	3	1N6004 A, B, C, D
2CW62 - 16V	16	50	3	1N6005 A, B, C, D
2CW63 - 18V	18	60	3	1N6006 A, B, C, D
2CW4 - 20V	20	65	3	1N6007 A, B, C, D
2CW65 - 22V	22	70	3	1N6008 A, B, C, D
2CW66 - 24V	24	75	3	1N6009 A, B, C, D
2CW67 - 27V	27	80	3	1N6010 A, B, C, D
2CW68 - 30V	30	85	3	lN6011 A, B, C, D
2CW69 - 33V	33	90	3	1N6012 A, B, C, D
2CW70 - 36V	36	95	3	1N6013 A, B, C, D
2CW71 - 39V	39	100	3	1N6014 A, B, C, D
1/2W42 - 43V	43	95	5	1N6015 A, B, C, D
1/2W45 - 47V	47	100	5	1N6016 A, B, C, D
1/2W50 - 51V	51	110	5	1N6017 A, B, C, D
1/2W60 - 56V	56	150	5	1N6018 A, B, C, D
1/2W60 - 62V	62	150	5	1N6019 A, B, C, D
1/2W70 - 68V	68	280	2	1N6020 A, B, C, D
l/2W70 - 75V	75	280	2	1N6021 A, B, C, D
1/2W80 - 82V	82	320	2	lN6022 A, B, C, D
1/2W90 - 91V	91	350	2	1N6023 A, B, C, D
1/2W100 - 100V	100	380	2	1N6024 A, B, C, D

常用发光二极管的参数如表 A. 5 所示。

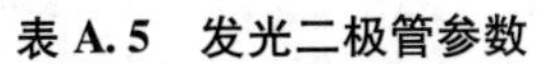

表 A.5　发光二极管参数

<table>
<tr><th rowspan="2">型号</th><th>工作电压典型值</th><th>工作电流</th><th>光强</th><th>最大工作电流</th><th>反向击穿电压</th><th>峰值波长</th><th rowspan="2">发光颜色</th><th rowspan="2">结构形式</th></tr>
<tr><th>U_F/V</th><th>I_F/mA</th><th>$I_{0(min)}$/mcd</th><th>I_{FN}/mA</th><th>U_{BR}/V</th><th>λ_P/nm</th></tr>
<tr><td>LED701</td><td rowspan="5">2. 1</td><td rowspan="2">5</td><td rowspan="2">0. 4</td><td rowspan="2">20</td><td rowspan="5">≥5</td><td rowspan="5">700</td><td rowspan="5">红色</td><td>ϕ3 mm
全塑散射 -1</td></tr>
<tr><td>LED702</td><td>ϕ3 ×4. 4
全塑散射 -2</td></tr>
<tr><td>LED703</td><td rowspan="3">10</td><td rowspan="3">0. 5</td><td rowspan="3">40</td><td>ϕ4. 4 mm
金属散射</td></tr>
<tr><td>LED704</td><td>ϕ4. 4 mm
全塑散射 -3</td></tr>
<tr><td>LED705</td><td>ϕ5 mm
全塑散射 -4</td></tr>
<tr><td>LED706</td><td rowspan="4">2. 1</td><td rowspan="4">10</td><td rowspan="4">0. 3</td><td rowspan="4">20</td><td rowspan="4">≥5</td><td rowspan="4">700</td><td rowspan="4">红色</td><td>1. 7 mm ×5 mm
矩形全塑散射</td></tr>
<tr><td>LED707</td><td>2 mm ×5 mm
矩形全塑散射</td></tr>
<tr><td>LED708</td><td>3 mm ×5 mm
矩形全塑散射</td></tr>
<tr><td>LEDT09</td><td>1. 7 mm ×4. 7 mm
矩形全塑散射</td></tr>
<tr><td>LED721</td><td rowspan="9">2. 2</td><td rowspan="2">10</td><td rowspan="2">0. 5</td><td rowspan="2">20</td><td rowspan="9">≥5</td><td rowspan="9">565</td><td rowspan="9">绿色</td><td>ϕ3 mm
全塑散射 -1</td></tr>
<tr><td>LED722</td><td>ϕ3 ×4. 4 mm
全塑散射 -2</td></tr>
<tr><td>LED723</td><td rowspan="7">10 ~ 15</td><td rowspan="3">0. 6</td><td rowspan="3">0. 6</td><td>ϕ4. 4 mm
全塑散射</td></tr>
<tr><td>LED724</td><td>ϕ4. 4 mm
全塑散射 -3</td></tr>
<tr><td>LED725</td><td>ϕ5 mm
全塑散射 -4</td></tr>
<tr><td>LED726</td><td rowspan="4">0. 4</td><td rowspan="4">30</td><td>1. 7 mm ×5 mm
矩形全塑散射</td></tr>
<tr><td>LED727</td><td>2 mm ×5 mm
矩形全塑散射</td></tr>
<tr><td>LED728</td><td>3 mm ×5 mm
矩形全塑散射</td></tr>
<tr><td>LED729</td><td>1. 7 mm ×4. 7 mm
矩形全塑散射</td></tr>
</table>

注：黄色 LED 的型号为 LED641 ~ LED649，结构形式相同。

3. 三极管参数

3AX 系列低频小功率三极管参数见表 A.6，3AG、3CG 型高频小功率三极管参数见表 A.7，国际流行的 9011 ~9018 高频小功率三极管参数见表 A.8。

表 A.6　3AX 系列低频小功率三极管参数

新型号		3AX31				测试条件
		3AX51A	3AX51B	3AX51C	3AX51D	
极限参数	P_{cm}/W	125	100	100	100	I_a =25 ℃
	I_{cm}/μA	125	100	100	100	
	T_{jm}/℃	75	75	75	75	
	$U_{(BR)CBO}$/V	≥20	≥30	≥30	≥30	I_c =1 mA
	$U_{(BR)CEO}$/V	≥12	≥12	≥18	≥24	I_c =1 mA
直流参数	I_{CBO}/μA	≤12	≤12	≤12	≤12	U_{CB} = −10 V
	I_{CEO}/μA	≤600	≤500	≤300	≤300	U_{CE} = − 6 V
	I_{EBO}/μA	≤12	≤12	≤12	≤12	U_{EB} = − 6 V
	h_{FE}	40 ~180	40 ~150	30 ~100	25 ~70	U_{CE} = − 1 V
交流参数	f/kHz	≥500	≥500	≥500	≥500	U_{CB} = − 6 V
	N_f/dB		≤8			U_{CB} = − 2 V
	h_{ie}/kΩ	0. 6 ~4. 5	0. 6 ~4. 5	0. 6 ~4. 5	0. 6 ~4. 5	U_{CB} = − 6 V I_e =1 mA f =1 kHz
	h_{re}/ ×10^{-3}	≤2. 2	≤2. 2	≤2. 2	≤2. 2	
	h_{oe}/μs	≤80	≤80	≤80	≤80	
	h_{FE}	–	–	–	–	

表 A.7　3AG、3CG 型高频小功率三极管参数

参数	极限参数				直流参数		交流参数		
型号	P_{cm}/W	I_{cm}/μA	$U_{(BR)CEO}$/V	$U_{(BR)EBO}$/V	I_{CEO}/μA	I_{CBO}/μA	f_T/MHz	C_{ob}/pF	r_{bb}/Ω
3AG53 A	50	10	−15	−1	≤5	≤200	≥30	≤5	≤100
3AG53 B							≥50		
3AG53 C							≥100		≤50
3AG53 D							≥200	≤3	
3AG53 E							≥300		
3AG54 A	100	30	−15	−2	≤5	≤300	≥30	≤5	≤100
3AG54 B							≥50		
3AG54 C							≥100		≤50
3AG54 D							≥200		
3AG54 E							≥300		

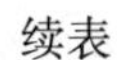

续表

<table>
<tr><th>参数</th><th colspan="4">极限参数</th><th colspan="2">直流参数</th><th colspan="3">交流参数</th></tr>
<tr><th>型号</th><th>P_{cm}/W</th><th>I_{cm}/μA</th><th>$U_{(BR)CEO}$/V</th><th>$U_{(BR)EBO}$/V</th><th>I_{CEO}/μA</th><th>I_{CBO}/μA</th><th>f_T/MHz</th><th>C_{ob}/pF</th><th>r_{bb}/Ω</th></tr>
<tr><td>3AG55 A</td><td rowspan="3">150</td><td rowspan="3">50</td><td rowspan="3">-15</td><td rowspan="3">-2</td><td rowspan="3">≤8</td><td rowspan="3">≤500</td><td>100</td><td rowspan="3">≤8</td><td>≤50</td></tr>
<tr><td>3AG55 B</td><td>200</td><td rowspan="2">≤30</td></tr>
<tr><td>3AG55 C</td><td>300</td></tr>
<tr><td>3CG1 A</td><td rowspan="5">300</td><td rowspan="5">40</td><td>≥15</td><td rowspan="5">≥4</td><td>≤0.5</td><td>≤1</td><td>>50</td><td rowspan="5">≤5</td><td rowspan="5"></td></tr>
<tr><td>3CG1 B</td><td>≥20</td><td rowspan="4">≤0.2</td><td rowspan="4">≤0.5</td><td>>80</td></tr>
<tr><td>3CG1 C</td><td>≥30</td><td rowspan="3">>100</td></tr>
<tr><td>3CG1 D</td><td>≥40</td></tr>
<tr><td>3CG1 E</td><td>≥50</td></tr>
<tr><td>3CG21 A</td><td rowspan="7">300</td><td rowspan="7">50</td><td>≥15</td><td rowspan="7">≥4</td><td rowspan="7">≤0.5</td><td rowspan="7">≤1</td><td rowspan="7">≥100</td><td rowspan="7">≤10</td><td rowspan="7"></td></tr>
<tr><td>3CG21 B</td><td>≥25</td></tr>
<tr><td>3CG21 C</td><td>≥40</td></tr>
<tr><td>3CG21 D</td><td>≥55</td></tr>
<tr><td>3CG21 E</td><td>≥70</td></tr>
<tr><td>3CG21 F</td><td>≥85</td></tr>
<tr><td>3CG21 G</td><td>≥100</td></tr>
<tr><td>3CG22</td><td>500</td><td>100</td><td>同上</td><td>≥4</td><td>≤0.5</td><td>≤1</td><td>≥100</td><td>≤10</td><td></td></tr>
<tr><td>3CG23</td><td>700</td><td>150</td><td>同上</td><td>≥4</td><td>≤0.5</td><td>≤1</td><td>≥60</td><td>≤10</td><td></td></tr>
</table>

表 A.8　国际流行的 9011～9018 高频小功率三极管参数

<table>
<tr><th rowspan="2">型号</th><th colspan="3">极限参数</th><th colspan="3">直流参数</th><th colspan="2">交流参数</th><th rowspan="2">类型</th></tr>
<tr><th>P_{cm}/W</th><th>I_{cm}/μA</th><th>$U_{(BR)CEO}$/V</th><th>I_{CEO}/μA</th><th>U_{CE}/V</th><th>h_{FE}</th><th>f_T/kHz</th><th>C_{ob}/pF</th></tr>
<tr><td>CS9011</td><td rowspan="6">300</td><td rowspan="6">100</td><td rowspan="6">18</td><td rowspan="6">0.05</td><td rowspan="6">0.3</td><td>28</td><td rowspan="6">150</td><td rowspan="6">3.5</td><td rowspan="6">NPN</td></tr>
<tr><td>E</td><td>39</td></tr>
<tr><td>F</td><td>54</td></tr>
<tr><td>G</td><td>72</td></tr>
<tr><td>H</td><td>97</td></tr>
<tr><td>I</td><td>132</td></tr>
<tr><td>CS9012</td><td rowspan="5">600</td><td rowspan="5">500</td><td rowspan="5">25</td><td rowspan="5">0.5</td><td rowspan="5">0.6</td><td>64</td><td rowspan="5">150</td><td rowspan="5"></td><td rowspan="5">PNP</td></tr>
<tr><td>E</td><td>78</td></tr>
<tr><td>F</td><td>96</td></tr>
<tr><td>G</td><td>118</td></tr>
<tr><td>H</td><td>144</td></tr>
</table>

续表

<table>
<tr><th rowspan="2">型号</th><th colspan="3">极限参数</th><th colspan="3">直流参数</th><th colspan="2">交流参数</th><th rowspan="2">类型</th></tr>
<tr><th>P_{cm}/W</th><th>I_{cm}/μA</th><th>$U_{(BR)CEO}$/V</th><th>I_{CEO}/μA</th><th>U_{CE}/V</th><th>h_{FE}</th><th>f_T/kHz</th><th>C_{ob}/pF</th></tr>
<tr><td>CS9013</td><td rowspan="5">400</td><td rowspan="5">500</td><td rowspan="5">25</td><td rowspan="5">0. 5</td><td rowspan="5">0. 6</td><td>64</td><td rowspan="5">150</td><td rowspan="5"></td><td rowspan="5">NPN</td></tr>
<tr><td>E</td><td>78</td></tr>
<tr><td>F</td><td>96</td></tr>
<tr><td>G</td><td>118</td></tr>
<tr><td>H</td><td>144</td></tr>
<tr><td>CS9014</td><td rowspan="5">300</td><td rowspan="5">100</td><td rowspan="5">18</td><td rowspan="5">0. 05</td><td rowspan="5">0. 3</td><td>60</td><td rowspan="5">150</td><td rowspan="5"></td><td rowspan="5">NPN</td></tr>
<tr><td>A</td><td>60</td></tr>
<tr><td>B</td><td>100</td></tr>
<tr><td>C</td><td>200</td></tr>
<tr><td>D</td><td>400</td></tr>
<tr><td>CS9015</td><td rowspan="5">310
600</td><td rowspan="5">100</td><td rowspan="5">18</td><td rowspan="5">0. 05</td><td>0. 5</td><td>60</td><td>50</td><td>6</td><td rowspan="5">PNP</td></tr>
<tr><td>A</td><td rowspan="4">0. 7</td><td>60</td><td rowspan="4">100</td><td rowspan="4"></td></tr>
<tr><td>B</td><td>100</td></tr>
<tr><td>C</td><td>200</td></tr>
<tr><td>D</td><td>400</td></tr>
<tr><td>CS9016</td><td>310</td><td>25</td><td>20</td><td>0. 05</td><td>0. 3</td><td>28 ~ 97</td><td>500</td><td></td><td>NPN</td></tr>
<tr><td>CS9017</td><td>310</td><td>100</td><td>12</td><td>0. 05</td><td>0. 5</td><td>28 ~ 72</td><td>600</td><td>2</td><td>NPN</td></tr>
<tr><td>CS9018</td><td>310</td><td>100</td><td>12</td><td>0. 05</td><td>0. 5</td><td>28 ~ 72</td><td>700</td><td></td><td>NPN</td></tr>
</table>

附录 B

常用模拟集成电路介绍

在信息技术中，数字集成电路是主角，其处理对象是以数字信号承载的信息，而数字信号在时间、量的方面是取离散值的。但是自然界的信号在时间和量方面的变化是连续的，如风声、水流量等，这样的信号称为模拟信号（Analog Signal），相应地，处理模拟信号的电路称为模拟电路，而用来处理模拟信号的集成电路则称为模拟集成电路。显然，数字电路是无法直接跟自然界打交道的，只是为了处理或传输的方便，为了充分利用数字系统的优点，把模拟信号先转换为数字信号，输入大容量、高速、抗干扰能力强、保密性好的现代化数字系统处理后，再重新转换为模拟信号输出。

模拟集成电路的基本电路包括电流源、单级放大器、滤波器、反馈电路、电流镜电路等，由它们组成的高一层次的基本电路为运算放大器、比较器，更高一层的电路有开关电容电路、锁相环、ADC/DAC 等。此处仅介绍两种常见的模拟集成电路器件——集成运算放大器、三端集成稳压器。

一、集成运算放大器

集成运算放大器是一种模拟集成电路，由于早期主要用于数学运算，故称为运算放大器，又称集成运放。随着电子技术的不断发展，集成运放的应用已不限于数学运算，而是作为一种具有很高开环电压放大倍数的直接耦合放大器，广泛用于模拟运算、信号处理、测量技术、自动控制等领域。

1. 集成运算放大器的符号

集成运算放大器的符号如图 B. 1 所示，其中图 B. 1（a）所示为集成运算放大器的国家标准符号，图 B. 1（b）所示为集成运放的国际符号。它有 3 个端子，其中两个输入端、一个输出端。图中输入端的“+”和“-”号表示输入间的相位关系。标“+”（或用 P）的一端为同相输入端，表示以该端输入信号时，输出信号的相位与输入信号的相位相同；标

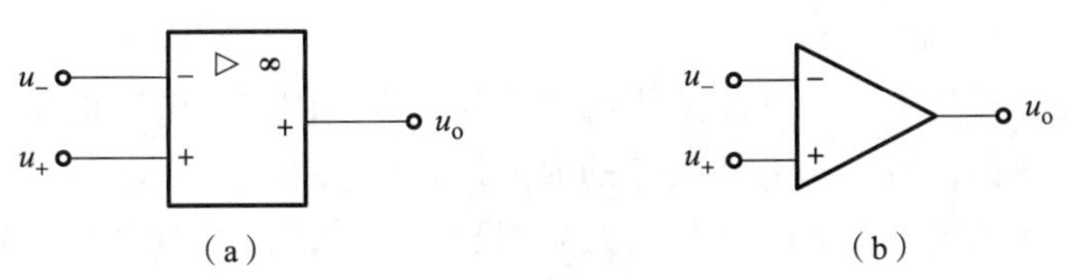

图 B. 1　集成运算放大器符号

“-”（或用 N）的一端为反相输入端，当输入信号从该端输入时，输出信号与输入信号的相位相反；输出端用 u_o 表示；▷符号表示传输方向，∞ 符号表示理想运算放大器。

2. 常用集成运算放大器类型

按照集成运算放大器的参数来划分，集成运算放大器可分为以下几类。

1）通用型运算放大器

通用型运算放大器就是以通用为目的而设计的。这类器件的主要特点是价格低廉、产品量大面广，其性能指标能适合于一般性使用，如 μA741（单运放）、LM358（双运放）、LM324（四运放）及以场效应管为输入级的 LF356 都属于此种。它们是目前应用最为广泛的集成运算放大器。

2）高阻型运算放大器

这类集成运算放大器的特点是开环输入阻抗非常高，输入偏置电流非常小。常见的集成器件有 LF355、LF347（四运放）及更高输入阻抗的 CA3130、CA3140 等。

3）低温漂型运算放大器

在精密仪器、弱信号检测等自动控制仪表中，总是希望运算放大器的失调电压要小且不随温度的变化而变化。低温漂型运算放大器就是为此而设计的。目前常用的高精度、低温漂运算放大器有 OP07、OP27、AD508 及由 MOSFET 组成的斩波稳零型低漂移器件 ICL7650 等。

4）高速型运算放大器

在快速 A/D 和 D/A 转换器、视频放大器中，要求集成运算放大器的转换速率 S_R 一定要高，单位增益带宽 BW_G 一定要足够大，像通用型集成运算放大器是不适合于高速应用场合的。高速型运算放大器的主要特点是具有高的转换速率和宽的频率响应。常见的运算放大器有 LM318、μA715 等，其 $S_R = 50 \sim 70$ V/μs，$BW_G > 20$ MHz。

5）低功耗型运算放大器

电子电路集成化的最大优点是能使复杂电路小型轻便，所以随着便携式仪器应用范围的扩大，必须使用低电源电压供电、低功率消耗的运算放大器。常用的运算放大器有 TL-022C、TL-060C 等，其工作电压为 $\pm 2 \sim \pm 18$ V，消耗电流为 $50 \sim 250$ μA。目前有的产品功耗已达 μW 量级。例如，ICL7600 的供电电源为 1.5 V，功耗为 10 mW，可采用单节电池供电。

6）高压大功率型运算放大器

运算放大器的输出电压主要受供电电源的限制。在普通运算放大器中，输出电压的最大值一般仅几十伏，输出电流仅几十毫安。若要提高输出电压或增大输出电流，集成运放外部必须要加辅助电路。高压、大电流集成运算放大器外部不需附加任何电路，即可输出高电压和大电流。例如，D41 集成运算放大器的电源电压可达 ±150 V，μA791 集成运算放大器的输出电流可达 1 A。

7）可编程控制运算放大器

在仪器仪表使用过程中都会涉及量程问题。为了得到固定的电压输出，必须改变运算放大器的放大倍数。例如，有一运算放大器的放大倍数为 10 倍，输入信号为 1 mV 时，输出电压为 10 mV，当输入电压为 0.1 mV 时，输出就只有 1 mV，为了得到 10 mV 就必须改变放大倍数为 100。程控运放就是为了解决这一问题而产生的，如 PGA103A 通过控制 1、2 脚的电平来改变放大倍数。

3. 几种常用的集成运算放大器

1）μA741

μA741 集成运算放大器是世界上第一块集成运算放大器，在 20 世纪 60 年代后期广泛流行，直到今天 μA741 运算放大器仍是电子技术中讲解运算放大器原理的典型元器件。

图 B. 2 所示为集成运算放大器 μA741 的引脚排列、外部接线符号。由引脚排列、外部接线符号可以看出，μA741 集成运算放大器除了有同相、反相两个输入端外，还有两个 ±12 V 的电源端、一个输出端，另外还留出外接大电阻调零的两个端口。

引脚 2 为集成运算放大器的反相输入端，引脚 3 为同相输入端，这两个输入端对于集成运算放大器的应用极为重要，绝对不能接错；引脚 6 为集成运算放大器的输出端，与外接负载相连。

引脚 1 和 5 是外接调零补偿电位器端，集成运算放大器的电路参数和三极管特性不可能完全对称，因此在实际应用中，若输入信号为 0 而输出信号不为 0 时，就需调节引脚 1 和引脚 5 之间的电位器阻值，直至输入信号为 0 时，输出信号也为 0 为止。

引脚 4 为负电源端，接 −12 V 电源；引脚 7 为正电源端，接 +12 V 电源，这两个引脚都是集成运算放大器的外接直流电源引入端，使用时不能接错。

引脚 8 是空脚，使用时可悬空处理。

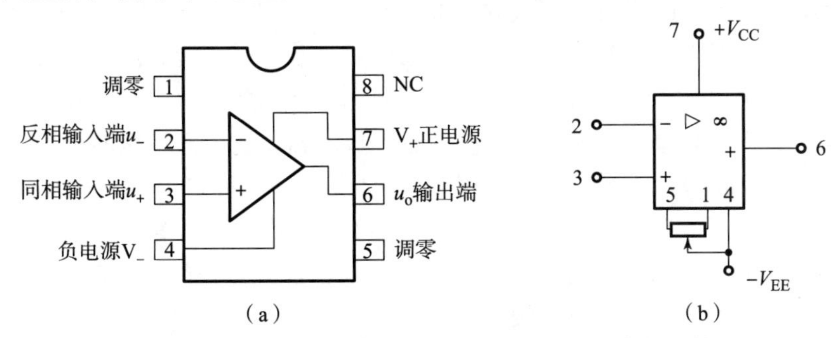

图 B. 2　μA741 集成运算放大器的引脚排列、外部接线符号

（a）引脚排列；（b）外部接线符号

2）通用型低功耗集成四运放 LM324

LM324 是四运放集成电路，它采用 14 脚双列直插塑料封装。它的内部包含 4 组形式完全相同的运算放大器，除电源共用外，4 组运放相互独立。LM324 的引脚排列见图 B. 3。

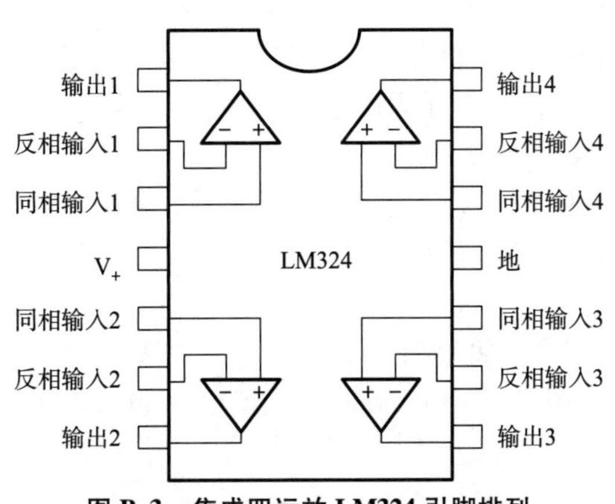

图 B. 3　集成四运放 LM324 引脚排列

由于LM324四运放电路具有电源电压范围宽、静态功耗小、可单电源使用、价格低廉等优点，因此被广泛应用在各种电路中。

3）集成双运放LM358

LM358里面包括两个高增益、独立的、内部频率补偿的双运放，适用于电压范围很宽的单电源，而且也适用于双电源工作方式，它的应用范围包括传感放大器、直流增益模块和其他所有可用单电源供电的使用运算放大器的地方。LM358的引脚排列如图B.4所示。

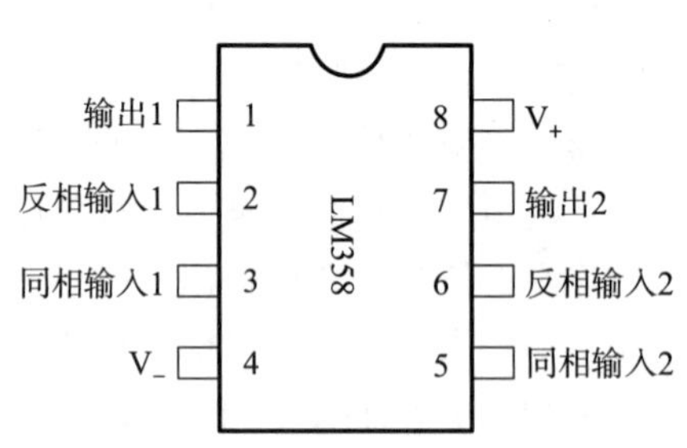

图B.4　集成双运放LM358引脚排列

4. 集成运算放大器的选择及主要性能指标

在进行电路设计时选用何种类型和型号的集成运算放大器，应根据系统对电路的要求加以确定。在通用型可以满足要求时，应尽量选用通用型运算放大器，因为其价格低、易于购买。专用型运算放大器是某项性能指标较高的运算放大器，它的其他性能指标不一定高，有时甚至可能比通用型运算放大器还低，选用时应充分注意。当一个电路系统中需要使用多个运算放大器时，应尽可能选用多运放型的芯片，如LM324、LF347等都是将4个运算放大器封装在一起的集成电路。此外，选用时除满足主要技术性能参数外，还应考虑性能价格比。性能指标高的运算放大器，价格也会较高。

集成运算放大器的技术指标很多，各种主要参数均比较适中的是通用型运算放大器，这类运算放大器的主要性能指标有以下几个。

（1）开环电压放大倍数（A_{ud}）。它指集成运算放大器在无外加反馈条件下，输出电压的变化量与输入电压的变化量之比。集成运算放大器的开环电压放大倍数一般为10^4～10^6，有的已达10^7以上。

（2）开环输入电阻（r_i）。它指集成运算放大器输入差模信号时，运算放大器的输入电阻。其值为几百千欧至数兆欧。它越大对信号源的影响及所引起的动态误差越小。

（3）开环输出电阻（r_o）。它指开环状态下输出电阻，其值越小越好。大多数集成运算放大器的输出阻抗很低，一般为几十欧以下。

（4）最大共模输入电压（U_{icmax}）。它指集成运算放大器两个输入端所能承受的最大共模信号电压。超出这个电压时，集成运算放大器的输入级将不能正常工作或者其共模抑制比下降，甚至造成器件损坏。

5. 集成运算放大器的使用注意事项

集成运算放大器在应用中经常会遇到许多问题，如失调、误用等，下面介绍一些解决这些问题的常用办法。

1）输出调零

集成运算放大器在输入端没有信号时，希望输出端电位为零。但由于种种原因，输出端往往存在输出信号，这就需要进行调零（运算放大器一般都有调零端）。

输出端调零应注意几个问题：①要在闭环状态下调零，因为运算放大器增益很高，若在开环状态下调零，则电路的微小不对称就将导致输出端偏向正饱和或负饱和；②要按设计的电源电压供电，要保证正、负电源对称才能调零；③运算放大器的同相输入端对地和反相输入端对地偏置电路的直流电阻要相等。

2）调零的方法

一般有静态调零和动态调零。静态调零就是在不加信号源的情况下，将同相输入端和反相输入端通过偏置电阻直接接地，然后进行调零。这种调零对于信号源为电压源以及输出零点精度要求不高的场合简便实用。动态调零即在输入端加信号的情况下调零。如信号为交变信号，则在运算放大器输出端直接接数字电压表监测。几种常见的调零电路如图 B. 5 所示。

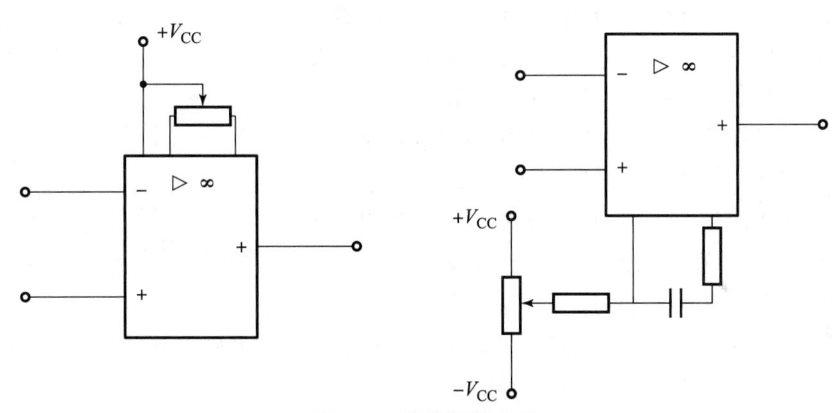

图 B. 5　常见调零电路

3）保护措施

集成运算放大器在工作中，如果发生不正常的工作状态，而事先又没有采取措施，电路将会损坏，集成运算放大器的保护主要有电源保护、输入保护和输出保护。

（1）电源保护。

电源的常见故障是电源极性接反和电压跳变。电源极性接反的保护措施通常采用图 B. 6 所示的保护电路。电压跳变大多发生在电源接通和断开的瞬间，性能较好的稳压源在电压建立和消失时出现的电压过冲现象不太严重，基本上不会影响放大器的正常工作，如果电源有可能超过极限值，应在引线端采用齐纳二极管对电压钳位，如图 B. 6 虚线所示。

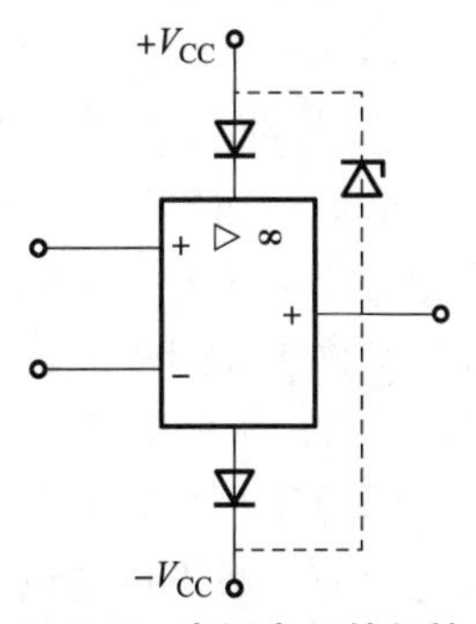

图 B. 6　电源电压的保护

（2）输入保护。

集成运算放大器输入失效分为两种情况：一是差模电压过高；二是共模电压过高。任何一种情况都会因输入级电压过高而造成器件损坏。因此，在应用集成运算放大器时，必须注意它的差模和共模电压范围，可以根据不同情况采用不同的保护电路，如图 B. 7 所示。图 B. 7（a）和图 B. 7（b）所示为防止差模电压过大损坏运算放大器而采用的保护电路，图 B.7（c）所示为防止共模电压过大的保护电路。

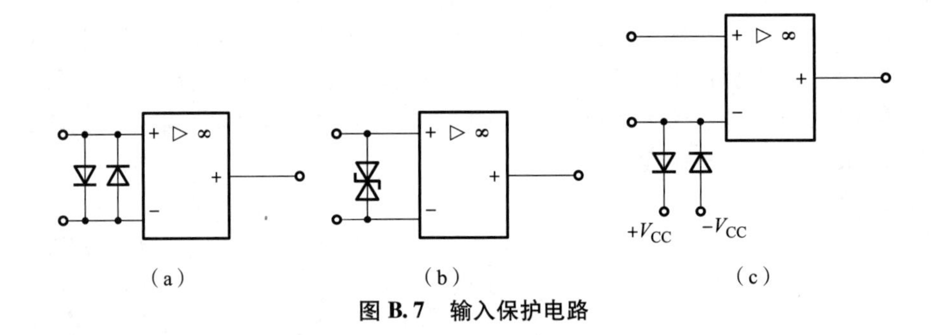

图 B.7　输入保护电路

（3）输出保护。

输出不正常对运算放大器的损坏有以下几种情况：过载、短路或者接到高压时使输出极击穿以及外壳碰地等。为了不使运算放大器过载而损坏，一般运算放大器输出电流应该限制在 5 mA 以下，即所用的负载电阻不能太小，一般应大于 2 kΩ，最好大于 10 kΩ。在级联时，要考虑后级的输入阻抗是否满足前级对负载的要求。关于输出的保护，有的运算放大器内部已有保护电路，如果没有或者限流不够，可在输出端串接低阻值的电阻，如图 B.8 所示，这个电阻要接到反馈环内，除对输出电压有明显下降外，对性能并无影响，相反串联电阻能隔离容性负载，增加电路稳定性。

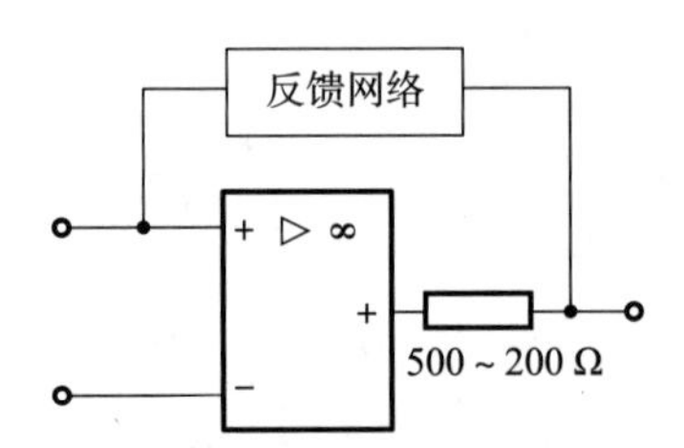

图 B.8　在输出端串接低阻值电阻

二、三端集成稳压器

三端集成稳压器是一种串联调整式稳压器，内部设有过热、过流和过压保护电路。它只有 3 个引出端（输入端、输出端和公共端），将整流、滤波后不稳定的直流电压接到三端集成稳压器的输入端，经稳压后在输出端得到某一值稳定的直流电压。

1. 三端固定输出集成稳压器

三端固定输出集成稳压器包括 CW78 × × 和 CW79 × × 两大系列，其中 CW78 × × 系列是三端固定正电压输出集成稳压器，CW79 × × 系列是三端固定负电压输出集成稳压器。

三端固定输出集成稳压器的 CW78 × ×、CW79 × × 系列中的 × × 表示固定电压输出的数值。例如，CW7805、CW7806、CW7809、CW7812、CW7815、CW7818、CW7824 等是指输出电压分别是 +5 V、+6 V、+9 V、+12 V、+15 V、+18 V、+24 V，CW79 × × 系列也与之对应，只不过是负电压输出。

三端固定输出集成稳压器的输出电流分 0.1 A(CW78L00)、0.5 A(CW78M × ×)、1.5 A(CW78 × ×)、3 A(CW78T × ×)、5 A(CW78H × ×)、10 A(CW78P00) 这 6 个档次。

三端固定输出集成稳压器的三端指输入端、输出端及公共端 3 个引出端，其外形和引脚排列如图 B.9 所示。公共端的静态电流为 8 mA。在根据稳定电压值选择稳压器的型号时，要求经整流滤波后的电压至少要高于三端稳压器的输出电压 2 ~ 3 V（输出负电压时要低 2 ~ 3 V），为可靠起见，一般应选 4 ~ 6 V，但也不宜过大。

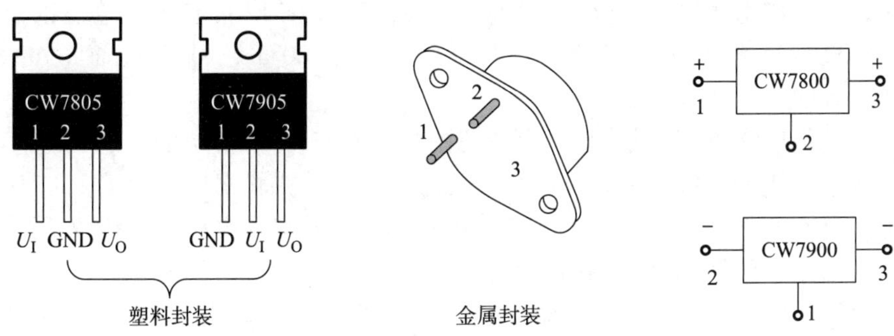

图 B.9　三端集成稳压器外形及引脚排列

CW78 × × 系列三端集成稳压器的基本应用电路如图 B.10 所示。

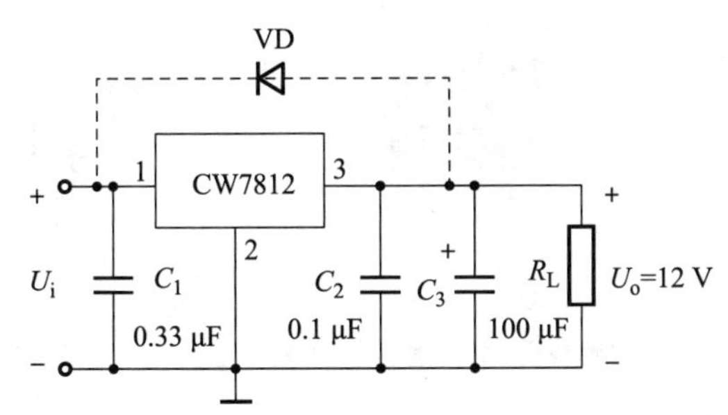

图 B.10　CW78 × × 系列三端集成稳压器基本应用电路

CW78 × × 系列三端集成稳压器构成的稳压电路，其输出电压由三端集成稳压器决定，若选择的是 CW7812，则输出电压为 12 V。为了保证电路能够正常工作，要求输入电压至少应大于输出电压 2.5 V 以上。电路中 C_1 的作用为消除输入端引线的电感效应，防止集成稳压器自激振荡，还可以抑制输入侧的高频脉冲干扰，一般选择 0.1 ~ 1 μF 的陶瓷电容器；输出端电容 C_2 为高频去耦电容，用于消除高频噪声，一般选择 0.1 ~ 1 μF 的陶瓷电容器，在实际布线时尽可能将 C_1、C_2 放置在三端集成稳压器附近；输出端电容 C_3 用于改善稳压电路输出端的负载瞬态响应，根据负载变化情况进行选择，一般选用 100 ~ 1 000 μF 的电解电容器。VD 是保护二极管，用来防止在输出端电压高于输入端电压时，防止电流逆向通过稳压器而损坏器件。

固定负电压输出的 CW79 × × 系列连线与 CW78 × × 系列基本相同，如图 B.11 所示。

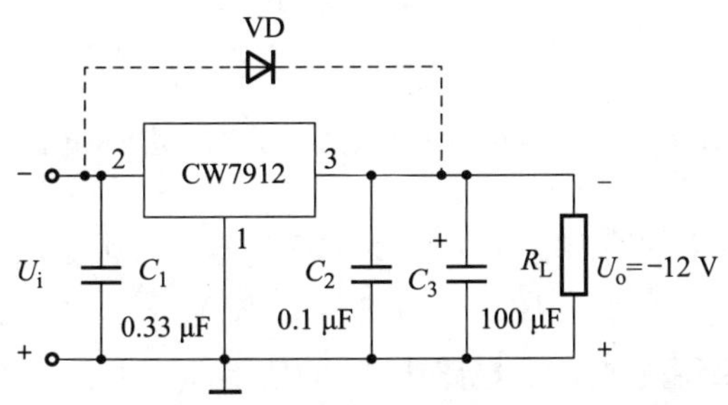

图 B.11　CW79 × × 系列三端集成稳压器基本应用电路

2. 三端可调输出集成稳压器

三端固定输出集成稳压器的输出电压都是固定的稳定电压，在实际应用中不太方便，由此产生了可调的集成稳压器。它分为 CW117、CW217、CW317 的正电压输出以及 CW137、CW237、CW337 的负电压输出两大系列，每个系列又有 100 mA、0.5 A、1.5 A、3 A 等品种，应用十分方便。

三端可调输出集成稳压器输出电压可调范围为 1.2 ~ 37 V，要求输入电压比输出电压至少高 3 V。例如，CW317 型稳压器，若输入电压为 40 V，则输出电压为 1.2 ~ 37 V 连续可调，最大输出电流为 1.5 A；又如，CW337L 型稳压器，若输入电压为 −40 V，则输出电压为 −1.2 ~37 V 连续可调，最大输出电流为 0.1 A。

CW117、CW217、CW317 系列以及 CW137、CW237、CW337 系列集成稳压器产品外形、引脚排列如图 B.12 所示。

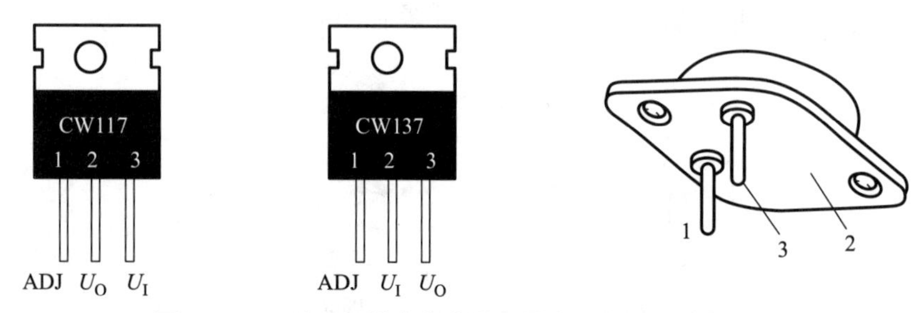

图 B.12　三端可调输出集成稳压器产品外形、引脚排列

CW117/CW217/CW317 系列、CW137/ CW237/CW337 系列集成稳压器使用非常方便，只要在输出端外接两个电阻，即可获得所要求的输出电压值。其典型应用电路如图 B.13 所示。其中图 B.13（a）是 CW117/CW217/CW317 系列稳压器正输出电压的典型电路，图 B.13（b）是 CW137/ CW237/CW337 系列稳压器负输出电压的典型电路。

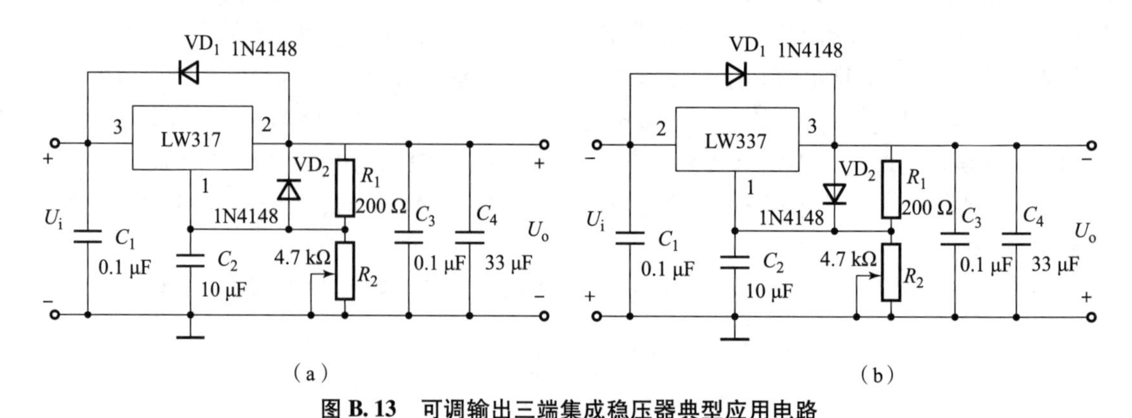

图 B.13　可调输出三端集成稳压器典型应用电路

图 B.13（a）所示电路的输出电压在 1.25 ~ 37 V 连续可调，其输出电压为

$$U_o \approx 1.25(1 + R_2/R_1)$$

改变 R_2 阻值即可改变输出电压。电路中 R_1 的值不能太大，一般应小于 240 Ω；电容 C_1 用于滤除由市电引入的高频干扰，选用瓷介电容器；C_2 用于旁路基准电压的纹波电压，以

提高稳压电源的纹波抑制性能；C_3 为高频去耦电容，用于消除高频噪声；C_4 则为改善输出瞬态特性，抑制自激振荡；VD_1、VD_2 是保护二极管，若输入端发生短路，C_4 的放电电流会反向流经 LM317，使 LM317 被冲击损坏，VD_1 的接入可对 C_4 进行放电，从而使 LM317 得到保护；同理，若输出端短路，C_2 上的放电电流经 VD_2 短路放电，也使 LM317 得到保护。

附录 C

常用数字集成电路引脚图

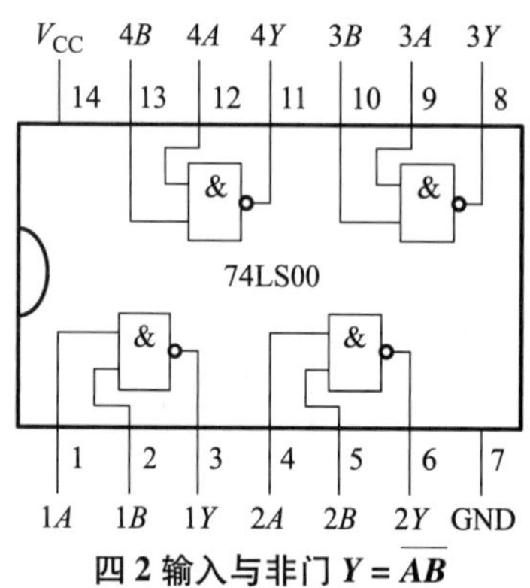

四 2 输入与非门 $Y=\overline{AB}$

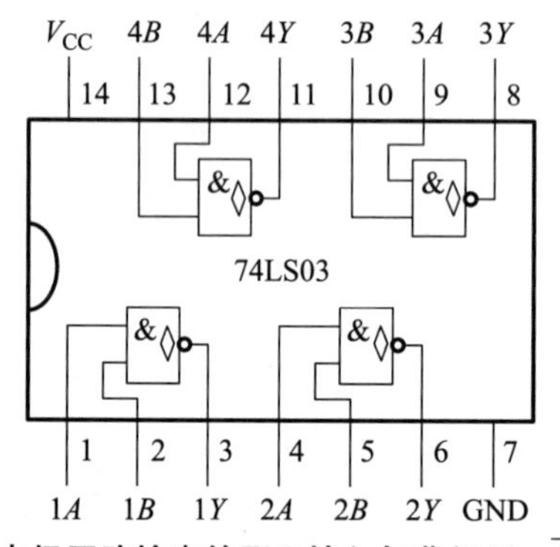

集电极开路输出的四 2 输入与非门 $Y=\overline{AB}$

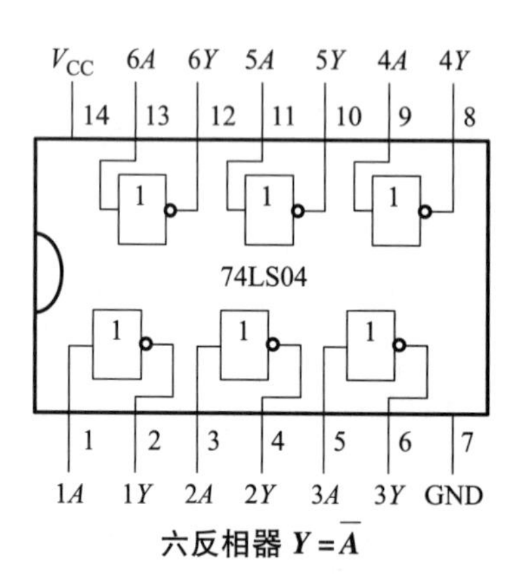

六反相器 $Y=\overline{A}$

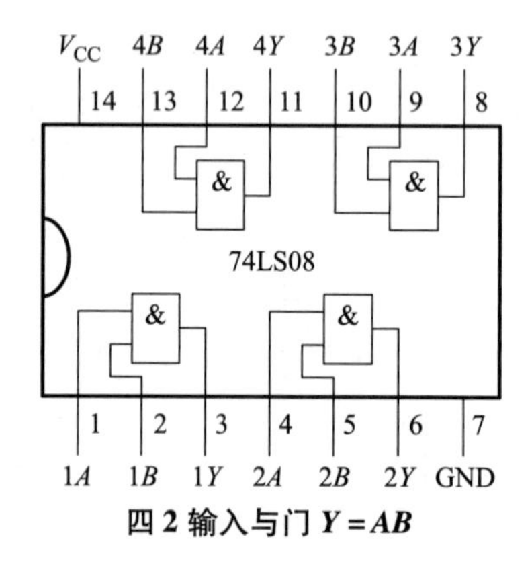

四 2 输入与门 $Y=AB$

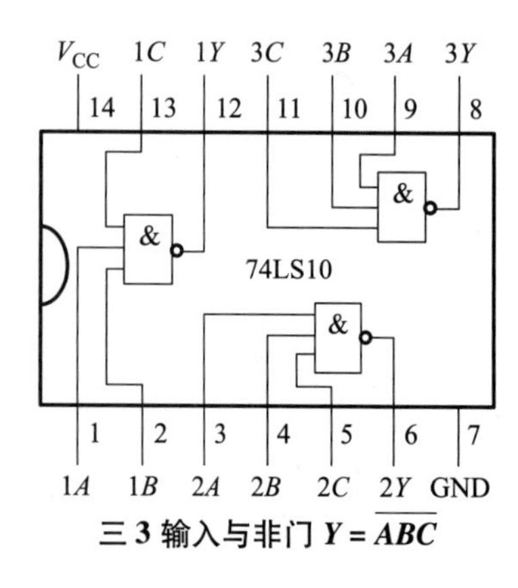

三 3 输入与非门 $Y=\overline{ABC}$

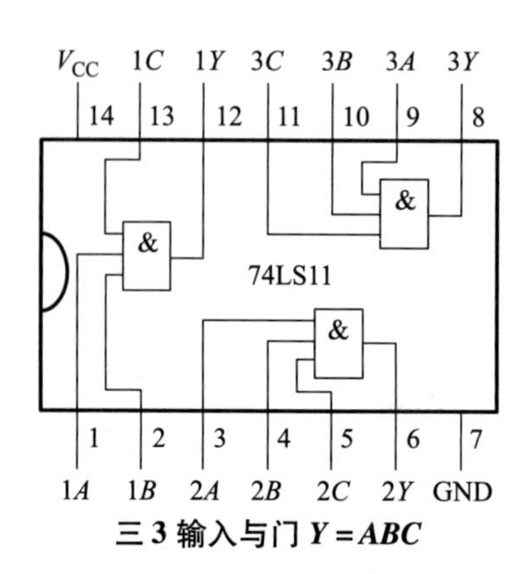

三 3 输入与门 $Y=ABC$

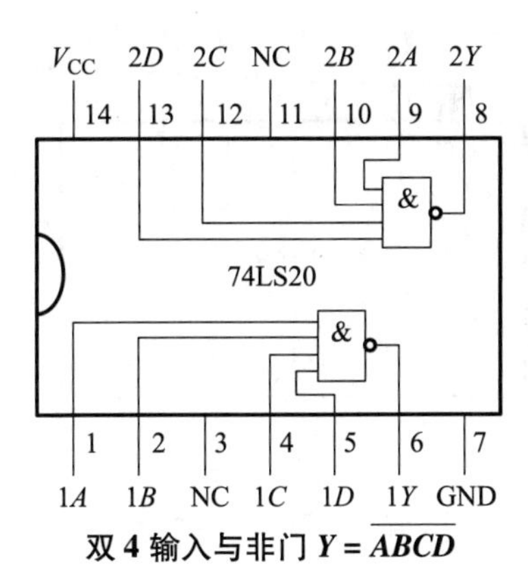

双 4 输入与非门 $Y=\overline{ABCD}$

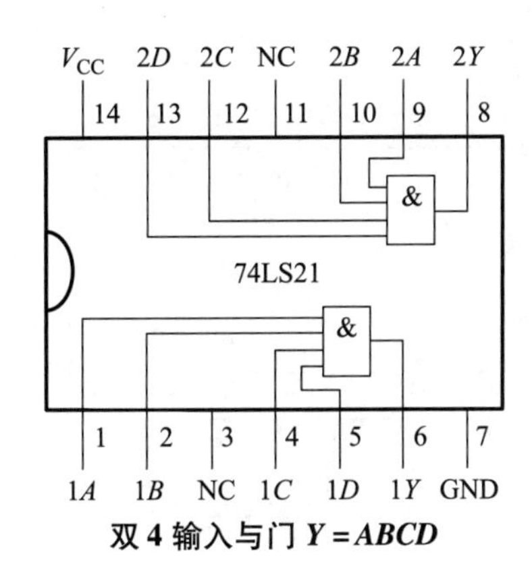

双 4 输入与门 $Y=ABCD$

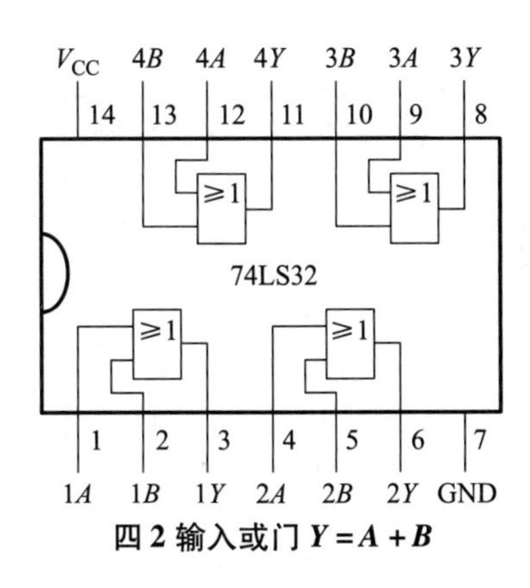

四 2 输入或门 $Y=A+B$

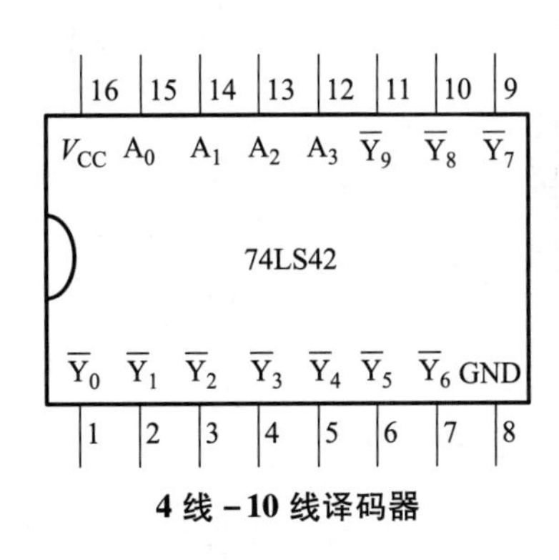

4 线 - 10 线译码器

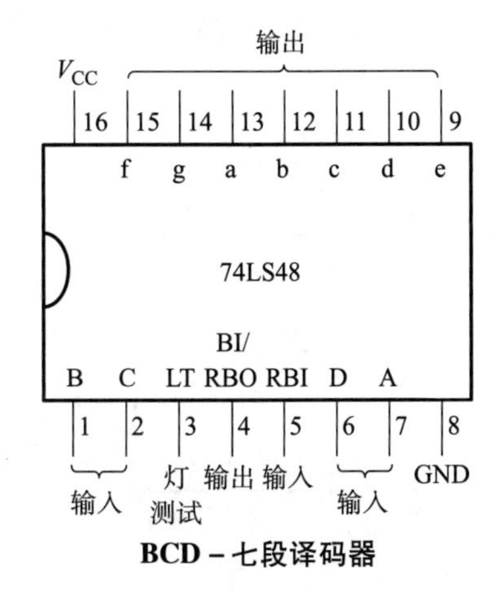

BCD - 七段译码器

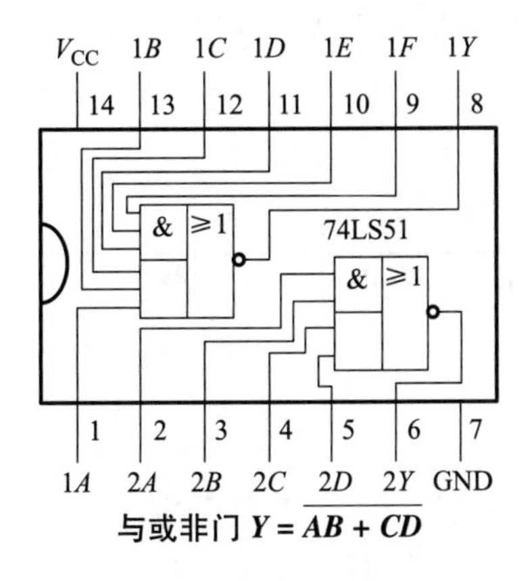

与或非门 $Y=\overline{AB+CD}$

74LS48 是具有内部上拉电阻的 BCD - 七段译码器/驱动器。输出高电平有效，其中：A、B、C、D 是输入端，a、b、c、d、e、f、g 是输出端。

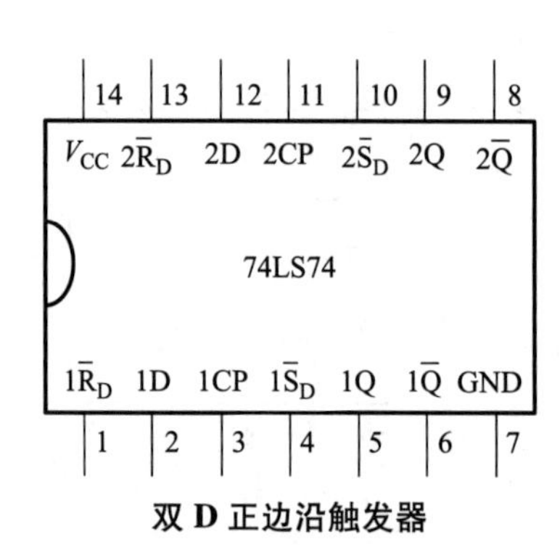

双 **D** 正边沿触发器

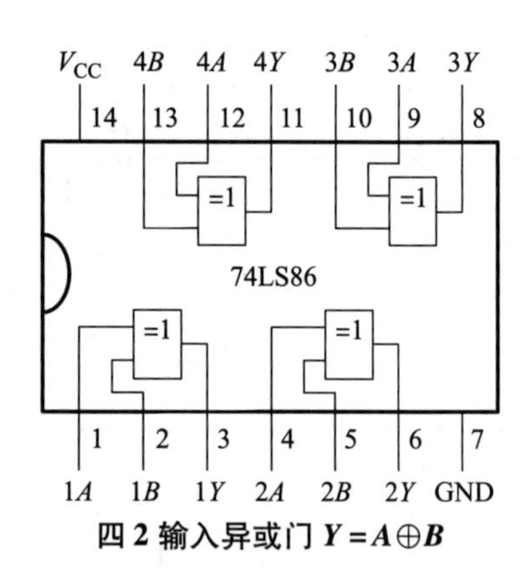

四 **2** 输入异或门 $Y=A\oplus B$

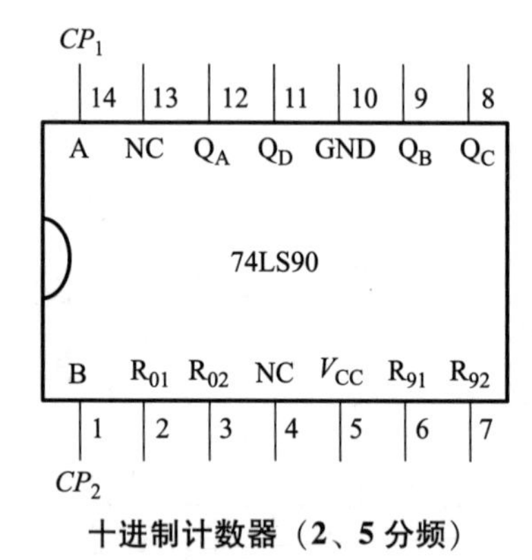

十进制计数器（**2**、**5** 分频）

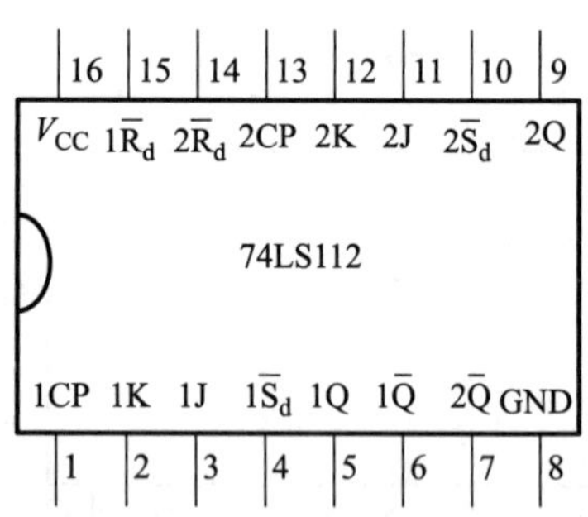

双 **JK** 负边沿触发器（带预置和清除端）

74LS90 是 4 位十进制计数器。各有两个置“0”（R_{01}、R_{02}）和置“9”（R_{91}、R_{92}）输入端，有两个计数输入端 A 和 B，$Q_A \sim Q_D$ 为输出。若从 A 端输入计数脉冲，将 Q_A 与 B 短接，则组成十进制计数器（分频器）；若从 B 端输入计数脉冲，把 Q_D 与 A 短接，则组成二－五混合进制计数器（或五分频器）。

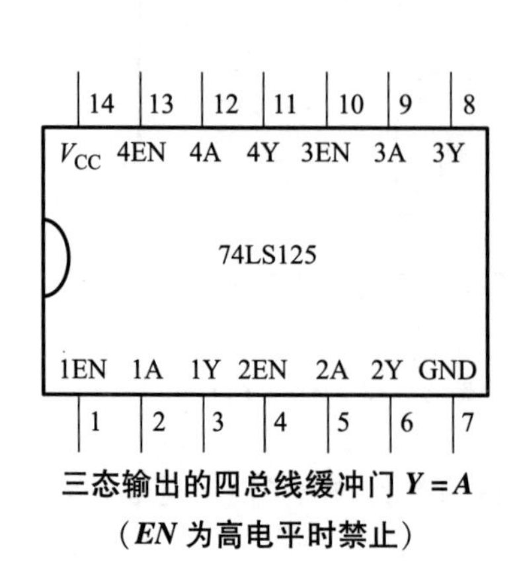

三态输出的四总线缓冲门 $Y=A$

（EN 为高电平时禁止）

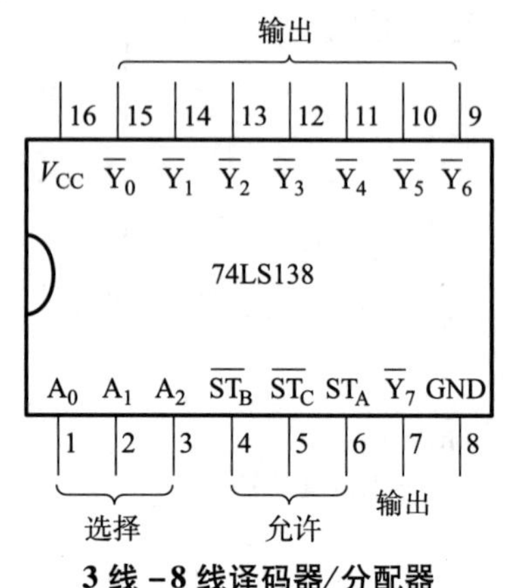

3 线 **－8** 线译码器/分配器

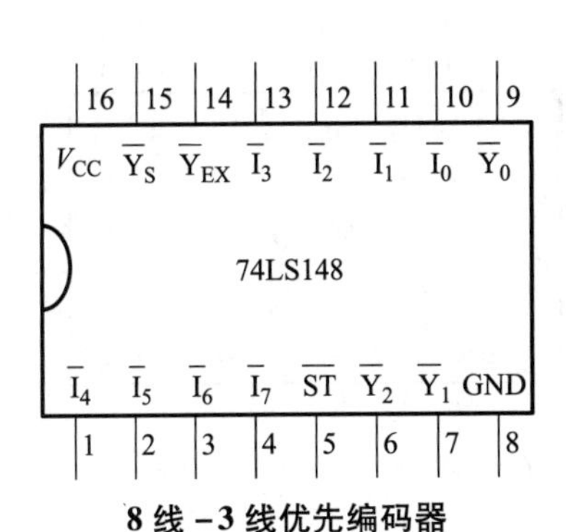

8 线 -3 线优先编码器

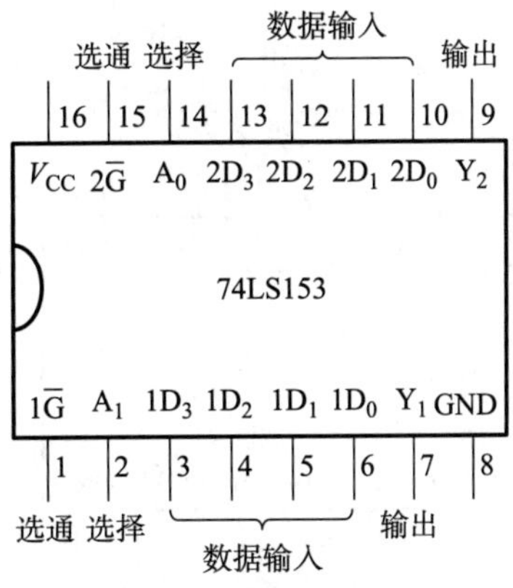

双 4 选 1 线数据选择器/多路开关

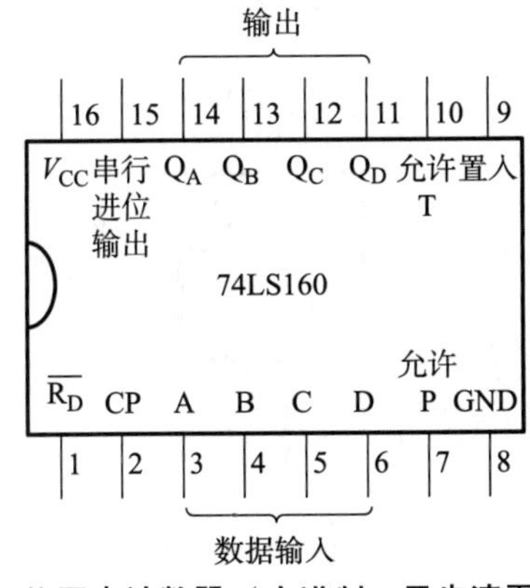

4 位同步计数器（十进制，异步清零）

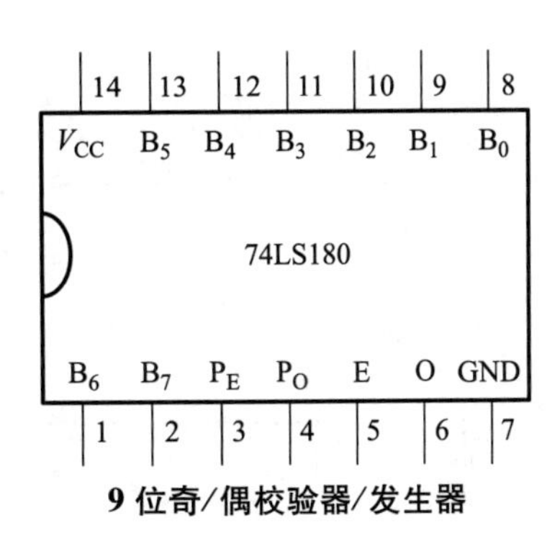

9 位奇/偶校验器/发生器

74LS160 ~ 74LS163 引脚排列相同，功能也基本相同。其中，74LS160 为同步十进制计数器（异步清零）；74LS161 为 4 位二进制同步计数器（异步清零）；74LS162 为同步十进制计数器（同步清零）；74LS163 为 4 位二进制同步计数器（同步清零）。

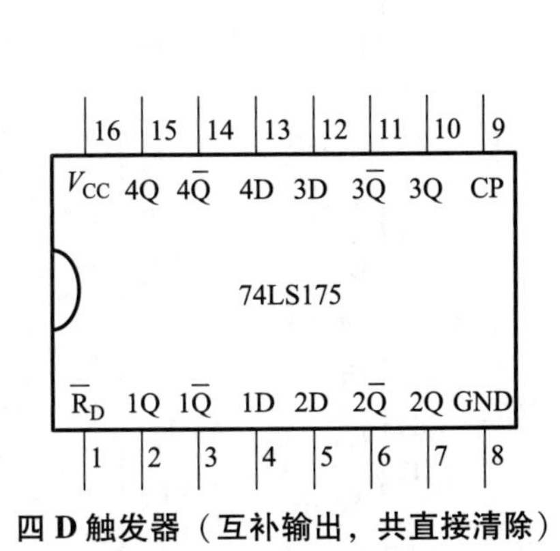

四 D 触发器（互补输出，共直接清除）

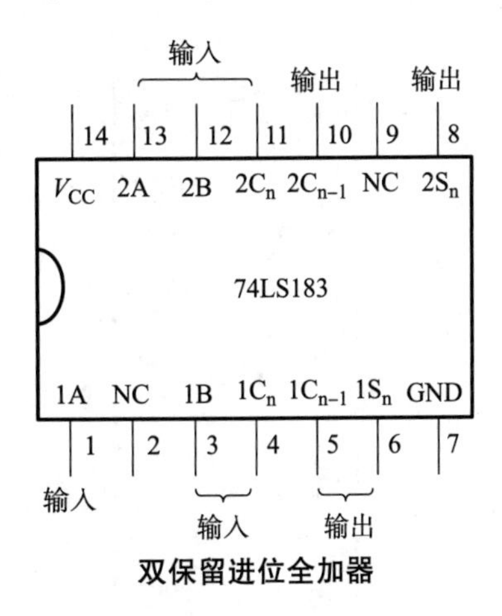

双保留进位全加器

74LS183 全加器每一位有一个单独的进位输出，它可在多输入保留进位方法中使用，能在不大于两级门的延时内产生和输出、进位输出。

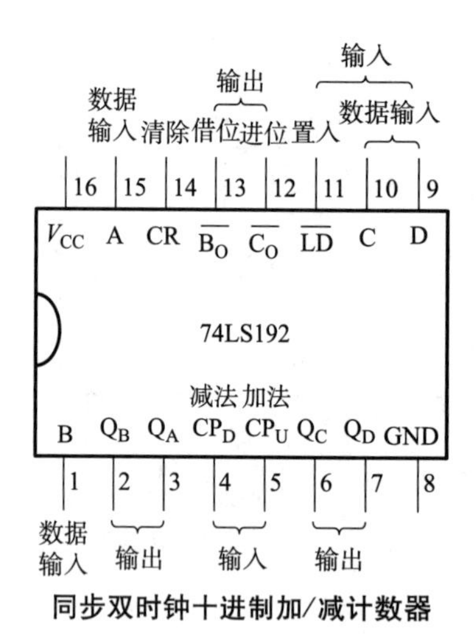

同步双时钟十进制加/减计数器

时钟

16 15 14 13 12 11 10 9

V_{CC} Q_A Q_B Q_C Q_D CP S_1 S_0

74LS194

$\overline{R_D}$ R A B C D L GND

1 2 3 4 5 6 7 8

清除 右移串行输入 并行输入 左移串行输入

4 位双向通用移位寄存器

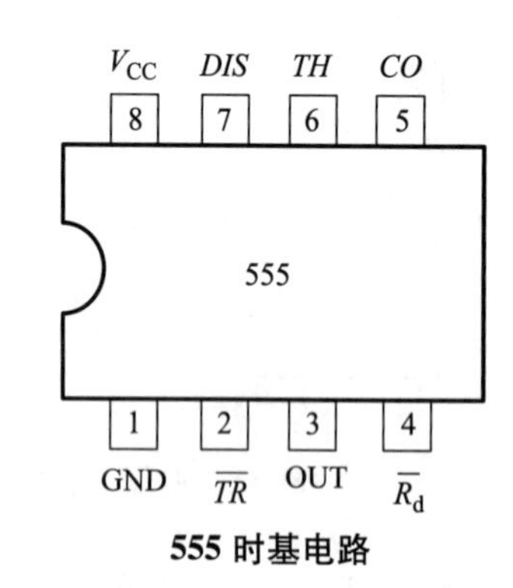

555 时基电路

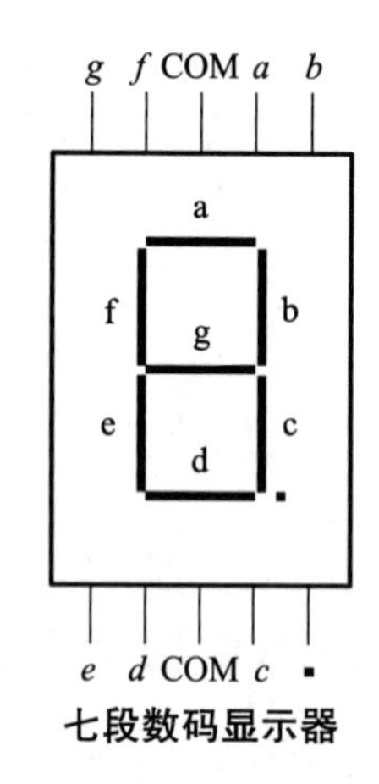

七段数码显示器

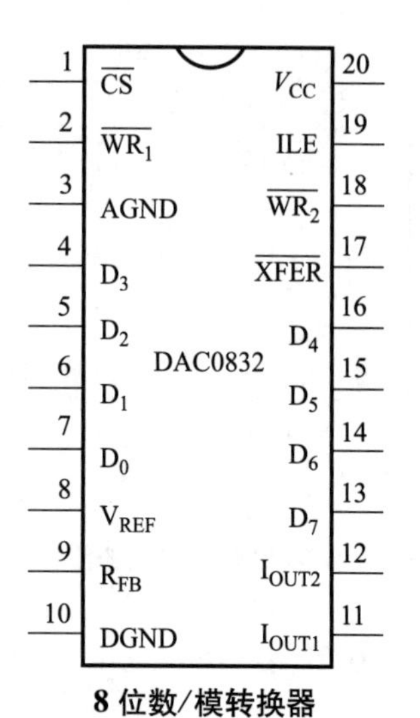

8 位数/模转换器

1 IN_3 28 IN_2

2 IN_4 27 IN_1

3 IN_5 26 IN_0

4 IN_6 25 A_0

5 IN_7 24 A_1

6 START 23 A_2

7 EOC 22 ALE

ADC0809

8 D_3 21 D_7

9 OUIEN 20 D_6

10 CP 19 D_5

11 V_{CC} 18 D_4

12 $V_{REF(+)}$ 17 D_0

13 GND 16 $V_{REF(-)}$

14 D_1 15 D_2

8 位 8 通道逐次逼近型模/数转换器

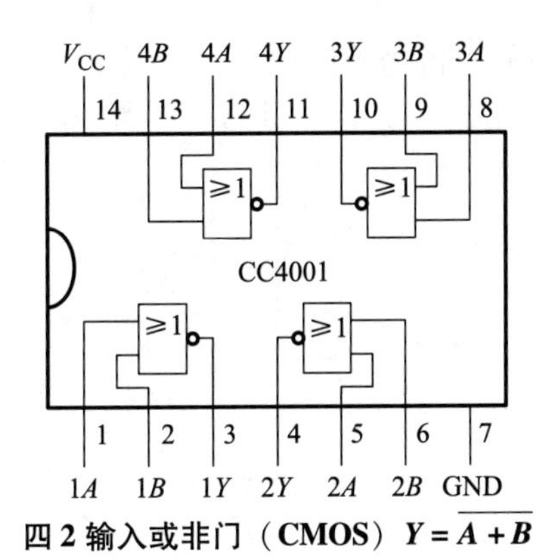

四 2 输入或非门（CMOS）$Y=\overline{A+B}$

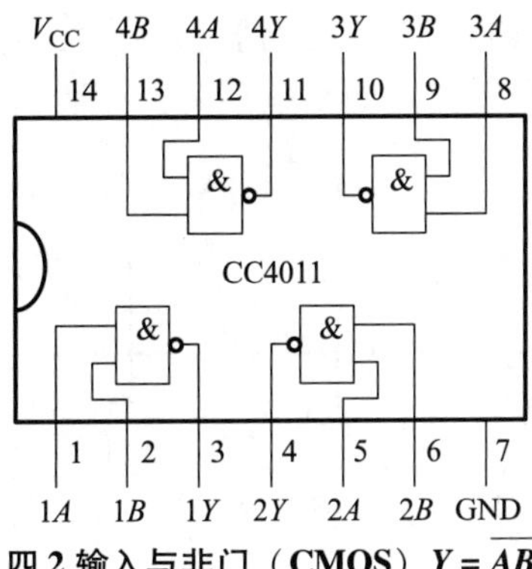

四 2 输入与非门（CMOS）$Y=\overline{AB}$

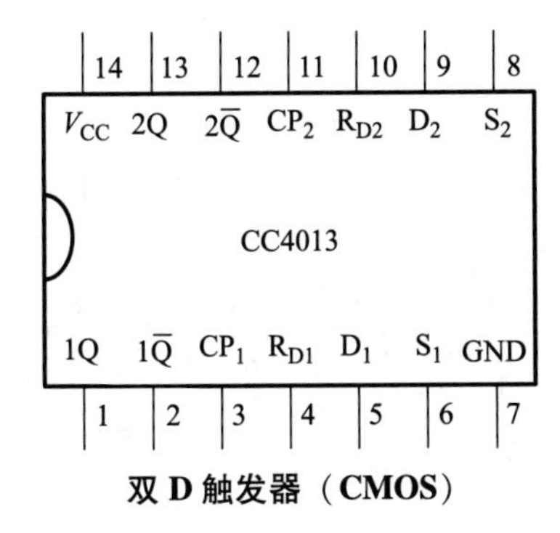

双 D 触发器（CMOS）

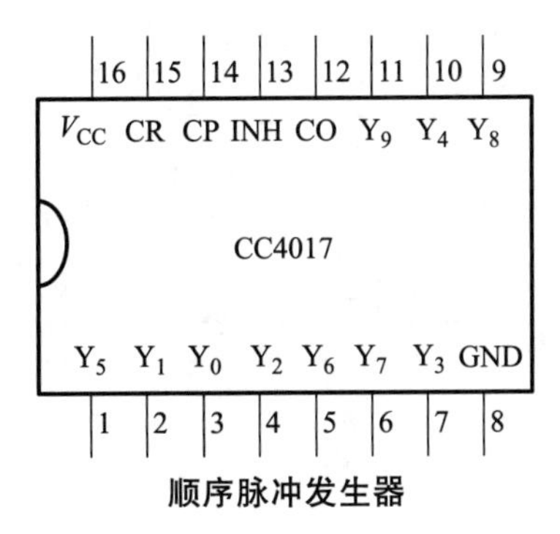

顺序脉冲发生器

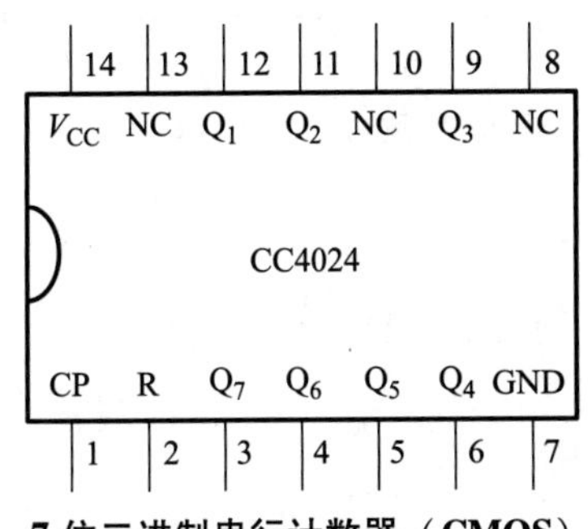

7 位二进制串行计数器（CMOS）

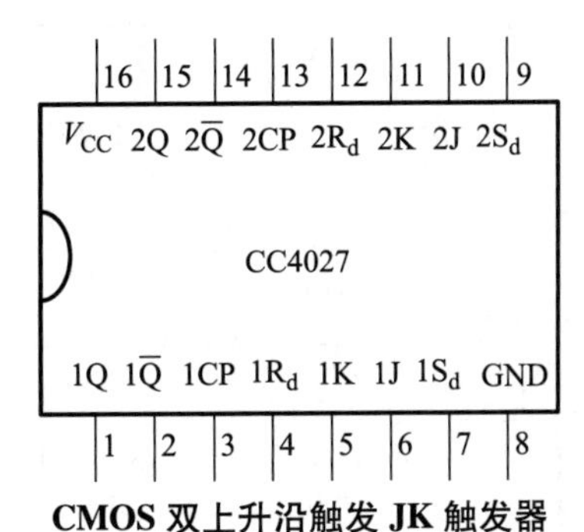

CMOS 双上升沿触发 JK 触发器

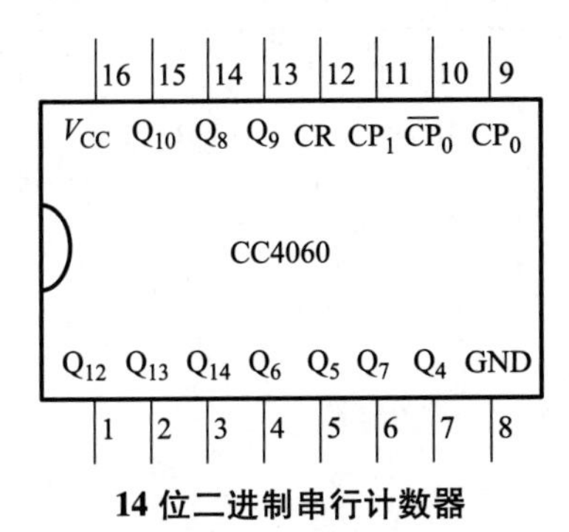

14 位二进制串行计数器

VCC 1C 4C 4I/O 4O/I 3O/I 3I/O

CC4066

1I/O 1O/I 2O/I 2I/O 2C 3C GND

四双向开关

CC4060 由一振荡器和 14 极二进制串行计数器位组成，振荡器的结构可以是 *RC* 电路或晶振电路。*CR* 为高电平时，计数器清零且振荡器使用无效，所有的计数器位均为主从触发器。

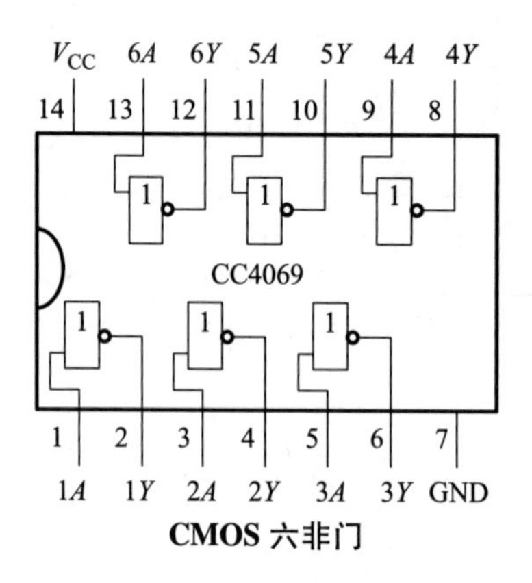

CMOS 六非门

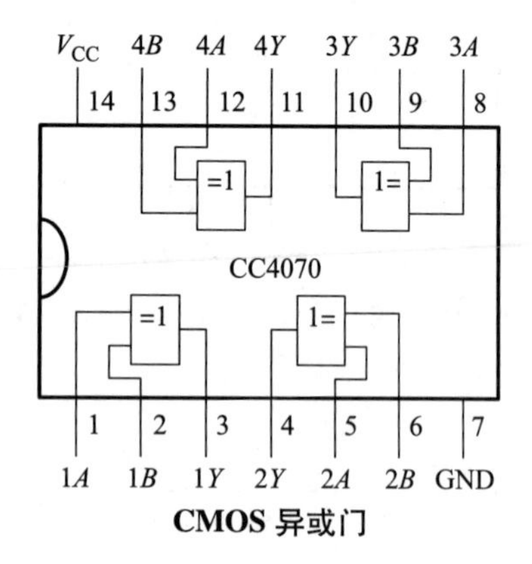

CMOS 异或门

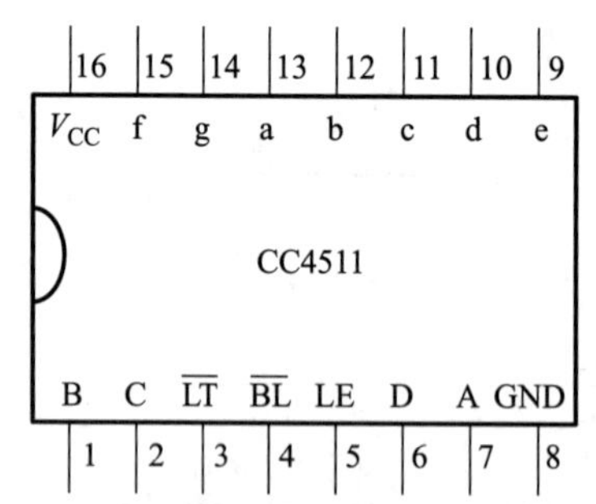

BCD－七段锁存/译码/驱动（CMOS）

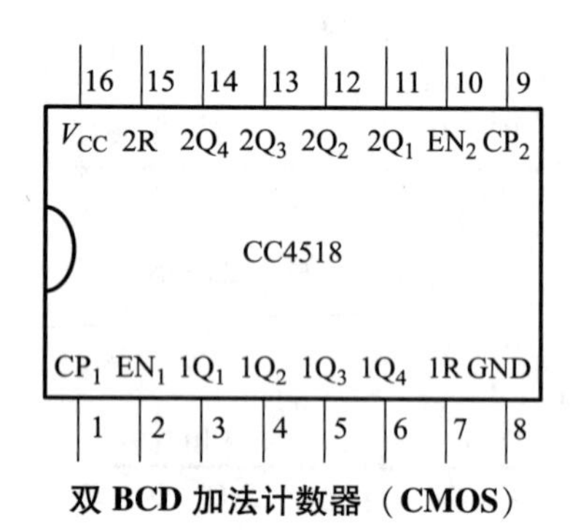

双 BCD 加法计数器（CMOS）

六反相器（施密特触发器）

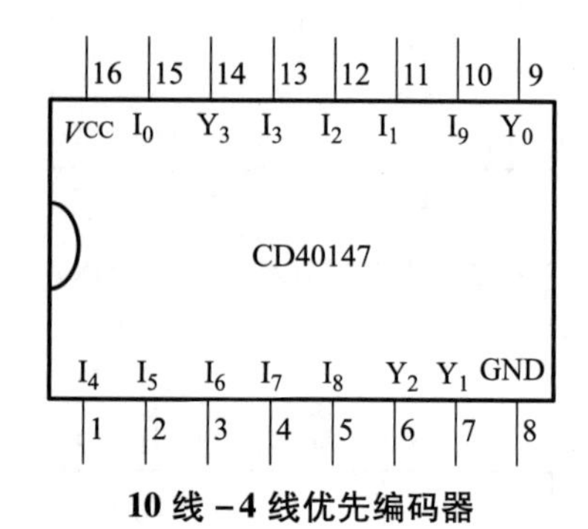

10 线－4 线优先编码器

参 考 文 献

[1] 蔡滨，张小梅．电子技术应用［M］．南昌：江西高校出版社，2020．
[2] 王港元．电子设计制作基础［M］．南昌：江西科学技术出版社，2011．
[3] 武俊鹏，刘书勇，付小品．数字电路实验与实践教程［M］．北京：清华大学出版社，2015．
[4] 王永飞．电子电路与技能训练［M］．北京：机械工业出版社，2020．
[5] 高瑞平．电工电子实训基础［M］．上海：同济大学出版社，2009．
[6] 赵红利，刘旭．电子技能与实训［M］．北京：化学工业出版社，2012．
[7] 冯奕红．电子技术实验实训指导［M］．北京：中国海洋大学出版社，2011．
[8] 张永枫，李益民，熊保辉．电子技能实训教程［M］．北京：清华大学出版社，2009．